海上风电工程安质环管理丛书

海上风电工程质量管控指引

中广核工程有限公司 组编

中国电力出版社
CHINA ELECTRIC POWER PRESS

内容提要

本书是海上风电工程质量管控的实用型工具书，是中广核工程有限公司在海上风电工程现场质量管理实践的重要成果，填补了海上风电工程系统性质量管理的空白，对现阶段海上风电工程质量管理有较强的借鉴意义。本书共5章，基于行业标准、规范的要求，以"可执行、可持续、可验证"为建设方向，吸收并传承核电质量管理经验，总结海上风电工程勘察、设计、设备监理、施工、调试全过程管理经验，以海上风电质量风险管理为核心实施策划，致力于为客户提供复杂工程系统的标准化的质量管理服务和全周期专业解决方案。

图书在版编目（CIP）数据

海上风电工程质量管控指引 / 中广核工程有限公司组编. -- 北京：中国电力出版社，2024.9.（2025.8重印）

（海上风电工程安质环管理丛书）. -- ISBN 978-7-5198-9309-5

Ⅰ. TM62

中国国家版本馆 CIP 数据核字第 2024Q5M285 号

出版发行：中国电力出版社
地　　址：北京市东城区北京站西街 19 号（邮政编码 100005）
网　　址：http://www.cepp.sgcc.com.cn
责任编辑：孙建英（010-63412369）　董艳荣
责任校对：黄　蓓　郝军燕
装帧设计：赵姗姗
责任印制：吴　迪

印　　刷：北京锦鸿盛世印刷科技有限公司
版　　次：2024 年 9 月第一版
印　　次：2025 年 8 月北京第二次印刷
开　　本：787 毫米×1092 毫米　16 开本
印　　张：19
字　　数：428 千字
印　　数：1001—1500 册
定　　价：115.00 元

周玄中　周群伟　赵祖缘　段宗辉　徐民杰
高章玉　郭文贺　黄　新　崔保航　符文扬
章诗涛　渠本治　彭小方　曾美忠　赖海龙
熊　伟　黎鹏飞

审核人员（按姓氏笔画为序）

王　倩　王开晖　方　榆　兰洪涛　刘　洋
苏　成　苏　磊　肖德宝　吴　鹏　吴建军
张在盛　陈立强　易宇航　赵　展　胡友情
贾兆军　贾真庸　葛荣礼　谢　桢

党的二十大报告指出，要积极稳妥推进碳达峰碳中和，深入推进能源革命，加快规划建设新型能源体系，加强能源产供储销体系建设，确保能源安全。这些重大战略部署为以核电、风电为代表的清洁能源长期稳定发展提供了机遇。而海上风电作为近年来快速兴起的风电技术形式，由于其资源丰富、发电利用小时高、不占用土地和适宜大规模开发等特点，在较短的时间内不仅得到了地方政府的高度关注和青睐，还成为电力企业竞相争夺的热点领域。过去的几年，海上风电取得了爆发式的发展，累计装机容量达到 3770 万 kW，为我国能源清洁绿色低碳转型做出了突出贡献。

同时我们也看到，海上风电工程是在多变的海洋气象条件下，以各类工程船舶为施工作业平台，进行高频率的大吨位吊装作业、高频次的潜水作业、高频数的自升式平台桩腿插拔作业等多种高风险作业叠加的海洋工程。未来海上风电建设走向深水远海是必然趋势，技术更新迭代快、风机大型化给工程建设和安质环管理带来更加严峻的挑战。但相关单位作业风险管控经验不足，行业内可借鉴的管理经验有限。在这样的背景下，建设一套适用于海上风电工程的安质环管理体系，促进海上风电工程业务健康、安全、高质量发展，具有较大的现实意义和社会价值。

中广核工程有限公司是中国广核集团旗下从事以核电为主的工程建设管理专业化公司，是我国第一家核电建设管理专业化 AE 公司。自成立以来，始终坚持"安全第一、质量第一、追求卓越"的基本原则，立足于核电工程建设，并积极拓展海上风电等高端复杂系统工程建设，建立形成了一整套基于核安全的安质环管理体系。公司自 2018 年进入海上风电业务领域以来，全面借鉴核电工程现场安质环管理经验和核电工程国际标杆建设良好实践，并结合海上风电工程特点，深入落实安委办〔2022〕9 号《国务院安委会办公室　自然资源部　交通运输部　国务院国资委　国家能源局关于加强海上风电项目安全风险防控工作的意见》，深入践行"严慎细实"工作作风，对标先进、主动谋划，形成以风险管理为核心并具有中广核特色实践经验的海上风电工程安质环管理体系。

我们将几年来在海上风电工程建设中不断探索、总结、积累的实践、经验与成果汇编整理成《海上风电工程安质环管理丛书》，从根本上解决了参建单位要求不一、执行不一的难题，取得了良好的安质环业绩，为海上风电工程的安质环管理提供中广核解决方案，为海上风电行业提供了可借鉴的管理经验。

本丛书共分五册，其中《海上风电工程一站式安健环管控指引》是风险分级管控的具象化体现，以海上风电工程总承包方的视角系统介绍了如何实施安健环管控；《海上风电工程隐患排查指引》系统汇编了主要风险对应的隐患排查表，严格落实重大安全风险"一票否决"制度，树立"隐患就是事故"的观念，各参建单位可直接参考并应用于现场隐患排查和治理；《海上风电工程质量管控指引》全面介绍了设计、采购、施工、调试等各阶段质量管控要求，可用于指导现场质量管控活动；《海上风电工程现场标准化图集》规范整理了施工现场安全管理标准化图集，进而推动海上风电建设产业链各单位安全生产管理的规范化和标准化进程，有利于各参建单位统一认识、统一标准、统一行动；《海上风电工程安全风险识别与评价指引》详细介绍了现场施工作业活动的安全风险和管控措施，践行施工工序与安全工序相融合的理念，各参建单位可对照后应用于现场风险管控。

为更好地服务于海上风电产业安全健康发展，现将本丛书付梓出版，因项目各有特点，难免挂一漏万，不当之处敬请各位同行专家批评斧正。

中广核工程有限公司将始终坚持以习近平新时代中国特色社会主义思想为指导，统筹发展与安全，坚持"人民至上、生命至上"，始终坚持"安全质量是立身之本"，坚持以躬身入局的政治担当、以命运与共的社会责任，持续完善具有中广核特色的海上风电工程安质环管理体系，为我国海上风电安质环管理和高质量发展贡献绵薄之力。

董事长

2024 年 6 月 20 日

目　录

1

海上风电质量管理概述

1.1 目 的

为打造一体化、标准化的海上风电工程勘察、设计、设备监理、施工、调试质量管控标准，系统性梳理海上风电工程质量管理经验，为海上风电工程项目建设质量管控提供指引。

1.2 适 用 范 围

《海上风电工程质量管控指引》（简称质量管控指引）适用于海上风电工程勘察、设计、设备监理、施工、调试过程的质量管控，但不包括由设备制造厂家负责的调试部分。

1.3 定 义

建设单位：海上风电工程项目建设的投资方，对海上风电工程建设的勘察、设计、施工、调试及运行全过程承担质量管理责任。

监理单位：受建设单位委托，依照国家法律法规要求和建设单位要求，在建设单位委托的范围内对海上风电工程进行监督管理的单位。

勘察单位：为海上风电工程项目提供地质、测量、水文等勘察成果的单位。

设计单位：为海上风电工程项目提供可行性研究、建设工程设计、工程咨询等工作的单位。

施工单位：为海上风电工程项目提供工程建设施工的单位。

制造厂家：为建设单位或其他采购方提供设备的制造单位。

设备监理单位：为建设单位或其他采购方提供海上风电项目重要设备监理业务服务的单位。

调试单位：为海上风电工程项目提供调试及调试管理服务的单位。

质量控制点：是指为了保证施工、制造、调试作业过程质量而确定的重点控制对象或环节，包括停工待检点（H点）、见证点（W点）、报告点（R点）及检查点（C点）。

H 点（Hold Point）：停工待检点，除非质量控制人员（包括施工、设备监理、调试单位，下同）出席见证或书面通知放弃该 H 点的监督，否则施工单位（或制造厂家、调试单位，下同）不得进行该道工序及后续操作。

W 点（Witness Point）：通知见证点，若质量控制人员明确不出席或未按约定时间出席，施工单位可以开展相关工序。

R 点（Record Point）：记录审查点，质量控制人员应在记录报告发布后及时审查，对于施工单位不能及时提供审查的，可延迟审查，但原则上应在下次见证时完成之前 R 点审查工作。

C 点（Check Point）：检查点，施工、制造、调试作业承包商对具体操作步骤或作业活动设置的质量检查点，由专职质检员设置并检查放行。

1.4 策　　划

为规范我国海上风电的发展秩序，国家能源局委托水电水利规划设计总院先后编制了一系列行业标准、规范，为我国海上风电的勘察设计、设备和材料制造、施工、调试等过程质量管理提供了强有力的技术保障。

质量管控指引是基于行业标准、规范的要求，以"可执行、可持续、可验证"为建设方向，吸收并传承核电质量管理经验，总结海上风电工程勘察、设计、设备监理、施工、调试全过程管理经验，以海上风电风险管理为核心实施策划，致力于为客户提供复杂工程系统的标准化的质量管理服务和全周期专业解决方案。

1.5 海上风电工程质量管理简介

质量管控指引结合行业标准、规范和工程实践进行编制，是海上风电工程建设质量管理的工具书。海上风电行业相关企业在参考使用时，需结合自身管理模式、最新法规和标准，以及海上风电项目的特点。

质量管控指引全书分5章，包括管理概述、勘察设计质量管理、设备制造质量监督、施工质量管理、调试质量管理。质量管控指引各章节可根据使用对象不同拆分使用。

1.5.1 勘察质量管理

海上风电勘察是海上项目开发的关键性环节之一，勘察成果是海上风电建设重要的基础输入资料，工程勘察的质量和精度对工程建设影响巨大。勘察单位应有符合相关标准要求的勘察工作方案及质量保证措施，本书重点介绍海上勘探外业、室内试验、海上勘探内业等的质量管理。

1.5.2 设计质量管理

海上风电设计为工程项目提供了有技术依据的设计文件和图纸，是建设项目生命期中的重要环节。设计单位应按照相关标准要求编制设计工作方案及质量保证措施，本书重点介绍设计策划、设计校审、设计输入、设计评审、设计验证、设计确认、设计变更等环节的质量管控。

1.5.3 设备制造质量监督

海上风电设备面临闪电、台风、盐雾等恶劣环境，同时存在单机功率大、防腐要求高、维修不便等因素，海上风电设备的可靠性成为保证发电量的最关键因素。为提高设备可靠性，应对海上风电工程重要设备实施监理，本书主要介绍风力发电机组（简称风电机组）、塔筒、叶片、变压器、海缆、单桩及导管架设备质量过程监督。

1.5.4 施工质量管理

海上风电工程一般包括陆上集控中心、基础工程、风电机组、海上升压站、海缆线路等部分。除陆上集控中心外，其他部分均涉及海上施工作业。

1. 陆上集控中心

陆上集控中心的功能是将海上升压站各系统数据传输至陆上集控中心，建立远程控制站，在集控中心内实现对海上风电场的实时运行状态的远程监视及控制。

陆上集控中心一般包括电气楼、无功补偿楼、电抗器、SVG 降压变压器、事故油池等生产设施，以及综合楼、油脂库及水泵房、污水处理设施和运动场地等生活设施。电气楼、无功补偿楼为陆上集控中心内的主体建筑物，建筑结构形式一般为钢筋混凝土框架结构。

陆上集控中心一般分为土建工程和电气设备安装工程，本书重点介绍生产设施土建、安装质量管控要求。

2. 基础工程

海上风电机组的基础从结构形式上主要分为固定式和漂浮式，固定式基础包括重力式和桩承式，不同的基础结构适用于不同的环境。

重力式基础包括负压（吸力）筒式、沉箱式等。一般而言，重力式基础适用于场区地质条件较好，地基土具有较高承载能力，稳定性好，施工区域港口、码头等基础设施发达、水深较浅的近海区域。优点是受力明确，海上施工速度快；缺点是对施工装备要求高、对冲刷敏感。

桩承式基础包括单桩基础、导管架基础、群桩承台架基础等。单桩基础一般采用钢管桩，无过渡段单桩基础解决了沉桩垂直度控制、打桩疲劳等系列技术问题，避免了有过渡段灌浆连接不可靠、工程费用高问题；加上作业时间短，造价低，是近海上风电场主流的基础形式，但对施工装备要求高、对冲刷敏感，需要进行专门防冲刷处理，且单桩重量大（例如某海上风电项目单桩重量最高达 2261t），复杂地质条件存在较大"溜桩"风险。导管架基础为格构式结构，由钢管桩和导管架组成，在钢管桩插桩、沉桩验收完成后安装风电机组导管架，导管架与钢管桩通过浇筑高强度灌浆材料连接，升压站导管架一般采用后桩法施工。群桩承台架基础一般由多根桩和位于水面以上的承台所组成，结构特征与高桩码头、桥墩类似，群桩承台架基础在国内具有丰富的施工经验和充足的施工装备，但海上施工工作量大、受天气影响较大、工期较长。

漂浮式基础包括半潜形式基础（semi）、Spar 形式基础（Spar）、张力腿式基础（TLP）、驳船式基础（Barge）以及混合概念式基础。漂浮式一般通过系泊系统定于海床，依靠基础在海水中的浮力支撑整个风电机组，其成本相对较低、机动性强、运输方便，但稳定性差。浮式基础为深远海海上风电发展提供了方向，但目前在国内工程应用较少。

本书重点介绍单桩基础、导管架基础、吸力筒基础、高桩承台基础施工质量管控要求。

3. 风电机组

风电机组主要功能是将风能转化为机械能，再由机械能转化为电能。风电机组一般由风轮（包括叶片、轮毂、变浆系统）、机舱（包括传动系统、偏航系统）和电控系统等组成。风电机组的安装方式一般分为分体式安装、整体式安装两种形式，整体式安装相较分体式安装工艺可以大大节省海上风电机组安装的时间，但对码头航道通行能力要求高。

本书重点介绍风电机组分体式叶轮安装、分体式单叶片安装施工质量管控要求。

4. 海上升压站

海上升压站是整个海上风电场的心脏，是为了将海上风电机组的电力传输至陆上电网，同时实现风电机组或者风电场电压的转换工作。海上升压站施工包括钢结构制作、基础施工、上部组块安装三大部分。

本书重点介绍上部组块制造、安装施工质量管理要求。

5. 海缆线路

海缆线路一般包括集电海缆、主送出海缆，风电机组发出的电能通过集电海缆接入海上升压站，升压后由主送出海缆至陆上集控中心后接入电网。集电海缆一般为66kV，主送出海缆一般为220kV。

本书重点介绍海缆敷设、海缆终端制作施工质量管控要求。

1.5.5 调试质量管理

海上风电工程调试是检验风电场设计、设备制造、施工质量的重要环节。一般包括单体调试、风电场整组启动试验、风电机组并网调试、风电机组并网后调试。单体调试是在发电设备的输电线路和电网断开的状态下，利用临时电源或备用电源，按设计和设备技术文件规定对设备进行调试、整定和一系列信号联调工作的过程，单体调试一般由施工单位和风电机组制造厂家负责。风电场整组启动试验包括陆上集控中心整组启动试验、海上升压站整组启动试验、集线线路送电试验。当风电机组完成整组启动后，经电网并网同意后，进行风电机组并网，并逐步提升功率，该阶段试验主要由风电机组制造厂家主导。当风电机组实现并网后，逐步开展风电场性能试验，并配合电科院完成涉网试验，涉网试验一般外委各省电科院进行。

本书重点介绍电气一次调试、电气二次调试、通风消防系统调试、联调与启动、涉网专项试验质量管理。

1.6 质量方针与目标

1.6.1 质量方针

安全第一、质量第一、持续改进、追求卓越。

1.6.2 总质量目标

通过海上风电勘察设计、设备监理、施工、调试全过程质量管控，使海上风电工程建设质量可靠、安全环保、工期合理、造价可控，推动海上风电行业高质量发展。

1.6.3 质量目标

工程总评优良，争创国优工程，提供满意服务。具体如下。

通过工程总评优良：单位工程合格率 100%，全面实现合同规定的工艺、质量、技术指标。

争创国优工程：工程达标投产，在质量、综合指标等方面达到国内领先水平，不发生重大及以上质量事件，争创国家优质工程。

提供满意服务：政府意见处置率 100%，各相关方良好沟通、协调意见处置率100%，服务履约率 100%，没有重大投诉。

质量事故事件分级如表 1-1 所示。

表 1-1　　　　　　　　　质量事故事件分级表

分类	级别	指标术语	定义
质量事件	1	一般质量事件	直接经济损失人民币 50 万元以下
	2	重大质量事件	直接经济损失人民币 50 万元以上、100 万元以下
质量事故	3	一般质量事故	直接经济损失人民币 100 万元以上、1000 万元以下
	4	较大质量事故	造成直接经济损失人民币 1000 万元以上、5000 万元以下
	5	重大质量事故	造成直接经济损失人民币 5000 万元以上

1.6.4 年度质量目标

为确保质量目标的实现，应建立年度的质量目标，在相关的部门建立分目标，这些目标应满足可测量要求，并与质量方针保持一致，内容应包括：

（1）工程项目质量要求。

（2）为满足顾客要求所进行的活动等。

（3）工程项目质量及顾客满意的状况，体现持续改进要求。

（4）过程控制要求。

1.7 质 量 管 理

参与海上风电项目建设的勘察、设计、施工、设备监理、调试等单位应按照《风电场工程质量管理规程》（NB/T 10684—2021）建立质量管理体系。还应满足如下要求。

（1）勘察单位质量管理体系符合《工程建设勘察企业质量管理标准》（GB/T 50379—2018）的要求。

（2）设计单位质量管理体系符合《工程建设设计企业质量管理规范》（GB/T 50380—2006）的要求。

（3）施工单位质量管理体系应符合《工程建设施工企业质量管理规范》（GB/T 50430—2017）的要求。

（4）重要设备制造厂家质量管理体系应符合《质量管理体系 要求》（GB/T 19001—2016）的要求，并取得质量管理体系认证证书。

1.7.1 质量目标的管理

勘察、设计、施工、设备监理、调试等单位应建立可测量的、与 1.6.2 所述总目标相一致的质量目标/指标。质量目标/指标必须分解到与质量相关的各级机构和负责人，明确各级的质量责任和应实现的质量目标/指标。制定对质量目标/指标进行跟踪、统计和定期考核的制度，并规范质量目标/指标统计过程控制方法，明确质量目标/指标的数据来源，建立有效的统计渠道，保证统计数据客观、有效。质量目标/指标必须定期进行评审，确保其充分性和适用性。

1.7.2 质量管理标准

质量管理标准以设计图纸、技术规格书及其引用的相关规范和标准为依据，按照经批准的方案，以及国标验收规范进行检验和控制。

1.7.3 质量管理组织

为做好海上风电项目质量管理工作，勘察、设计、施工、设备监理、调试等单位应成立对应的项目团队。通过相应的组织运作规则或管理规定，明确组织的职责、权限和联络渠道，并在建立组织机构和进行职能分工时遵循以下原则。

（1）组织机构中的人员既包括工作的执行者，也包括管理者、验证者，而不仅仅是单一方面的人员。

（2）质量管理是每个人的责任，管理人员提供计划、指导、资源、控制和支持，工作人员通过具体操作（包括自行检验、校核和检查）实现质量要求，验证人员验证各项活动是否正确、有效地按规定进行。管理者、工作执行人员和验证质量的人员都应为工作质量做出贡献。

（3）必须对负责实施、验证质量的人员与部门的权限及职责做出书面规定，这些人员和部门必须有足够的权力和组织独立性。

1.7.4　质量管理文件

勘察、设计、施工、设备监理、调试等单位在识别质量管理体系所需过程的基础上，应建立文件化的质量管理体系，确定所识别过程的顺序和相互作用，以及为确保过程有效运行和控制所需的准则和方法，对这些过程进行监视、测量和分析，必要时采取措施，确保过程结果的实现，并做到过程的持续改进。

质量管理体系文件框架如下。

（1）质量管理手册/大纲：质量管理手册/大纲阐述了质量方针、质量目标，明确了质量管理体系的范围，对质量管理体系过程之间的相互作用进行了系统的表述，并对质量管理体系程序进行了引用，是贯彻、实施质量管理体系的纲领性文件。

（2）质量管理体系程序制度：质量管理体系程序制度有机地结合实际业务的特点，重点强调了职责分工、工作接口、控制流程以及控制准则和方法。

（3）详细的工作用文件：包括具体的工作程序、细则、技术规范、工作指令、图纸、计划和进度、质量计划等。

凡是对质量有影响的工作都遵照适用于该工作的书面程序、细则、工作指令和图纸等文件来完成。为确定各种重要活动达到规定的质量标准，程序、细则、工作指令和图纸等文件必须包括适当的定性和（或）定量的验收准则。

程序和用于执行这些程序的技术资料及其他文件（如工作细则、图纸、施工方案、作业指导书等）必须便于使用，内容清楚、正确、有可操作性，必要时应包括所需的专业技能要求。

1.7.5　文件的管控

勘察、设计、施工、设备监理、调试等单位必须对工作的执行和验证所需要的文件（例如：程序、图纸、方案等）的编制、审核、批准和发放进行控制。必须采取措施，保证参与活动的人员能够了解并使用完成该项活动的正确合适的文件。必须把文件的修订及其实际情况迅速通知所有有关的人员和部门，以防止使用过时的或不合适的文件。

1.7.6　工艺过程的管控

勘察、设计、施工、设备监理、调试等单位必须按照规定的要求，对影响质量的工艺过程予以控制。对于特殊工艺（例如：焊接、热处理、无损检验、表面处理、化学清洗、铸锻、混凝土浇灌、电气端接和电气油浸绝缘等）必须根据有关的规范、标准、技术规格书、说明书或其他特殊要求，由合格的人员按照认可的文件，使用合格的设备来完成。

1.7.7 检查和试验的管控

勘察、设计、施工、设备监理、调试等单位必须对保证质量所必需的工作步骤进行检查或试验，检查或试验结果应形成记录。同时要配置足够的用于证实过程质量符合规定要求的监视和测量资源（包括不限于各类计量器具），为保证测量结果的准确性，保证在判定是否符合验收标准时所使用的工具、量具、仪表和其他检查、测量、试验设备和装置都具有合适的量程、型号、准确度和精度。

1.7.8 不符合与纠正、预防措施管理

勘察、设计、施工、设备监理、调试等单位应营造良好的质量文化氛围，采取相应的管理措施，鼓励和引导各级组织和个人鉴别和报告有损于质量的情况，并采取纠正和预防措施、改进行动，有效地控制和防止有损于质量的情况发生。

为了确保工程质量，必须对不符合予以纠正。对严重有损于质量的不符合，必须查明产生不符合的起因，并针对起因采取纠正措施，防止其再次发生；必须用文件记载不符合鉴别、起因和所采取的纠正措施。对于一些虽然不能判其为不符合，但通过统计分析发现质量有劣化趋势的物项、过程，则应采取预防措施。

当发生以下情况时，应采取预防措施，预防有损于质量的情况发生。

（1）法律法规、强制性标准发生变化。

（2）上级组织的要求发生变化。

（3）数据分析发现的不良趋势。

（4）其他项目的经验反馈。

（5）其他可能导致不符合或不期望的情况等。

当发现有损于质量的情况和需采取预防措施时，应对发现的情况进行分析、鉴别并制定纠正/预防措施；对提出的纠正/预防措施，负有管理责任的部门负责跟踪验证，直到经验证符合要求后被关闭。

1.7.9 记录的管理

工程勘察、设计、施工、设备监理、调试过程中应编写足够的质量记录，以提供物项和服务的质量情况的客观证据。质量记录应满足格式标准，标识清楚；字迹清楚、完整，不易褪色；数据信息客观真实，不得随意涂改；与所记述的物项或服务相对应，包含采取的与任何注明缺陷相关的措施，可追溯至相关活动；生效记录须注明日期，并由授权人签字或盖章。

质量记录应得到合适的贮存，以免记录损坏、丢失和变质。质量记录必须按规定时限移交并办理交接手续。

1.7.10 分包商的管理

勘察、设计、施工、设备监理、调试等单位应按照法律法规、合同等要求进行分包

商（含供应商）管理，应按要求向建设单位或监理单位进行分包商资格报审，经建设单位或监理单位批准后方可签订分包合同或协议。应向下游分包合同或协议中传递质量诚信保证（防控弄虚造假）的条款要求。

1.7.11 质量监督检查

勘察、设计、施工、设备监理、调试等单位项目团队应对各自合同范围内质量管理、质量控制情况进行监督检查，并接受建设单位的质量监督检查以及落实质量问题整改要求。海上风电工程接受质量监督站的质量监督检查。

各单位收到审核结果后应确保及时采取纠正措施，以消除所发现的不符合及其原因。

1.7.12 质量事故事件管理

勘察、设计、施工、设备监理、调试等单位应按照建设单位程序、合同及其他约定的要求，及时向建设单位报告质量事故事件信息，立即采取措施避免事件后果的扩大。质量事故事件报送要求如表1-2所示。

表1-2　　　　　　　　　　　　质量事故事件报送要求

分类	指标术语	发现单位	建设单位		
		首报	首报	续报	终报
质量事件	一般质量事件	4h 口头报告	4h 口头报告，24h 系统填报	每周书面报告	事故调查结束后5日内提交事故事件调查报告或总结报告
	重大质量事件				
质量事故	一般质量事故	立即口头报告，1h 书面报告	立即口头报告，1h 书面报告，24h 系统填报	情况变化时随时报，每日书面报告	
	较大质量事故				
	重大质量事故				

对于暂时无法判定经济损失的质量事件，应按照表1-3的判定准则进行报送，报送后再通过调查、分析判定事件级别。

表1-3　　　　　　　　　　　　质量异常信息判定准则

序号	准则类型	判定准则
1	通用	可能导致被监管单位通报批评或要求停工整改或调查的质量异常
2	通用	可能造成严重舆情关注的质量异常
3	采购	设备出厂后需返修、报废、返厂等质量异常
4	施工	构筑物施工缺陷导致构筑物水平度、标高等不满足设计要求
5	施工	因施工原因造成风电机组或其他电气设备跳闸
6	调试	调试试验最终结果不满足调试规范、标准、验收规程，可能导致对风电场安全稳定运行造成重要影响的质量异常

首报应秉持"谁发现、谁报送"的原则，由发现单位向建设单位报送，再由建设单位按时限要求向其上级单位（如集团公司、监管单位）报送。续报、终报由建设单位报送，质量事故事件相关单位按要求提供相应信息。

口头报告应通过应急值班组织逐级进行电话报送。

书面报告（包括传真、电子邮件、短信、钉钉信息等方式）质量事故信息要素应包括日期、时间、地点、事故简要描述、已采取行动、初步原因分析、预计损失/影响等内容。

质量事故事件发现后，应在 24h 内通过质量事故事件管理信息系统进行报送，质量事故事件信息的格式如表 1-4 所示。

表 1-4　　　　　　　　　　　质量事故事件快速通告单

事件名称：_____（××项目×××事件）_____	
项目：__（项目代码）__机组：_____ 设计单位：_____ 供应商：_____ 安装承包商：_____ 调试单位：_____ 其他相关单位（如有）：_____ 发现阶段：_____	厂房/构筑物：_____ 系统：_____ 设备：_____ 部件：_____
发现日期：_____	编号：[项目代码—通告部门代码—年份（YYYY）—流水号（NN）]
事件描述： （客观描述事件发生的时间、地点、发生了什么失效状况和不期望的偏差、事件涉及的对象以及事件是怎么发生的。说明发现的不符合被判定为质量事件所依据的准则）	
后果预计： [从事件造成的经济损失，对进度、里程碑的影响，是否返工（修）、报废等方面进行描述]	
已采取的措施： [简要描述为事件的后续处理所采取的措施，包括应急（临时）措施、保护措施和其他措施等]	
初步原因分析： （根据初步掌握的信息和相关情况，对事件进行初步原因分析）	
通告单位（以下为通告单位/部门填写） 名称：_____	建设单位（以下为建设单位质量管理部门填写） 名称：_____
填报人： 审核人： 日期：	批准人： 日期：

对于已发生的质量事故事件，应按照"四不放过"（事故原因未查清不放过、责任人未处理不放过、整改措施未落实不放过、有关人员未受到教育不放过）的原则进行处理。

质量事故事件均需查明原因并制定纠正措施，实现技术、管理"双归零"，避免重发。对于要求开展根本原因分析调查的事故事件，需运用根本原因分析方法与工具对主要过程及关键环节失效点、管理面存在的漏洞及问题等进行全面、深入调查分析，以确定导致事件发生的根本原因，从而达到防止事件重复发生。对于要求开展简因分析的事件，通过对事件过程各环节进行失效原因分析，制定针对性纠正措施，以达到防止重发的目的。

已完成调查的质量事故事件应纳入经验反馈管理系统，避免重发。

1.7.13 质量诚信（防造假）管理

勘察、设计、施工、设备监理、调试等单位应从"不敢、不能、不想"三个层次建立涵盖各质量管控环节的防造假机制，采取合同约束、制度震慑、意识培训、技术防范、风险管控、人员监督等措施预防工程质量造假。对组织实施和参与工程质量造假的单位和个人，坚持以"零容忍"的态度进行处理和追究合同违约责任，情节严重的依法向有关部门报告。

2

海上风电勘察设计质量管理

2.1 海上风电勘察设计质量管理概述

海上风电工程应按照质量可靠、安全环保、工期合理、造价可控的原则，制定工程质量管理目标。海上风电工程建设实行质量终身责任制，建设单位应承担工程质量首要责任，勘察、设计、施工单位应承担相应主体质量责任。勘察、设计单位应根据其所承担的任务范围和责任，制定和实施符合国家现行的法律法规、合同或协议规定的质量管理体系，建立完整的、层次分明的质量管理体系，制定质量保证大纲及适用的管理程序。勘察、设计单位应管理所承担任务范围的各项活动，确保全体员工理解并接受各自所承担的责任和义务，清楚所从事的工作对安全和质量的影响，严格执行各项规定，使安全和质量相关各项工作"有章可循、有人负责、有人监督、有据可查"。勘察、设计单位应致力提升全员质量意识，各级管理人员应以身作则，充分发挥表率和示范作用。

勘察、设计单位应遵循现行的国家标准和管理要求，如《工程建设勘察企业质量管理标准》（GB/T 50379—2018）和《工程建设设计企业质量管理规范》（GB/T 50380—2006）等的规定，建立质量管理体系。勘察、设计成果应符合国家有关法律法规、工程建设标准强制性条文和相关标准要求。

工程项目勘察、设计的质量保证体系文件可分为三个层次。

第一层次：质量保证大纲（包含质量保证政策声明），阐明质量保证政策和满足质量保证法规基本要求的原则、规定和控制要求。

第二层次：管理程序（大纲程序），规定了公司的内部管理、质量管理程序要求及本大纲适用的管理程序清单等。

第三层次：包括工作程序、工作细则、技术规范、图纸、进度和计划等文件。

勘察、设计单位应根据工程项目物项及设计和服务活动的性质，对设计和服务活动实施分级管理。设计与服务活动的质量保证分级主要体现在设计输入（含开口项）、设计分析、设计输出（含文件分级、成品校审）、设计验证、设计分包等环节中的差异性控制要求。

勘察、设计单位应建立安质环考核机制，有效落实安全质量要求，激励持续改进的同时，通过设立"红线标准"对不良安全质量行为进行约束。建立防造假机制，对"违规操作、弄虚作假"坚持"零容忍"态度。

　　勘察、设计单位应通过系统策划、过程控制、自我评估、监督检查、经验反馈等方式，监测、分析和评价质量保证大纲的适宜性和实施有效性，并纳入勘察、设计单位的管理评审，持续改进和提升管理水平、追求卓越绩效。

2.2　海上风电勘察质量管理

　　海上风电工程的勘察质量控制应遵循《风电场工程质量管理规程》（NB/T 10684—2021）建立质量监督与审核机制，对勘察过程进行全面监督，确保勘察工作的规范性和合规性。勘察单位应定期组织开展质量审核和评估，对勘察成果进行客观评价，及时发现问题并采取相应措施进行改进。海上风电工程的勘察质量管理包括但不限于海上勘探外业、室内试验、海上勘探内业等的质量管理。

　　海上风电勘察管理可分勘察策划、勘察外业、成果评审三个阶段，具体勘察管理流程示例见图 2-1。

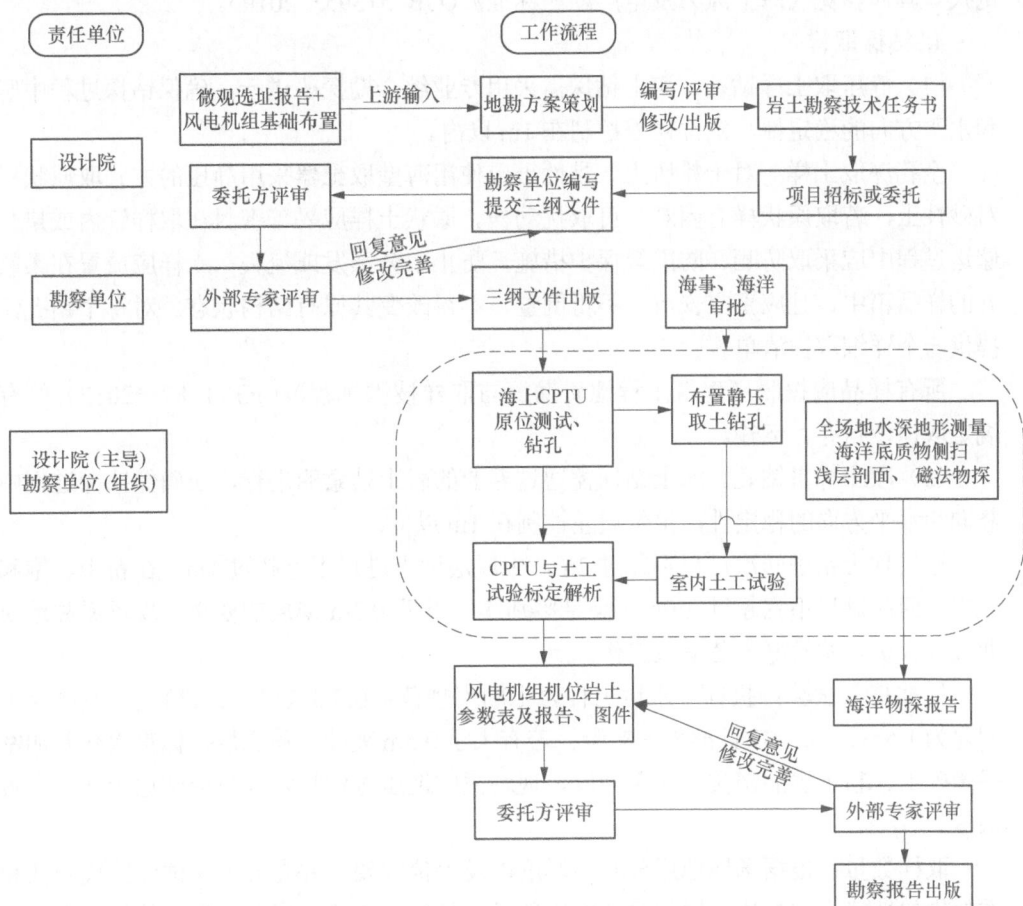

图 2-1　海上风电岩土工程勘察管理流程示例

CPTU—Cone Penetration Test with pore pressure measurement，静力触探试验

2.2.1　海上勘察外业

1. 海上勘探装备的选择

海上勘探采用的勘察船只或钻探平台应具备动力定位与波浪补偿能力，确保 CPTU 探头推进过程中的竖向与水平方向的稳定性。海上勘探的钻探平台适用水深和抗风浪能力要满足本场地要求。

2. 勘探孔工作量布置

海上风电机组单桩基础每个机位不少于一个勘探孔，海上风电机组群桩导管架基础每个机位不少于 2 个勘探孔。对于采用摩擦桩的型式，其勘探孔深度应不少于桩端底下 10m，并满足变形计算深度的要求；采用端承桩的型式，其勘探孔深度应进入桩底以下 3～5 倍桩径的深度，且不应小于 5m。具体参见《海上风力发电厂勘测标准》（GB 51395—2019）。

3. 海洋水深地形测量技术要求

根据不同勘察阶段，海洋水深地形测量应明确坐标、高程系统、测绘范围、测绘比例尺。具体参见《海上风力发电厂勘测标准》（GB 51395—2019）。

4. 钻探取样

（1）静压取土样钻孔。海上钻探需采用专业综合勘探船进行，确保钻探过程中竖向和水平方向的稳定性，定位误差控制在 1m 以内。

全孔深取土样：对于粉质土、黏性土应使用薄壁取土器采用静压的方式取原状样；对砂性土，若取原状样有困难，可取扰动样。原状土样应妥善密封在取样管内或蜡封，储运过程中应采取防晒、防震等保护措施，防止水分蒸发或流失；土样应放置在柔软防震的样品箱中，且应直立安放，不得倒置，不得改变其原有结构状态。对每个钻孔，需提供一个详细取样清单。

所有样品应按照《建筑工程地质勘探与取样技术规程》（JGJ/T 87—2012）的有关规定取样、封存、运输。

（2）取土标贯钻孔。海上钻探需通过专业的岩土勘察船进行，应确保钻探过程中，竖向和水平方向的稳定性，定位误差控制在 1m 以内。

厚层软土钻进回次进尺不超过 2m，中厚层软土进尺不宜超过 1m，在粉土、饱和砂土中，回次进尺不宜超过 1.0m，满足鉴别厚度小于 0.2m 薄层的要求。现场派驻地质专业技术人员旁站做好岩芯编录工作。

标准贯入试验：执行《水运工程岩土勘察规范》（JTS 133—2013）。一般深厚土层间隔为 1.5～2.5m 一次标准贯入实验；若有大于 0.5m 夹砂、粉土层，标贯次数要加密，保障砂土、粉土层的密实度测量精度。现场派驻地质专业技术人员旁站记录标贯击数、深度。

取样数量：根据场地地层分布、厚度以及评价需要，并充分考虑试样的代表性和分布的均匀性，合理安排取样位置及取样数量，且保证主要土层有效指标数量不宜少于 6 组。在地基的主要受力层及对厚度大于 0.5m 的夹层或透镜体，应对该层进行取样。所有样品应按照有关规定取样、封存、运输。对每个钻孔，需提供一个详细取样清单。

5. 海上静力触探试验测试

静力触探试验按《石油和天然气工业的海上结构物的特定要求 第8部分：海洋土壤调查》（ISO 19901—8：2014）的技术要求执行。CPTU 在试验之前应具备有效校准报告，包括 CPTU 测试系统描述、实施方法、标定证书、探头参数等；报告内容纳入质量保证大纲；确保操作合理、规范，试验数据准确、可靠。

CPTU 的一般技术要求：采用 $1000mm^2$、$1500mm^2$、$2000mm^2$ 的标准探头，具备锥尖阻力、侧壁摩阻力与孔压测量；探头灵敏性要符合地层要求，对浅表淤泥质软土要灵敏反应。

6. 海上物察测试

海上水深测量和海洋物探勘察包括多波速法、侧扫声呐法、水域地层剖面法（浅地层、中地层）、水域多道地震勘探法、海洋磁法、电磁感应法、剪切波速测试、电阻率测试等。

海洋物探勘察内容包括水下障碍物（裸露与隐蔽障碍物、管线等）、海床底质物分类、海底浅层气、地层结构分层、不良地质作用（海底滑坡、古河道、冲刷沟槽等）。

2.2.2 室内试验

1. 常规土工试验

（1）土的物理试验。

1）砂土：颗粒级配与定名（包括小于0.002mm的黏粒含量）、天然含水量、容重、比重、最大干密度、最小干密度、矿物成分等。

2）粉土、黏性土：颗粒级配与定名（包括小于 0.002mm 的黏粒含量）、天然含水量、容重、液限（10mm 液限、17mm 液限）、塑限、比重、塑性指数、液性指数等。

（2）岩石力学试验。岩石力学试验主要包括岩石饱和状态下的块体密度试验、单轴抗压强度试验以及弹性模量试验。当难以取得柱状试样时，开展岩石点载荷试验。

（3）水、土腐蚀性分析。按照《海上风电场工程岩土试验规程》（NB/T 10107—2018）进行水质检分析、土的腐蚀性（易溶盐）分析，数量满足相关规范要求。

（4）船上试验。根据设计需求，在船上进行十字板（微型）试验、落锥试验、无侧限抗压试验等；提供饱和软黏性土不排水剪切强度、灵敏度等相关力学指标。

2. 高级土工试验

（1）黏性土及粉质土：分级加载（IL）标准固结试验或常应变控制加载（CRS）固结试验；单调加载原位应力状态各向异性原位固结不排水三轴压缩试验（CAUC），根据需要补充原位应力状态单调加载单剪试验（DSS）。

（2）砂性土：对扰动砂土样，需重塑至原位相对密实度，开展 k_0 原位应力状态各向异性原位固结排水三轴剪切试验（CAD），根据需要补充 k_0 原位应力状态单调加载单剪切试验（DSS）。

具体试验可参照《土工试验方法标准》（GB/T 50123—2019）、《海上风电场工程岩土试验规程》（NB/T 10107—2018）。

3. 水土腐蚀性分析实验

应采用《岩土工程勘察规范（2009 年版）》（GB 50021—2001，）附录 G 海水、土对建筑材料混凝土和混凝土中的钢筋的腐蚀性评价的规定。

根据《油气田及管道岩土工程勘察规范》（GB 50568—2010），进行海水对钢结构的腐蚀性评价。

2.2.3 海上勘察内业

1. 勘察任务书评审

充分利用海上风电场周边已有的勘测资料，通过现场勘探和原位测试、室内试验等方法手段，查明每台风电机组、海底集电海缆路由的工程地质条件，为设计、施工、运维提供可靠的地质资料和有关设计参数。设计单位的勘察任务书经内、外部专家评审后，发勘察单位使用。在勘察项目开始之前，勘察单位必须进行全面的现场规划，包括确定勘察范围、勘察方法、现场设备和人员安排等，同时还需根据现场情况制定安全措施和应急预案，确保勘察过程中的人身安全和设备安全。

2. 勘察大纲、质量保证大纲、安全管理大纲的评审

勘察单位负责制定勘察大纲、质量保证大纲、安全管理大纲，由委托方内部评审通过后，经外部专家评审后实施。

勘察大纲内容需涵盖：CPTU/钻孔任务书、土工试验大纲、勘察外业装备报告等，其中土工试验大纲包含土工试验室介绍、试验设备描述、试验人员资质、试验进度保障措施、试验质量保障措施等内容；勘察外业装备报告包含勘察平台、船只技术资料，钻孔取样设备、取样方法，样品保管箱、运输方法描述，CPTU 测试系统描述，实施方法，标定证书，探头参数等。

3. 勘察成果外部专家评审

利用 CPTU 和钻孔所揭示的地质条件，通过物探勘察解析风电场地层结构；分析、整合 CPTU 与室内土工测试成果，提出风电机组基础设计参数。勘察单位的最终成果解析报告需充分考虑委托方的技术意见。勘察单位如存在不同意见，需与委托方讨论并形成共识。所提交成果包括所有勘察工作的成果报告及原始数据、中间数据与解析成果数据。

土工试验报告以图表的方式总结室内土工试验的成果，对所有试验项目需以表格形式附上样品过程照片。所有试验的可编辑版原始数据需在试验过程中、结束后实时提交；设计参数参照风电机组基础地层主要岩土参数表的格式提交。

勘察单位提交全部勘察成果后，组织外部专家对成果进行评审，根据各方评审意见，达成共识，完善勘察成果报告，勘察成果方可投入使用。

2.3 海上风电设计质量管理

海上风电设计质量管理可分为设计质量管理和管理策划监督两个方面。设计质量管理主要包括设计策划、设计校审、设计输入、设计评审、设计验证、设计确认、设计变更。管理策划监督主要包括管理计划、人员安排、资源保障；质量监督；设计风险管控；质量事件处理与记录报告等。

海上风电设计为确保项目设计质量，规范项目设计过程控制，满足法律法规、标准规范以及顾客预期的要求，应对项目设计流程进行管控。海上风电设计过程控制流程示例如图 2-2 所示。

2.3.1 设计策划

项目设总在收到任务后，对出版（咨询、设计）文件进行项目分级，按级别开展项目策划，编写策划文件。

1. 项目分级与策划文件要求

项目可分为三级。根据分级规定开展策划，规定文件形式及审批要求。

例如：可根据海上风电项目的造价水平分三级：一级为 EPC 项目合同额度大于或等于 1500 万元人民币；二级为 EPC 项目合同额度为 1000 万～1500 万元人民币；三级为合同额度小于 1000 万元人民币。策划文件要求收到任务通知单后 10 个工作日内出版，文件要求应根据项目层级按授权进行分层级审批。

2. 策划内容

项目设总的任命应符合国家、设计单位的岗位资格任职要求。

根据项目委托内容、设计阶段，项目设总负责组建项目团队，明确团队人员，包括项目的主管院长、主管总工，各参与专业主设人，视需要配置副设总、项目设计管理人员（商务管理、接口管理、进度管理、综合协调、项目秘书等人员）。

策划应明确各专业设计文件的编、校、审、批人员；已实施注册工程师签署的专业，注册工程师必须担任审核人或校核人之一，并实施签署。

策划应明确设计文件的格式、图幅、图框、编号等项目文件出版应遵守的规定。如项目（委托方）对技术文件出版有特殊规定，须在项目技术措施中详细明确，经审批后实施。

2.3.2 设计校审

1. 设计文件校审、会签控制流程

设计文件校审、会签控制流程示例如图 2-3 所示。

责任单位/人员	工作流程	主要文件/记录
设计管理所	1. 确定项目设总 2. 下达生产任务	
项目设总	1. 组建项目团队 2. 项目设计策划	1. 项目设计策划表 2. 项目技术组织措施
专业负责人	专业设计策划	1. 专业技术组织措施 2. 专业提资清单
项目设总 专业负责人	落实设计输入，初步确定设计方案	1. 设计输入文件 2. 设计输入评审单
专业室/项目办	设计评审（否/是）	1. 设计评审单（专业） 2. 设计评审单（综合）
专业室	设计人员编制设计文件	研究报告、图纸、计算书、说明书、技术条件
专业室/项目办	设计输出	设计成品校审单
专业室/项目办	设计验证（否/是）	1. 设计审查记录 2. 替代计算报告
项目办	设计确认（否/是）	设计确认记录
专业室/项目办	设计成品出版	
	设计变更控制	设计变更通知单
专业室/项目办	设计变更（是/否）	
	流程结束	

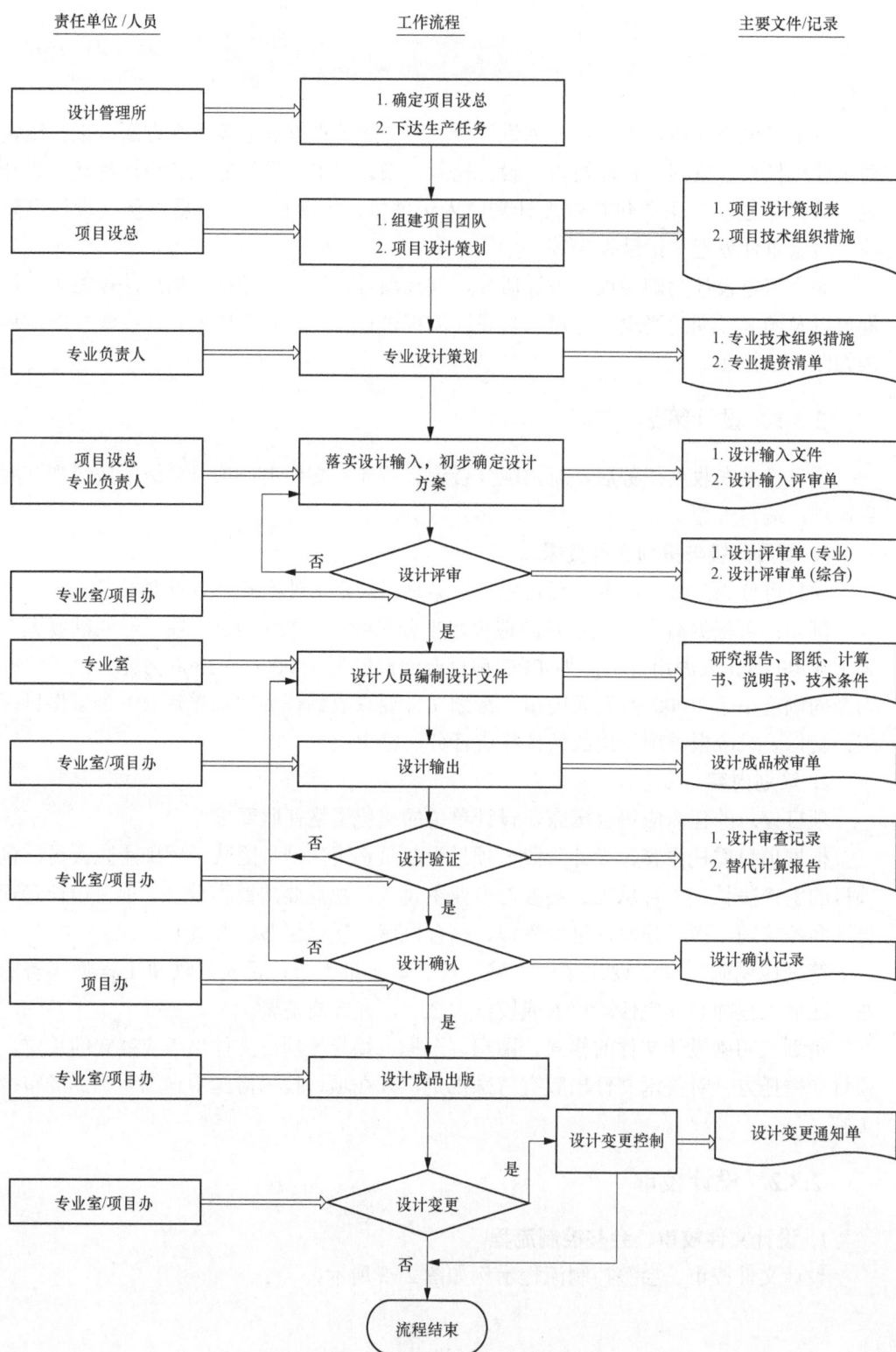

图 2-2　设计过程控制流程示例

责任人员	工作流程	控制要求/记录
设计人	发起校审流程	1. 提交需要校审的文件 2. 提交设计输入清单、原始输入
设计人 项目设总	校核	1. 按照规定内容校核文件 2. 在设计文件校审中记录校核结果
设计人	会签	对会签文件按规定内容进行会签
校核人 审核人	审核	1. 按照规定内容审核文件 2. 在设计文件校审中记录校核结果
设计人	批准	1. 按照规定内容批准文件 2. 在设计文件校审中记录校核结果
文件检查人	文档检查和设计成品生效	1. 按照规定内容对成品文件检查 2. 在设计成品检查单中记录

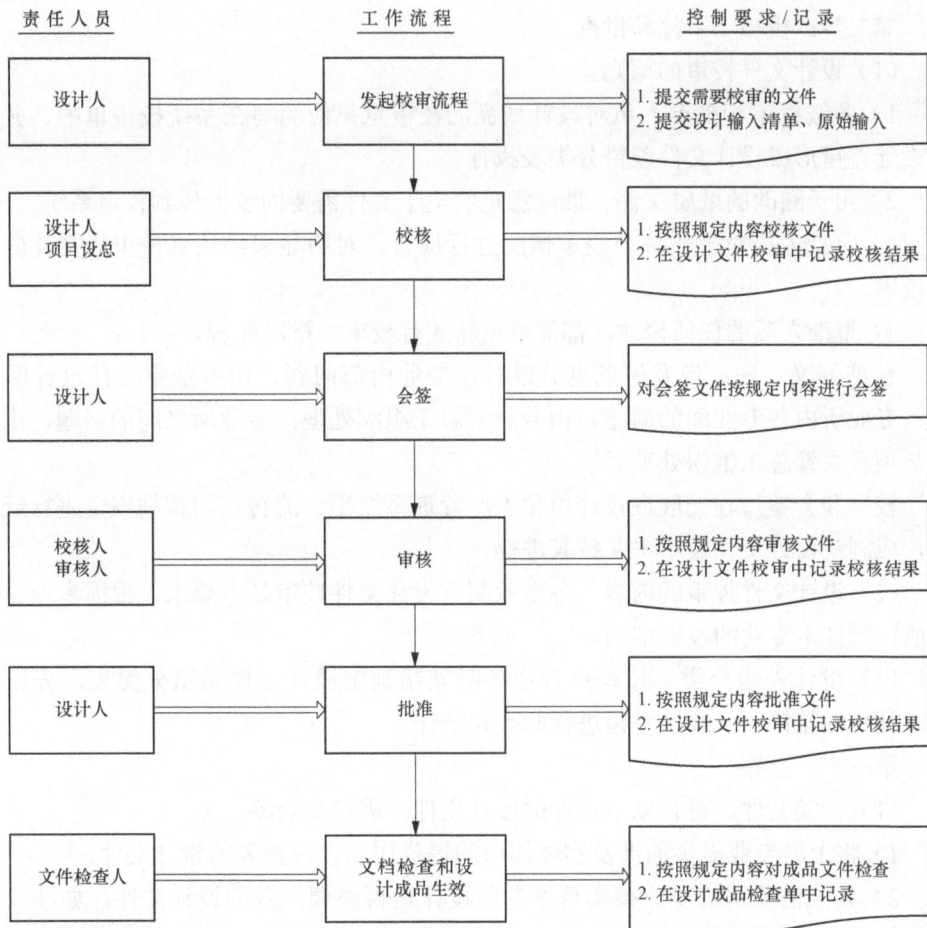

图 2-3 设计文件校审、会签控制流程示例

2. 校审批步骤

第一步：发起校审流程

（1）确定校审单元。设计文件校审的单元是指在校审系统中发起校审流程时一次上传的设计文件的集合，既可以是一份设计文件，也可以是由多份相关的设计文件组成的卷册。如某厂房某层位土建施工图、某台设备相关的设计文件、某系统分章节出版的系统设计手册。

（2）确定审签人员。

1）设计文件审签资格及审签说明要制定并符合项目设计文件审签要求。

2）设计文件为多专业联合出版的设计成品时，会签人至少应具有"设计人"及以上授权，原则上应由该文件提资专业编校审人员之一进行会签。

（3）编制校审单。编制人填写设计输入清单，发起校审流程，上传需要校审的设计文件，设计输入清单、设计原始资料等，提交校核；包含不同文件等级组成卷册的校审单元，按照单元内最高文件等级确定校审人员。

第二步：校核、审核和批准

（1）设计文件校审的原则。

1）各级校审和批准人员对设计成品的校审意见应填写在系统校审单中，并对发现的设计差错形成设计文件差错分类表执行。

2）用于圈改的纸质文件、批注意见的电子文件需要同步上传到校审系统。

3）审批人应对上一环节校审情况进行检查，对明显未经认真校审的文件应退回重新校审。

4）批准之后的任何修改，都需要重新履行校审、批准流程。

意见争议处理：当发生意见分歧时，专业内部问题，由专业室主任设计师组织处理；专业所内各专业间的问题，由专业所总工组织处理；专业所之间的问题，由项目设总与项目主管总工组织处理。

校审和会签过程一般在设计单位生产管理系统平台流转，如策划规定进行纸质签署的，应制定设计文件校审单并按其进行。

（2）设计文件校审的内容。各专业制定设计文件校审基本要求，根据本专业特点和性质，制订本专业的校审细则。

（3）设计差错分类。校审过程中各类差错制定设计文件差错分类表，分原则性差错、技术性差错、一般性差错进行归类和统计。

第三步：会签

（1）会签文件。符合以下条件的设计文件，需提交会签：

1）将上游专业提供的涉及实体接口的提资作为设计输入的设计文件。

2）其他需要别的专业核实与本专业设计是否协调一致的设计文件，如涉及重要的功能接口的设计文件（设备技术规格书和总图、电气和仪控原理图等）。

（2）设计文件会签的责任。

1）文件出版专业对会签文件的质量负总体责任，由于遗漏会签而引起的质量问题，由文件出版专业负责。

2）会签专业提供的资料没有反映在设计成品上或设计不符合原提资资料的要求，由文件出版专业负责。

3）如提供的资料不完整、不正确，由会签专业负责。

4）审核人应检查会签的完整、有效、正确与否。

5）设计文件会签后，实施时若发现仍存在会签环节应该消除的设计差错，除文件出版专业负主要责任外，会签专业应负次要责任。

（3）设计文件会签的实施。

1）项目设总或主设人在安排设计进度时，应留有必要的会签时间，以便使会签工作真正起到核实设计文件的作用；会签一般安排在设计文件校核完成之后，审核之前。

2）会签人员一般由编制人选择确定，校核人和会签人可根据实际情况增加。

3）设计人员在选择会签专业的同时应明确各会签专业负责确认的内容，便于各会签专业及时、准确地对需核实的内容进行确认。

4）会签过程中如出现专业间达不成一致的情况，由设总组织协调解决，必要时提请项目主管总工进行技术决策。

5）应根据详细的会签文件清单、会签专业和会签内容不同，来制定设计成品文件会签导则并按其执行。

第四步：文档检查和设计成品出版

文档检查：编制人将批准通过的、不可编辑版本的设计成品文件提交归档，由文档检查人员对设计成品文件进行文档检查。在收到文档检查意见后，如需对设计成品或校审单内容进行修改，编制人应重新启动校审流程。

设计成品文件经批准后即出版可用。

2.3.3　设计输入

项目设计输入及其变更应被正确确定并形成文件，经批准后置于有效的控制之下，以防使用不正确的或逾期的设计输入信息。应对设计输入的内容进行认真评审，确保设计输入充分、适宜和正确，确保来自不同方面的要求完整、清楚、不矛盾、不抵触，设计输入评审的记录应保存。

1. 设计输入收集与评审、确认

（1）设计人员在开展设计前应按表2-1内容，收集设计文件（或设计卷册）的相关设计输入，并形成电子（通过生产平台）或纸质的"设计输入清单"。

表2-1　　　设计输入评审/确认要求示例表

类别	输入内容	评审/确认方式	应用说明
总则性输入	（1）合同或委托书及其附件规定的技术内容	由项目设总组织评审或通过策划文件收集确认	可直接作为设计输入，专业间无需进行提资
	（2）需遵循的法律法规、标准规范		
	（3）政府和上级主管部门的批文		
专业内输入	（1）专业设计经验反馈	通过设计输入清单的校核、审核确认	作为本专业输入，直接使用
	（2）上一阶段的设计输出（包含工程文件、过程文件等阶段设计成果）		
	（3）本专业设计评审单、总师决策单或重要问题技术决策单		
专业外输入	（1）专业间互提资料单	通过收资审查确认	通过提资、接口、函件、资料审查等方式确认设计输入
	（2）专题承担单位通过正式渠道提供的专题成果	通过专题成果审查、外部接口资料审查确认	

类别	输入内容	评审/确认方式	应用说明
专业外输入	（3）委托方通过正式渠道提供的资料或要求（函件）、其他渠道收集的设计资料	通过专题成果审查、外部接口资料审查确认	通过提资、接口、函件、资料审查等方式确认设计输入
	（4）设备供应商、设计分包院提供的接口信息		
	（5）跨专业设计评审记录（会议评审）、总师决策单或重要问题技术决策单	通过设计输入清单的校核、审核确认	有设计单位项目人员参加的会议
	（6）正式的院内、院外项目会议纪要（必须包含特定性设计输入的内容）		

注　1. 多专业联合编制的综合报告类设计文件，签署出版同一份文件的专业间可不需要相互提资。
　　2. 设计人员在编制"设计输入清单"时，如有不能解决的输入材料，编制专业主设人应反馈项目设总，由项目设总组织讨论解决。

（2）设计输入评审、确认应与设计文件（或设计卷册）的设计进度匹配，逐步形成完整的"设计输入清单"。

2. 设计输入变更

设计输入清单完成审核后，设计输入信息的任何变更，均需在设计输入清单中进行记录。设计人根据该设计输入变更对设计文件的影响程度及设计文件流程状态决定处理方式。

（1）对不影响设计文件实质内容的输入变化，可直接关闭该设计输入变更并说明评估结论。

（2）对影响设计文件内容的输入变化，如设计文件尚未出版，则需退回重走设计流程；如果设计文件已出版，则需根据文件出版情况，通过升版或发设计变更通知单的方式修改设计文件。

设计人应对每一项设计输入变更的处理情况在设计输入清单表中进行记录。每一项设计输入变更最终均需要关闭，设计输入变更的关闭由设计人提出，由校核人进行验证。

设计文件批准后，其设计输入清单应固化。如设计输入变更引起的设计成品文件修改，其设计输入清单跟随设计成品文件升版一起更新。如设计输入变更不影响设计成品文件修改，需记录设计输入变更的影响评价与处理情况。

2.3.4　设计输出

（1）所有设计输出均应形成文件，文件的格式、内容、深度、编号按照项目策划规定进行。

（2）设计输出文件的校审。

1）所有设计输出文件必须在完成校核、会签（如有）、审核和批准后才能出版发行。

2）设计文件校审、会签（如有）详细要求按设计文件校审要求执行。

（3）咨询报告类文件的输出。对于咨询报告类文件，因项目需求，可直接由纸质文件按照规定授权签署后出版，但必须在文件发出后规定时间内，整理该纸质出版文件相关的设计策划、输入、评审、验证、输出等文档管理规定的全部产品和记录及时归档（最新版的相关文件和记录）。

2.3.5 设计评审

设计评审是在设计的适当阶段或环节，依据策划的安排对设计阶段性成果进行系统的评审，以评价设计结果是否满足要求的能力，确定能否转入设计的下一阶段或环节，识别存在的问题并采取改进措施。应在设计策划文件中明确设计评审的内容、时机。

1. 设计评审类型和方式

设计评审分为项目综合设计评审、子项（专项）综合设计评审、专业设计评审。设计评审方式为会议评审，具体的评审计划应在策划文件中明确。

2. 设计评审策划

在设计的适当阶段，可采用设计评审方式来评价当前设计结果是否满足设计策划、设计输入或阶段性设计要求的能力。设计评审对象可分为设计方案（包括物项的设计方案）、具体设计文件（或卷册）。各设计阶段设计评审的策划按设计评审要求执行。

设计评审应在设计策划时给予安排，在项目技术组织措施［或子项（专项）技术组织措施/策划表、专业技术组织措施］中明确评审的对象、计划评审时间、责任部门等。

设计评审计划按照表 2-2 编制，应在策划文件发布后及时录入设计评审系统。

表 2-2 设计评审计划示例表

序号	评审对象（具体的文件/卷册）	评审类型	评审组长	计划评审时间	评审部门/负责人

各类设计评审负责人资格要求按表 2-3 编制。

表 2-3 设计评审负责人资格要求示例表

设计评审	设计评审负责人
项目综合设计评审	项目设总
子项（专项）综合设计评审	子项（专项）负责人
专业设计评审	专业主设人

3. 设计评审实施

（1）设计评审准备。

1）设计评审负责人。应根据设计评审安排，在设计评审系统中启动设计评审流程，并在系统中完成相关准备工作。

2）设计评审参与人员要求。根据不同的设计阶段应规定不同的设计评审参与人员要求，其中可研、总体设计及初步设计阶段项目综合评审必要时要求项目主管院长参加。子项（专项）必要时设总参加。

（2）设计评审组织。设计评审负责人应在计划时间内组织开展设计评审。设计评审应形成明确的结论和设计评审意见，由评审组长负责决定是否采纳评审意见。对于超出评审范围或在职责授权范围内不能解决的问题，设计评审负责人需征求相关部门或领导的意见，最终解决问题。

（3）设计评审记录。

1）设计评审单编制。设计评审单编制人汇总、整理评审意见，明确每项评审意见的执行人、检查人要求完成日期，在设计评审系统中编制设计评审单，设计评审单经批准后生效。

2）设计评审意见执行、检查人员及设计评审单编审批人员要有评审负责人，编制人由评审负责人制定，批准人为评审组长。

（4）设计评审意见执行跟踪。

1）设计评审意见执行人应在规定时间内执行评审意见，并在系统中填写执行情况、上传相关材料，所上传的材料应标注修改内容。在执行过程中，若未按评审意见执行的，应在系统"执行描述"中说明原因和处理情况。

2）设计评审意见检查人应在执行人填写执行情况后检查设计评审意见的执行情况，如"不通过"，则返回执行人继续执行。如"通过"，则关闭设计评审意见行动项。各项评审意见经检查通过后，本设计评审方可关闭。

2.3.6 设计验证

设计验证是验证设计输出是否满足设计输入要求，确保设计要求已得到满足的审查、确认和证实的过程。设计验证是审查、确认或证实设计的过程，设计验证的目的是保证设计满足所有的设计要求（包括设计输入要求），并提供客观证据。设计验证通常采用设计审查、替代计算、试验三种方式进行，为保证设计验证充分有效，必须适时地使用规定的一种或多种方法对设计进行验证。

1. 设计验证原则

（1）未采用过的新技术、新材料、新方案的设计须采用适宜的方式进行设计验证。

（2）设总认为存在技术风险的设计内容应采用适宜的方式进行设计验证。

（3）设计验证也可与设计评审一同开展，但需保留各自相应的记录。

2. 设计验证方式、时机及人员

应在设计策划文件中对设计验证的方式、时机、内容、参加人员等进行安排。对未采用过的新技术、新材料、新方案的设计，评估技术风险较小的设计需要进行文件审查；对于全新设计或未采用过的新技术、新材料、新方案的设计，且技术风险预计较大的设计进行会议审查；对于采用某种计算方法或分析所得的结果验证采用替代计算。验证时机要求在设计文件审核后、文件交付前。验证的人员要求有资格的人员进行，要求验证组长为专业室主任设计师或专业所总工级别以上人员担任。试验单位要求具有试验资格的单位进行试验。

设计人员按照设计验证安排在设计验证系统中启动设计验证流程，需确定验证人员或小组、验证方式，并上传验证涉及的文件材料。

3. 设计审查方式的验证

（1）总体要求。

1）设计审查的方式、时机、参加人员应制定统一规则确定。

2）设计人员按照设计验证安排在设计验证系统中启动设计验证流程，需确定验证人员或小组、验证方式，并上传验证涉及的文件材料。

（2）文件审查形式的设计审查。应按照设计验证单的内容进行，由审查人员将其结果填写在设计验证系统中，由审查组长签发。

（3）会议审查形式的设计审查。应按照设计验证单的内容进行，由审查人员在设计验证系统中填写，审查组长签发。

（4）替代计算方式的验证。由部门总工或者主任设计师指定替代计算人员（具有 3年以上同领域工作经验）。应按照设计验证单的内容，由替代计算人员在设计验证系统填写替代计算过程及结论。

（5）试验方式的验证。在设计文件审核后或设计文件交付前，可采用鉴定试验方法进行。试验记录或报告形成正式文件，应按照设计验证单的内容，由设计人员上传至设计验证系统平台。

2.3.7 设计确认

在设计过程中，凡国家法规或合同规定必须由建设单位（或委托方）或政府主管部门确认的设计文件，都应经过确认后才能继续下阶段的工作或提交使用，以确保产品满足规定的使用要求。设计确认应在设计策划时根据法规、合同等要求给予明确，并完成规定的设计验证之后进行。

设计确认方式：初步可行性研究报告审查会，可行性研究报告审查会，消防、环境影响等报告书专项审查会，初步设计审查会，施工图审查会（设计交底），其他由建设单位或政府主管部门组织实施的审查。

设计确认实施：项目设总组织相关人员参加相关设计确认会议，记录落实专家、建设单位（或委托方）、政府主管部门的审查意见；项目设总负责组织落实审查意见，并答复建设单位（或委托方）。

2.3.8 设计变更

设计变更指已经过批准并已交付的设计成品文件，由于设计或非设计原因导致对设计文件的修改；设计变更通知单与设计图纸具有同等效力。

设计变更文件原则上由原设计文件编审批的同一小组人员进行，在有足够证据证明有能力胜任相关具体设计工作时，也可指定另一组人员进行设计变更文件的编审批。

初步设计、施工图设计阶段，在策划时应明确项目设计变更的方式，即明确：

（1）按照合同约定的方式进行设计变更（策划时应详细描述变更方式）。

（2）按照本程序方式进行设计变更。

1. 设计变更实施

（1）设计变更原因分类如下。

1）设计优化或错误原因引起的变更。

2）非设计原因引起的变更，包括设备、材料供货商提出变更或委托方提出的新要求，以及因施工过程受各类条件影响而引起的变更。

设计原因引起变更处理：对于已交付（包括发往施工、制造单位）的设计文件，设计代表、设计人员或其他人员发现设计中存在问题都应及时开展设计变更，由原设计人员编制设计变更通知单，完成相关审批并发往原文件交付单位。

（2）非设计原因引起变更处理。

1）凡因施工单位或委托方、监理单位对设计提出改进意见或其他要求引起对设计文件的变更时，应由提出单位出具书面变更申请，经有关专业或设计代表对其确认，完成设计变更并发出设计变更通知单。

2）非设计原因引起设计变更如对工程的投资、进度造成变化，由提出单位负责预计产生的费用、工期，专业主设人或设计代表在处理意见中加以说明，并报委托方审查后回复书面意见，并与设计变更通知单一同保存。

3）如专业主设人或设计代表判断因非设计原因引起的设计变更工作量大，对设计费用、进度影响严重，应及时报项目设总，项目设总审查后通知商务部门与委托方商谈有关费用、进度调整事项。

（3）设计变更的评审、验证。

1）设计变更评审：当设计变更涉及原设计评审结果或设总认为变更的重要程度必须对设计变更进行设计评审时。

2）设计变更验证：当设计变更涉及原设计验证结果或设总认为变更的重要程度必须对设计变更进行设计验证时。

如变更内容引起其他专业相关设计成品文件随之变更时，应提交相关专业人员会签，并通过相关专业主设人组织进行相关变更。

2. 设计变更文件控制

（1）设计变更文件形式在委托方有专门要求时按照委托方要求进行；委托方无专门要求则按照程序进行；项目的设计变更如何控制应在策划时明确。

（2）设计变更文件的审批采用与原设计相同的审批方式，一般由原设计的校审人员或具有相同资格的人员进行。

（3）设计变更通知单拟稿前应同相关专业设计代表（当涉及多专业时）和现场有关单位部门沟通。设计变更通知单内容涉及多专业的，有关专业必须在图纸及变更通知单

"会签栏"会签。

（4）现场专业设计代表编制的设计变更通知单，其校审、会签应由具有校审资格的人员进行；设有现场设计总代表的应由设计总代表批准签发；没有设立现场设计总代表的由文件原批准人或具有相等资格的人员批准签发。

（5）设计单位总部专业设计人员编制的设计变更通知单，按照原文件规定的签署要求签署。

（6）与设计变更有关的附件均应标记设计变更单的编码，纸质变更通知单由编制人负责标识，电子文件由文档室人员在出版时负责标识。

（7）设计变更通知单应通过项目规定的渠道外发。各专业设计变更通知单以及与设计变更相关的文件由专业主设人统一登记、管理，在工程结束后规定时间内，与项目归档文件一同提交归档。

（8）通过设计变更平台的设计变更通知单按照流程规定实施管理。

2.3.9 质量管理策划

1. 管理计划

为确保工程项目设计的质量，并保证技术性的和管理性的工作两者充分地结合和有效实施，对需要完成的设计任务作透彻的分析和实施整体策划，确定所要求的技能，选择和培训合适的人员，使用适当的资源和程序，创造良好的工作环境以及明确承担任务的组织及个人责任。必须对所有会影响质量的工作提出要求和措施，并根据实际情况，验证每一种活动是否已正确地进行，对于任何偏离均需纠正并采取必要的措施，并保存证明已经达到质量要求的文件和记录。

2. 人员安排

为了保证设计质量，公司由具有项目设计所需的所有专业的设计人员和有实践经验的各级设计管理人员组成了专门的设计和设计管理队伍。各级设计人员和设计管理人员都经过相关培训，能获得并保持足够的业务熟练程度和质量保证意识。

（1）设计人员。及时填报设计过程中遇到的通过正常流程及自身能力无法解决的困难。按照确定的风险防范措施，及时开展各项设计活动。

（2）专业室主任。为设计人员解决困难，对于设计人员提出的风险，提供明确、可操作的建议和措施。主持召开室级质量风险防范会，对收集的各项风险项进行甄别和分析，确定风险防范措施，明确责任人和完成时间。整理形成室级质量风险防范清单，对各项风险项进行跟踪。对于室级不能处理的风险项，及时向所长上报。

（3）专业所所长。为专业室解决困难，对于室级上报的风险，提供明确、可操作的建议和措施。组织收集各专业室上报风险项。主持召开所级质量风险防范会，对收集的各项风险项进行甄别和分析，确定风险防范措施，明确责任人和完成时间。整理形成所级质量风险防范清单，对各项风险项进行跟踪。对于所级不能处理的风险项，及时向项目设总上报。

（4）项目设总。为专业所解决困难，对于所级上报的风险，提供明确、可操作的建议和措施。组织收集各所上报项目风险项。对收集的各项风险项进行分析，确定风险防范措施，明确责任人和完成时间。整理形成项目级质量风险防范清单，对各项风险项进行跟踪。对于项目设总不能处理的风险项，及时通过院级管理例会或项目生产调度会报告。

（5）设计安全质量保证室。每月收集室级、所级、项目级设计质量风险项清单。定期监控质量风险项的处理情况，并向设计单位安质环与经验反馈管理委员会汇报。

3. 资源保障

工程项目设计的质量保证组织机构，规定参与质量安全相关工作的单位、部门和人员的责任和权限，以及他们之间接口联络、信息传递的要求和方法。

在文件中能阐明技术要求，确保被认可的工程规范、标准、技术规格书的要求和经过核实的实践经验均得到遵守。质量保证要求应包括管理性控制要求和规定需要达到的技术标准。

为完成影响质量的活动所必须规定的合适的控制条件，包括为达到要求的质量所需要的适当的环境条件、适当的设备和技能等。

为确保计算机软件的正确性、适用性，应对计算机软件实施有效控制，制定措施保证自行编制的或外部采购的软件在开发、安装、调试、修改和使用等方面满足项目安全性、可靠性和经济性等方面的要求以及国家有关对计算机管理的法律法规和标准要求。

建立分层次的绩效目标和绩效指标，对质量和质量趋势进行有效监控，以评价质量绩效指标和目标的完成情况。

规定对从事影响质量活动的人员进行选择、培训、授权。相关的责任部门必须制定选择、培训、授权人员的计划和程序，规定人员资格考核标准。

2.3.10 质量监督

各项目实施的质量保证监查/监督必须按照程序的规定，由合格的人员进行，监查/监督结果必须形成书面文件。对于质量保证监查/监督中发现的问题，被监查/监督单位和部门应在规定的期限内采取纠正或预防措施，质量保证部门监查/监督小组应对发现问题的处理情况进行跟踪和验证。

2.3.11 设计风险管控

1. 设计质量风险管控原则

（1）落实责任：落实设计质量责任，发挥所、室行政领导在质量风险防范中的核心作用。

（2）分级管控：建立室级、所级、项目级风险防范清单，通过风险防范会议进行跟踪管控。

（3）及时处置：及时暴露设计过程中的质量风险，并对质量风险进行快速响应和处置。

2. 设计质量风险管控流程

按照"自下而上"的原则，设计人员主动暴露设计过程中存在的困难及潜在的质量风险，通过室级、所级、项目级逐级对质量风险进行处置并跟踪闭环。

流程示意如图 2-4 所示。

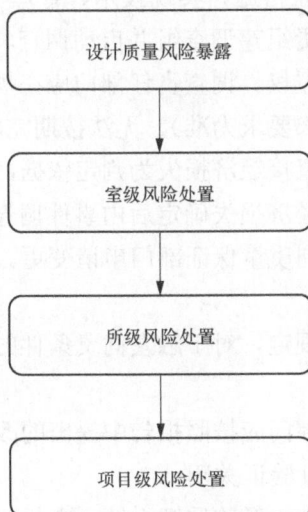

图 2-4　流程示意

第一步：设计质量风险暴露

专业设计人员根据实时的设计活动进展，主动暴露设计活动中存在的困难，及时填报风险项提请协助解决，以消除或降低潜在风险。

设计人员在开展设计活动，尤其是急、难、新的设计活动时，如果存在通过已有程序流程或自身能力无法协调解决的困难，可能会导致设计产品的质量风险。设计人员应该及时填报反馈这些困难，提交至室级进行风险处置。

设计活动中存在潜在风险的领域可能包括（但不限于）：设计差异项、技术方案调整、供应商变化、新设备、新材料、新工艺等，或以往常发、多发质量问题的设计活动。

第二步：室级风险处置

室主任作为室级风险防范的第一责任人，每双周主持召开室级质量风险防范会（可与其他会议合并），组织收集质量风险项，对设计人员填报的质量风险项进行甄别、快速处置和跟踪关闭。

第三步：所级风险处置

所长作为所级风险防范的第一责任人，每月主持召开所级质量风险防范会（可与其他会议合并），对各专业室上报的质量风险项进行甄别、快速处置和跟踪关闭。

第四步：项目级风险处置

项目设总作为项目级风险防范的第一责任人，负责组织收集各所上报风险项，在项目例会上对各所上报的项目级风险项进行快速处置和跟踪闭环。

2.3.12 质量事件处理与记录报告

1. 质量事件管理要求

质量事件：由于质量不符合而导致的达到一定损失、影响、潜在后果的事件。质量事件均需查明原因并制定纠正措施，实现技术、管理"双归零"，避免重发。原则上事件调查责任部门在一周内负责组建调查组并启动调查。调查组成员应具备质量保证授权或相应业务领域的专业技术授权。调查责任部门应在规定期限内完成调查分析（如外部单位有调查期限要求，以外部要求为准），无法按期完成需按规定的期限申请延期。

质量事故事件定性，以直接经济损失为判定依据，判定标准见表 1-1。针对通报的质量事件，待事故事件直接经济损失确定后由事件调查部门在调查报告中说明。如直接经济损失有调整变动时，需向质量保证部门申请变更。

2. 质量事件处理

（1）按照相关问责管理规定，对于触发问责条件的根据事件调查报告结果，开展相应问责。

（2）报告发布后，责任部门应按照报告中提出的改进行动计划要求组织整改，调查组对改进行动的完成情况进行验证关闭。

（3）报告发布后应及时纳入经验反馈系统，由相关责任部门根据管理要求开展经验反馈并落实相关行动。

2.4 质量风险点与经验反馈

2.4.1 风险识别

勘察、设计单位应通过海上风电项目建设，识别风险源、影响区域、事件（包括环境变化）以及致因和潜在后果，各部门结合自身的战略规划、年度经营目标与管理计划，深入挖掘公司当前各层面以及各业务环节中存在的风险因素的过程。

针对国家标准、法规规定的重大设计或技术变更，涉及安全、质量、HSE（Health Safety Environment，健康、安全与环境）的组织变动，项目关键里程碑变更，有关采购与销售合同变更等，应开展风险识别、分析和评定，明确风险应对策略和具体措施，进行跟踪，做到闭环管理。

2.4.2 经验反馈制度

经验反馈制度对于提高质量、尽早消除隐患均具有非常显著的效果。主要内容如下。

1. 经验反馈信息来源

海上风电项目的经验反馈主要有以下来源。

（1）以往海上风电项目勘察设计过程中产生的经验反馈、由于勘察设计原因产生的各类变更。

（2）内部要求开展的勘察设计相关的经验反馈。

（3）外部来源的经验反馈，以及委托方要求开展的经验反馈。

2. 经验反馈管理体系

通过工程项目实践，应建立较为完备、层级化运作的经验反馈体系，为项目建设顺利开展、质量提升奠定基础。

已建立的经验反馈体系应通过信息化系统在内部实现信息共享，闭环管理模式、工作流程纳入程序管理。

为有效管理、运用经验反馈信息，根据运作层级的不同，可将经验反馈分为公司级、中心项目级、作业级，并按照不同的流程进行管控。

设计经验反馈质量管理流程示例如图2-5所示。

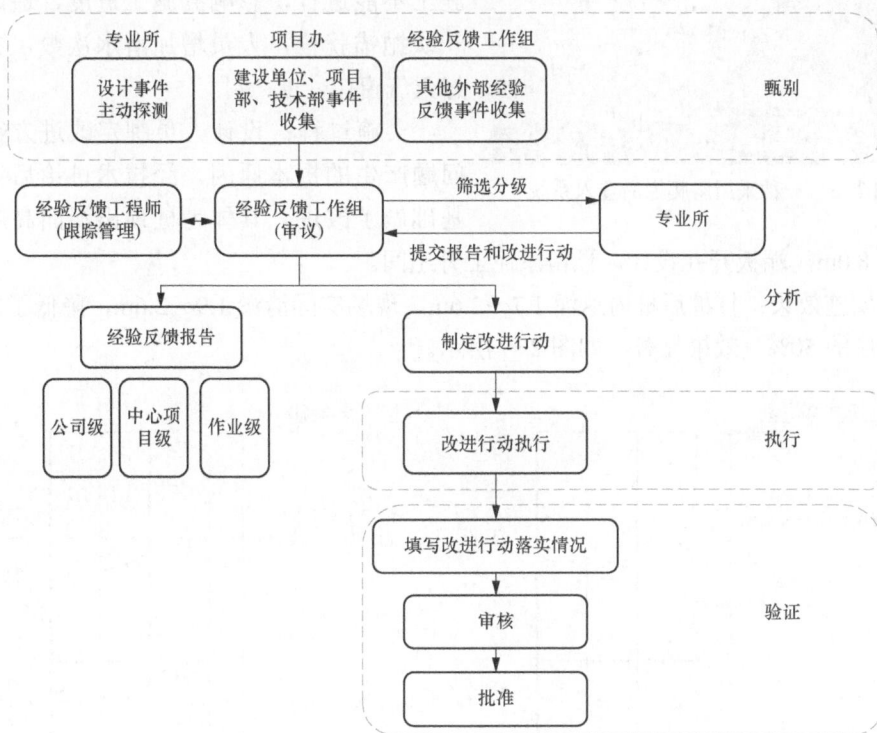

图2-5　设计经验反馈质量管理流程示例

3. 经验反馈会议

海上风电项目涉及的经验反馈内容，应定期组织经验反馈专项会议，在项目执行过程中进行落实。

2.4.3　经验反馈典型案例

本节收集和整理了海上风电设计过程中的3个典型案例。

1. 风电机组基础直爬梯安全性问题

问题描述：某项目海上升压站登乘爬梯设计为直爬梯，爬梯垂直高有数十米，且原设计的直爬梯空间狭窄，中间休息平台护栏低矮。运维人员反馈登入过程非常危险，极易造成人员疲惫，发生意外，极易发生人员坠落事故。

实施过程：吸取项目设计经验反馈，分析设计改进方案，经技术组讨论制定方案后落实到后续升压站、风电机组导管架，将登入系统的直爬梯改为斜爬梯。

图 2-6 一种采用斜爬梯的登入系统

实施效果：采取多段式斜爬梯，提升了安全性，保障登乘人员运维的便利，如图 2-6 所示。

2. 导管架基础钢管桩清淤问题改进

问题描述：某项目导管架基础钢管桩出泥面高度较低，仅有 3m 左右。钢管桩实际清淤投入大量工期及费用，导致总体成本提高。灌浆施工不能进行，影响到施工进度，造成船机多一次抛锚就位，人员增加潜水次数，并损失较好天气窗口。

实施过程：设计人员制定改进方案，分析问题产生的根本原因，经技术讨论后对导管架基础做了改进，具体为桩顶出泥面高度调整为 6.5～8.0m，端板开孔设计，预留淤泥上升空间。

实施效果：打桩后桩内返泥 1.7～2.6m，现场实际清淤 1.9～2.6m，降低了原计划清淤高度的 50%，效果显著，如图 2-7 所示。

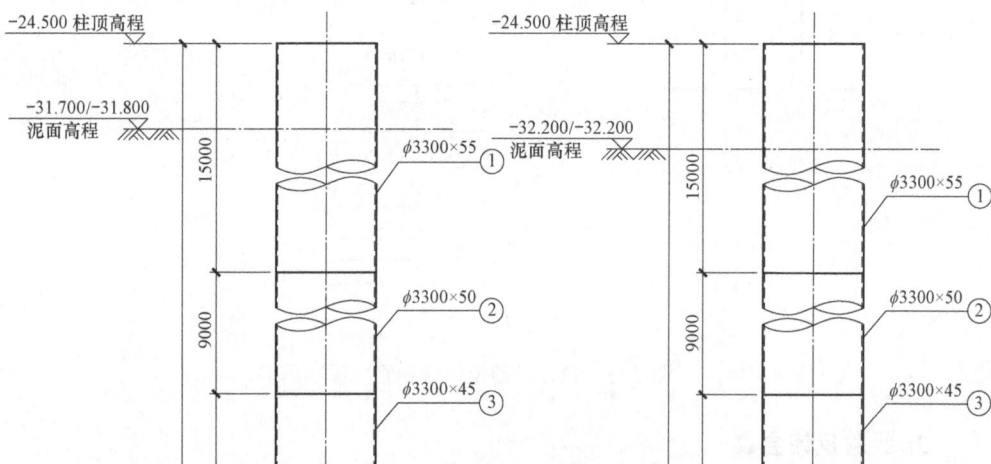

图 2-7 某项目的两根钢管桩出泥面高度

3. 海上升压站防沉板优化

问题描述：在海上风电场项目中，海上升压站导管架沉贯方案采用先沉放、后打桩的后桩法施工，沉降量控制较为困难。尤其在厚淤泥厂址，需要增大防沉板面积以确保足够的承载力。

实施过程：结合国内防沉板的研究分析和结构方案，防沉板设计在初步设计方案的基础上，开展优化设计。完成优化设计分析及岩土专家组的评审，最终制定改进后方案。

实施效果：某项目海上升压站导管架沉贯就位并完成打桩后，导管架顶部最终高程设计偏差为+60mm（小于设计预期的500mm）、水平度为1‰（小于预期的5‰）。在设计中形成的一套完整的快速开展防沉板分析处理流程和方法，为后续海上升压站的防沉板设计提供了方案借鉴。

一种典型的海上升压站防沉板结构如图2-8所示，一种典型的海上升压站防沉板布置图如图2-9所示。

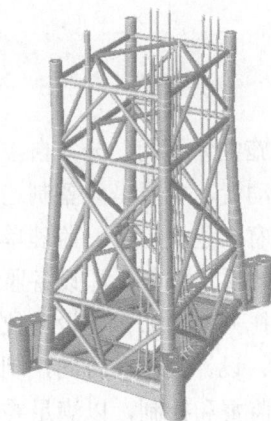

图2-8　一种典型的海上升压站防沉板结构

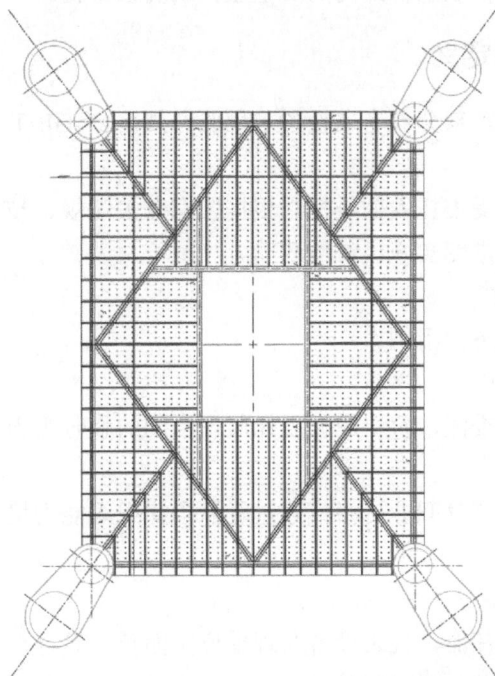

图2-9　一种典型的海上升压站防沉板布置图

3

海上风电设备制造质量监督

3.1 海上风电设备制造质量监督概述

设备制造质量控制按其实施主体不同，分为自控主体和监控主体。自控主体是指直接从事设备制造质量职能的活动者，主要是设备制造单位；监控主体是指对他人质量能力和效果的监控者，例如：政府、建设单位、监理单位等。本章主要描述监控主体设备监理单位对海上风电设备制造的质量监督，即设备监理。

设备监理单位主要是受委托人（例如：建设单位、项目总承包商、采购商）委托，根据法律法规、设备技术标准、设计文件及合同，制定和实施相应的设备监理措施，代表委托人对设备制造质量进行监督和控制，以满足委托人对设备质量的要求。

设备监理工作不代替制造单位对设备的自行检验，也不代替委托人对设备的最终验收，亦不代替国家或行业主管部门的质量监督或质量验收。

3.1.1 术语和定义

下列术语和定义，部分参考《设备工程监理规范》（GB/T 26429—2022）。

1. 设备监理

设备监理单位接受委托人的委托，根据国家有关法规、技术标准及采购合同，对设备制造过程的质量和进度实施监督的活动。

2. 设备监理单位

从事设备监理服务的组织。

3. 项目监理机构

由设备监理单位委派，负责履行委托监理合同的临时组织。

4. 设备监理师

取得设备监理师国家职业资格或通过行业自律组织能力培训评价，从事设备监理工作的专业技术人员。

5. 总监理工程师

由设备监理单位任命，代表设备监理单位全面负责履行设备监理服务合同、主持项目监理机构工作的设备监理工程师。

6. 总监理工程师代表

项目监理机构中，由总监理工程师授权，代表总监理工程师行使其部分职权的设备监理工程师。

7. 专业监理工程师

项目监理机构中，负责特定专业、过程、场所的设备监理工作，具有相应监理文件签证权的设备监理工程师。

8. 设备监理规划

依据设备监理委托协议和项目建设工程实际情况，对项目监理的工作目标、内容、方法、时间、资源和管理等做出规定，用于项目监理机构全面开展设备监理工作的指导性文件。

9. 监理实施细则

针对某一专业或某一类设备，表述具体监督活动的工作要点、方法的指导性文件。

10. 监理通知单

项目监理机构发现被监理单位偏离设备采购合同要求或技术标准要求，存在质量隐患或不合格时，签发的指令性、要求性文件。

11. 监理联系单

项目监理机构根据监理工作需要，向被监理单位、监理委托人等相关方提交的，用以沟通、协调一般性事务的文件。

12. 联合检查验收

在重要设备出厂前，由监理单位、委托人以及相关单位共同参加的现场检查验收活动。完毕后，参加各方在联合检查验收单上签字确认。

3.1.2　质量监督范围

海上风电项目的设备制造质量监督范围一般包括：

（1）风电机组主机（齿轮箱、变流器、箱式变压器、叶片、轮毂、机舱、发电机等）。

（2）塔筒。

（3）海底电缆。

（4）气体绝缘全封闭组合电器（GIS）。

（5）35kV 及以上电压等级的变压器、电抗器和干式变压器。

（6）35kV 及以上电压等级开关柜。

（7）风电机组基础。

（8）海上升压站基础。

3.1.3　质量监督依据

（1）国家有关法律、法规。

（2）设备监理委托协议。

（3）依法签订的设备采购合同中规定的技术要求、标准及规范。

（4）委托人正式发送给监理单位、设备制造单位的函件。

（5）委托人、监理单位与制造单位达成的有关正式协议、会议纪要等。

（6）设计方发布的图纸及更改、补充文件，以及图纸会审纪要。

（7）《电力设备监造技术导则》（DL/T 586—2008）。

（8）《设备工程监理规范》（GB/T 26429—2022）。

（9）制造单位关于本设备的设计文件、工艺文件和工艺标准。

3.1.4 质量监督模式

海上风电设备制造质量监督模式一般包括驻厂监造、巡回监造和入厂验收监造。具体设备的质量监督模式，在设备监理委托协议或设备监理规划中确定。

（1）驻厂监造。监理工程师常驻制造单位对设备制造过程进行全方位跟踪监督的监理活动。

（2）巡回监造。根据设置的见证点，监理工程师不定期赴制造单位对设备制造情况进行监督检查的监理活动。

（3）入厂验收监造。监理单位对制造单位分包部件在制造单位处实施的文件审查和实物检查的监理活动。

3.1.5 服务内容

1. 质量控制

对设备制造、试验、验收过程中涉及的人员、设备、原材料、技术方案、工艺等进行监督、检查和控制。根据设备制造过程控制要点，合理选择质量控制点（R、W、H），严格按照国家相关标准规范进行检查、见证；对未选点的其他工序进行巡视检查，抽查过程检验的各项记录，使设备的制造过程从原料采购到加工、装配、检验和试验，以及装船（车）的各个环节都处于受控状态。

2. 进度控制

根据委托人的委托审查设备制造进度计划，重点审查计划的完整性、可行性和匹配性。在设备监理过程中，按照批准的进度计划监控设备制造生产进度，监督检查实际进展情况是否符合已审批的进度计划，重点监控关键线路、关键节点和关键工序。对延期情况分析原因，提出纠正措施并督促制造厂整改，如果实际进度出现不可接受的偏差，提出调整建议，相关信息及时通报委托人。

3. 信息通报

将设备监理过程中的质量、进度和监理活动，通过周报和月报报送委托人。监理工程师收集设备制造相关信息并加以分析，若发现影响设备质量、进度的风险，应及时报总监理工程师和相关方，采取有效管控措施。

4. 沟通与协调

根据项目建设和监理工作需要，采用定期或不定期的方式组织召开各类会议，协调各方按合同目标完成设备制造任务。

重要设备制造开工前，组织制造开工会，对新制造单位进行综合性检查、经验反馈和监理交底。设备监理过程中，按需召开与制造单位和相关方的设备专题会议，沟通、推动和解决发现的问题。

设备监理活动开展前、开展过程中及结束后，组织召开与委托人的监理例会，定期汇报、交流设备监理相关事宜，合力解决焦点和难点设备问题，确保满足项目建设要求。

针对设备监理过程中发现的偏差、问题等，项目监理机构采用监理联系、监理通知单等方式，与被监理单位保持及时、准确、有效的沟通，确保问题按既定流程得到有效的解决。

3.1.6　组织机构

设备监理单位授权总监理工程师负责组建项目监理机构，并全权负责项目的设备监理工作。必要时设置总监理工程师代表，协助总监理工程师进行管理。

通常，海上风电项目监理机构由总监理工程师 1 人、总监理工程师代表 1 人、文档人员 1 人和监理工程师若干人组成。项目监理机构人员数量和技术专业的配备，应与项目的规模、建造周期、复杂程度，以及监理委托合同的内容相适应。

3.1.7　人员职责

海上风电场项目设备监理实行总监理工程师负责制。根据授权，总监理工程师对内向监理单位负责，对外向委托人负责，代表监理单位行使监理合同赋予的权限，并全权负责本项目的设备监理工作。

1. 总监理工程师职责

（1）受设备监理单位委派，对所负责海上风电项目设备监理工作全面负责。

（2）组建项目设备监理团队，确定监理工程师职责、分工，根据项目监理需要调配监理工程师。

（3）主持编制监理规划，组织编制、审批监理实施细则和设备监理总结。

（4）组织重要设备开工检查和出厂验收。

（5）就重大事宜与委托人沟通。

（6）参与重大质量问题的分析和处理。

（7）主持监理工作会议和有关专题会议。

（8）负责组织监理资料的整编、归档及最终交付。

2. 总监理工程师代表职责

协助总监理工程师进行监理策划和内外部接口管理，其职责一般包括：

（1）负责编制监理规划。

（2）组织编制、审查监理实施细则和设备监理总结。

（3）负责收集、整理并按时向委托人提交监理周报、月报。

（4）负责与委托人的日常接口工作。

3. 专业监理工程师职责

（1）负责编制监理实施细则。

（2）负责参加现场见证。

（3）负责编制监理周报、监理月报、监理联系单、监理通知单和设备监理总结。

（4）负责日常质量巡检，对质量问题进行跟踪，并督促制造单位整改闭环。

（5）参加在设备制造单位召开的相关会议和检查验收活动。

（6）负责按设备收集、整理和提交监理相关记录资料。

（7）负责跟踪和反馈进度计划的落实情况。

（8）负责签发工厂质量放行单。

4. 文档人员

（1）对监理工作的全部文档进行分类、保管。

（2）对收到的周报、月报、见证记录、监理联系单、监理通知单、会议纪要、联合检查验收单、设备质量放行单和监理总结等进行分类和归档管理。

3.1.8 质量监督流程

设备监理实施的主要活动和流程见图 3-1。

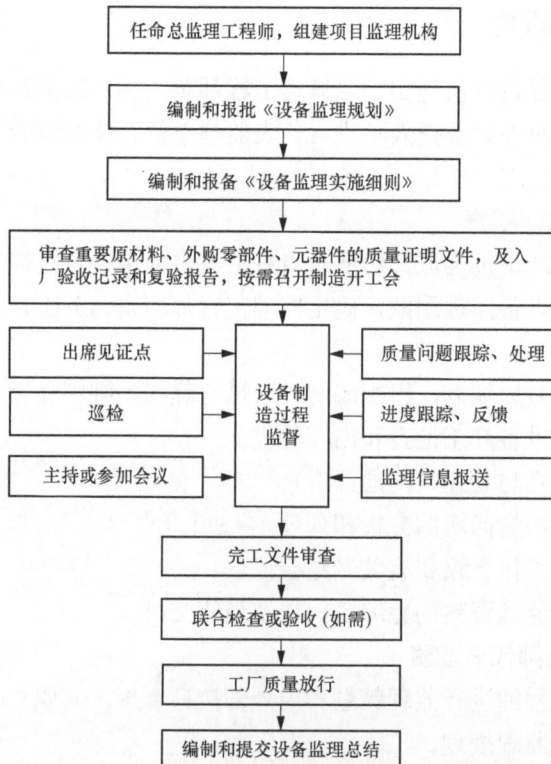

图 3-1 设备监理实施的主要活动和流程

3.1.9　制造开工检查

对驻厂监造模式，监理工程师应在设备制造前实施开工检查。开工检查内容包含制造文件，设计交底（如有）记录，人员资质，重要原材料、外购零部件和元器件的质量证明文件，型式试验（如有）报告，制造和试验场地环境，生产和检验设备以及焊材管理（如有）等方面的检查。

对巡回监造模式，监理工程师在出席见证活动时，对相关内容进行抽查。

3.1.10　过程质量监督

设备制造过程中的监理内容，主要包括：

（1）检查主要原材料、部件（包括外协加工件、委托加工材料）的材质证明书、试验/检验报告以及进厂检验报告，并与实物相核对。

（2）检查主要生产工序的生产工艺设备、操作规程、检测手段、测量试验设备和有关人员的上岗资格、设备制造和装配场所的环境。

（3）审查拟采用的新技术、新材料、新工艺的鉴定资料、试验报告等文件。

（4）对设备制造过程进行监督和抽查，深入生产场地对所监理设备进行随机检查，对主要及关键零部件的制造质量和制造工序进行检查。

（5）监督见证设备生产制造过程的检验或测试。

（6）设备制造完成后，核实需提交的完工文件已完备、无遗留质量问题、设备按要求完成包装后，监理工程师签发"工厂质量放行单"。

监理过程中，监理工程师应注重对重要过程、结果和文件进行检查和记录。监理工程师可以使用制造单位的检查记录来体现检查结果。对制造开工检查情况，监理工程师可通过会议纪要进行记录。

在设备监理过程中，监理工程师向制造单位开展防造假宣传，坚持对造假行为零容忍，并抽查制造单位是否按合同要求落实防造假要求。

3.1.11　质量问题处理

产品制造中质量问题的处理和控制，根据问题发现方及问题重要程度不同，处理方式主要包括：

（1）对制造中产生的质量问题，通常由制造单位按其质量管理体系进行处理，处理方案和结果应及时通知监理工程师并按要求予以记录。对制造过程中产生的不满足合同、标准和设计文件规定且制造单位无法按照合同、标准和设计文件的要求通过修复予以纠正的质量问题，需按委托人规定的要求和流程进行处理。

（2）对监理过程中发现的质量问题，监理工程师应及时通知制造单位进行澄清、整改、返工或返修。对一般的质量或管理问题，监理工程师向制造单位发布监理联系单处理。对较严重的质量或管理问题，如制造单位有违背合同、规范要求的情况或纠正措施和结果无法让监理工程师满意，或某些问题监理工程师已经多次提出，但制造单位未予以重视等，监理工程师向制造单位发布监理通知单处理。

（3）当发现重大质量问题时，监理工程师按照与委托人约定流程和要求进行上报和处理；并跟踪和核查经各方确认后的整改方案的落实，直至问题关闭。

设备监理过程中，监理工程师可按需组织或参加设备制造相关会议，通过会议推动和解决监理过程中发现的问题。

3.1.12　信息报送

根据项目实施情况和监理工作需要，项目监理机构主要采用监理周报、月报和专题报告，向委托人进行日常监理信息的报送。

监理周报注重本期监理活动的及时汇报和预警，监理月报注重本期相关监理活动的分析、统计及建议。监理周报、月报的主要内容包括：

（1）设备制造进展情况，与进度计划的对比，相关改进措施、预警和建议。

（2）设备制造质量情况、发现质量问题清单、是否有重大质量问题、相关改进措施和建议。

（3）本期参加见证、巡检、相关会议和其他质量监督活动。

（4）提请委托人关注事项。

（5）下期主要质量监督活动计划。

专题报告用于重大质量安全问题、进度偏差的专项汇报。专题报告的主要内容包括问题描述、可能引起的不利后果、相关处置措施和建议等。

3.1.13　协同管理

海上风电设备产业链总体质量管理水平相对较薄弱。面对质量管控水平较弱的制造单位，项目监理机构需要考虑派遣技术骨干深入一线帮扶和指导，以保障设备制造质量和交付进度。项目监理机构可通过开工准备指导、同类项目经验反馈、监理交底、综合检查督促、重要工序前交底和辅导等方式，以点带面，帮扶和推动制造单位质量管理水平提升。

建立与委托人的监理例会制度，确保信息畅通，及时汇报设备监理工作进展，讨论各方关注焦点、难点和重点问题，合力推动设备质量问题的解决。

3.1.14　最终验收和放行

在重要设备关键试验点或出厂前，项目监理机构根据批准的设备监理规划组织委托人以及相关单位在制造单位实施联合检查验收。完毕后，各方代表在联合检查验收单上签字确认。

完成最终检查和制造完工文件审查，无遗留质量问题，按要求完成包装后，监理工程师向制造单位签发工厂质量放行单，同意该设备质量放行。

原则上，不允许对存在质量问题的设备放行。对于相关方已达成一致意见，遗留质量问题将在设备发运至项目现场或者在运输途中处理的情况，监理工程师在工厂质量放行单中注明情况后方可签发质量放行单。

3.1.15 文件管理

监理单位应对监理工作的全部文档进行分类、保管，并按设备监理委托协议要求的内容和时间提交委托人。

通常，监理单位提交委托人的海上风电项目监理文件清单见表 3-1。

表 3-1　　　　　　　　　　　　　监理文件清单

序号	文件名称	类别	备注
1	海上风电项目设备监理规划	规划	报批
2	海上风电项目风电机组导管架及其钢管桩监理实施细则	细则	报备
3	海上风电项目海上升压站导管架及其钢管桩监理实施细则	细则	报备
4	海上风电项目风电机组监理实施细则	细则	报备
5	海上风电项目叶片监理实施细则	细则	报备
6	海上风电项目塔筒监理实施细则	细则	报备
7	海上风电项目电气主设备监理实施细则	细则	报备
8	海上风电项目海底电缆设备监理实施细则	细则	报备
9	海上风电项目设备监理总结	总结	报备

3.1.16 质量评价

项目设备监理任务完成后，项目监理机构针对海上风电项目设备制造单位的制造质量管理进行质量评价。一般从制造单位的能力资源、质量管理、文件管理、响应配合和负面评价五个维度进行评价。评价结果反馈给委托人，供其在后续项目的采购时参考。

3.1.17 经验反馈和总结

对于设备制造过程中产生的典型问题、重要问题，以及良好实践，总监理工程师安排监理工程师编制经验反馈，并组织相关的交流和培训活动。

项目设备监理任务结束 30 天内，总监理工程师负责组织编制和整理项目设备监理总结报告，并向委托人提交完整的、规范的设备监理资料档案。

3.2　风电机组质量监督

3.2.1 风电机组介绍

风电机组是利用风力驱动叶片旋转，将风的动能通过风轮转换为机械能，再通过发电机发电，转换成电能的系统。风电机组一般由风轮（包括叶片、轮毂、变浆系统）、机舱（包括传动系统、偏航系统）和电控系统等组成。按照发电机的结构和工作原理，风电机组技术路线可分为直驱、半直驱、异步双馈等。随着风力发电技术的不断进步，风电机组正朝着大型化、深远海、漂浮式、智能化等方向发展。

海上风电机组制造工艺流程与陆上风电机组基本相同，但海上风电机组所处海洋环境恶劣，对产品质量要求（防盐雾、抗台风、耐冲击等）、机组运行稳定性要求更高。

3.2.2 制造工艺流程

风电机组的部件（如发电机、齿轮箱、铸锻件、导流罩、偏航变浆轴承等）一般由主机厂外购，主机厂依据一定的生产工艺顺序和技术要求进行总装生产和调试。风电机组装配典型制造工艺流程见图 3-2，主机厂机型设计不同，生产工艺也有所差别。

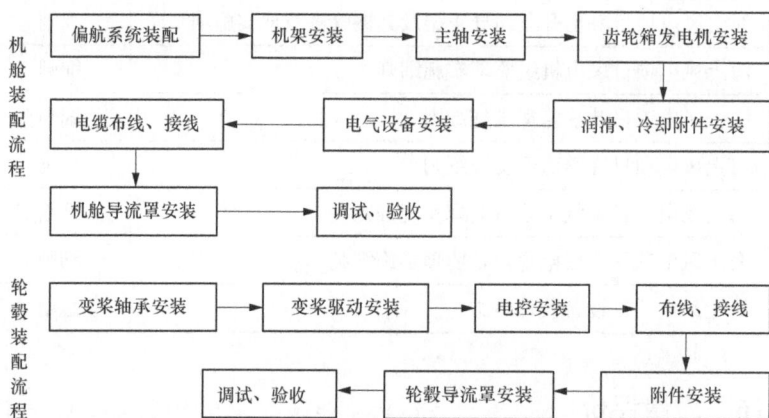

图 3-2 风电机组装配典型制造工艺流程图

注：各整机商机型设计不同，内部布置、总装工序存在差异，流程仅作示意。

3.2.3 关键工序质量监督要点

风电机组生产过程中的关键监造内容包括部件入厂验收、机舱装配、轮毂装配、风电机组调试和最终验收等环节。风电机组制造质量监督要点见表 3-2。

表 3-2　　　　　　　　　　　　　　风电机组制造质量监督要点

序号	关键工序	质量监督要点
1	风电机组部件入厂验收	（1）监督制造厂对零部件进行检验，并对检验结果进行见证、审查和确认。 （2）对铸锻件、齿轮箱、发电机、联轴器、偏航变浆轴承等部件进行实物检查和质量文件审查。 （3）对制动机构、滑环、风速风向仪、电控柜的质量文件进行审查。 （4）检验不合格的外购件严禁用于风电机组装配。 （5）与风电机组采购合同品牌和配置不一致的外购部件，必须办理变更手续，经委托人书面同意后才能使用

序号	关键工序	质量监督要点
2	风电机组机舱装配	（1）检查厂房环境、吊具、工装等设施是否符合装配要求，使用的计量器具是否已经校验合格并在有效期内，装配人员和质检员均经过培训合格，熟悉作业指导书和检验规程才能上岗。 （2）检查生产车间工位、工装、班组是否能够满足交付进度要求。 （3）熟悉机组装配图、工艺流程和质量要求等技术文件。 （4）检查偏航齿轮箱齿面啮合间隙、偏航系统保压、偏航轴承螺栓力矩。 （5）检查齿轮箱和发电机连接螺栓力矩、联轴器螺栓力矩、齿轮箱和发电机连接同轴度、高速轴制动盘和制动器间隙。 （6）检查油脂加注的符合性，电气系统关注电气接线端头压线是否符合要求、布线是否整齐美观
3	风电机组轮毂装配	（1）检查变桨轴承与轮毂螺栓力矩。 （2）检查变桨齿轮箱啮合间隙。 （3）管路、布线要求美观整齐，圆滑过渡
4	风电机组调试	（1）按照风电机组测试大纲进行功能试验项目。 （2）检查试验项目是否全部完成，试验结果是否合格。 （3）如试验过程发现问题，应查找原因并督促采取改进措施
5	风电机组最终验收	（1）风电机组验收包括机械部分和电气部分的检查。 （2）机械部分重点检查和控制：标识、防腐、表面损伤、漏油、防松、清洁度、缺件、安装孔错位等。 （3）电气部分重点检查和控制：标识、布线、表面损伤、防松、漏电防护等。 （4）关注机舱内部的防潮、除湿设备是否满足要求，运行良好。 （5）各部件资料齐全、缺陷项已处理完毕

3.2.4 风电机组制造质量见证项目

根据风电机组设备制造工艺流程和工序控制要点，建议的质量见证项目见表3-3。

表3-3　　　　　　　　　风电机组制造质量见证项目表

序号	部件/工序	见证项目	见证方式		
			H	W	R
1	铸锻件	（1）质量证明文件（R）、入厂检（W）		√	√
	发电机	（2）质量证明文件（R）、入厂检（W）		√	√
	齿轮箱	（3）质量证明文件（R）、入厂检（W）		√	√
	偏航系统	（4）偏航轴承、齿轮箱质量证明文件			√
	变桨系统	（5）变桨轴承、齿轮箱质量证明文件			√
	制动机构	（6）制动器质量证明文件			√
	电气滑环	（7）产品质量证明书			√

序号	部件/工序	见证项目	见证方式		
			H	W	R
1	风速风向仪	(8) 产品质量证明书			√
	机舱罩	(9) 产品质量证明书			√
	自动消防系统	(10) 产品质量证明书			√
	电控柜	(11) 产品质量证明书			√
	液压站	(12) 产品质量证明书			√
2	传动链系统	传动链装配（主轴、齿轮箱、发电机等）、高速轴制动器装配		√	
	偏航系统	偏航轴承装配、偏航制动器装配、偏航驱动装配		√	
	电气系统	控制柜装配、布线检查		√	
3	变桨系统	(1) 变桨轴承装配		√	
		(2) 变桨驱动装配（齿轮箱、电动机）		√	
4	出厂试验	(1) 上电后设备状态检查		√	
		(2) 偏航系统测试		√	
		(3) 变桨系统测试		√	
		(4) 液压系统测试		√	
		(5) 控制系统及安全保护的功能试验		√	
		(6) 通信功能测试		√	
		(7) 润滑系统测试		√	
		(8) 机舱照明及提升机测试		√	
		(9) 空载试验		√	
5	最终检查	(1) 最终实物检查	√		
		(2) 完工文件审查			√

3.3 叶片质量监督

3.3.1 叶片介绍

叶片是海上风电机组中的核心部件之一，具有空气动力形状，接受风能并使风轮旋转产生气动力，叶片一般选用玻璃纤维或碳纤维等复合材料制造，主要由迎风面（PS面或压力面）、背风面（SS面或负压面）、大梁、腹板组成，叶片的翼型设计、结构型式、生产过程管控的好坏，直接影响机组的发电性能和效率。

随着风电机组单机容量的不断加大，叶片长度也越来越大，制造难度不断加大，对质量可靠性、运行稳定性要求越来越高。

3.3.2 制造工艺流程

目前大型叶片主要以真空灌注工艺为主，生产过程包括原材料入厂、模具清理、壳体铺设、灌注预固化、合模后固化、脱模、补强修型、油漆、附件装配、配重验收等。叶片制造典型工艺流程见图 3-3。

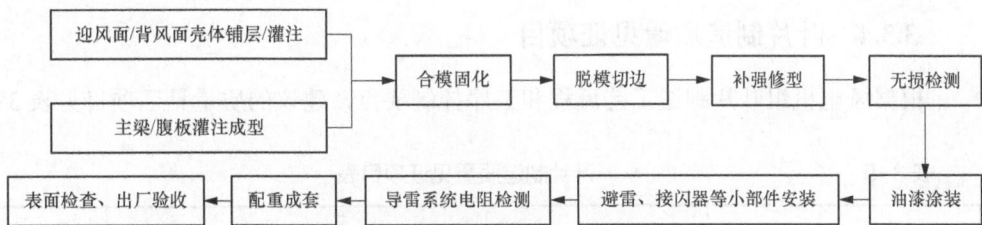

图 3-3　叶片制造典型工艺流程图

3.3.3 关键工序质量监督要点

叶片生产过程中的关键监造内容包括原材料检查验收、生产过程控制、最终验收等环节。叶片制造质量监督要点见表 3-4。

表 3-4　　　　　　　　　　　　叶片制造质量监督要点

序号	关键工序	质量监督要点
1	原材料验收	（1）检查玻纤、树脂、胶黏剂、芯材、紧固件和油漆主要原材料，审查质量文件与采购合同及订单技术要求的符合性。 （2）审查第三方复验报告
2	生产过程控制	（1）检查模具清理是否合格。 （2）检查玻纤/芯材铺设、壳体灌注、保压、无损检测、腹板安装、壳体合模、导雷系统安装等是否符合工艺规范要求。 （3）关注铺层的位置、纤维方向和平直状态等。 （4）灌注时关注过程温度是否合格。 （5）检查主梁表面清洁状态、梁帽定位。 （6）主梁加工后必须进行褶皱（无损）检测，并出具报告。 （7）合模后，应检查是否有缺胶、多胶情况
3	叶片最终验收	（1）叶片壳体不得有明显气泡、缩孔、干斑、干纤维、龟裂等缺陷。 （2）叶片表面油漆无流挂、脱落、起泡、裂纹、破损、针孔等缺陷，无明显凹凸点、色差。

序号	关键工序	质量监督要点
3	叶片最终验收	（3）最终验收重点检查下述项：叶片编号标识、铭牌、0°/180°标记、重心标识、吊点标识、油漆、内部清洁、排水孔、螺柱数量、螺柱伸出法兰面长度、螺柱节圆中心距、螺柱节距、叶根玻璃钢厚度、前缘保护膜、导雷电阻值。 （4）叶片应具有航空标志和鸟类警示标记，其中叶片双侧应当喷涂有国际通用的航空标志

3.3.4 叶片制造质量见证项目

根据风电机组叶片制造工艺流程和工序控制要点，建议的质量见证项目见表3-5。

表3-5　　　　　　　　　　叶片制造质量见证项目表

序号	部件/工序	见证项目	见证方式		
			H	W	R
1	叶片生产成型过程	（1）叶片原材料质量证明文件			√
		（2）叶片壳体铺层检查		√	
		（3）叶片壳体灌注检查		√	
		（4）固化度测试			√
		（5）叶片超声波检测		√	
		（6）叶片壳体合膜检查		√	
		（7）叶片内外部表面质量检查		√	
2	叶片生产修型过程	（1）螺栓孔的试装检查		√	
		（2）油漆湿膜厚度		√	
		（3）导雷系统电阻检测		√	
		（4）油漆附着力试验		√	
3	叶片最终状态	（1）最终检查	√		
		（2）完工文件审查			√

3.4 塔筒质量监督

3.4.1 塔筒介绍

塔筒是海上风电机组的关键支撑部件，连接下部基础结构和上部主机叶轮，是风电机组稳定运行的重要保障。目前海上风电塔筒主要为钢制圆锥筒形结构，具有大直径、超高长度、大吨位的特点，由多个（一般 3 个或 4 个）塔段组成，在塔筒制造厂内分段制造后运输至风电场，在风电场各塔段通过高强螺栓连接。

塔筒结构主要包括塔筒主体、法兰、塔筒内附件，部分风电机组供货厂家还将电气设备如箱式变压器、变流器等安装在塔筒底平台。

3.4.2 制造工艺流程

塔筒生产制造工艺相对比较成熟，主要采取卷板、焊接等工艺组成筒体结构。随着塔筒直径越来越大，对生产制造过程中的防变形控制要求逐渐提高。塔筒制造典型工艺流程见图 3-4。

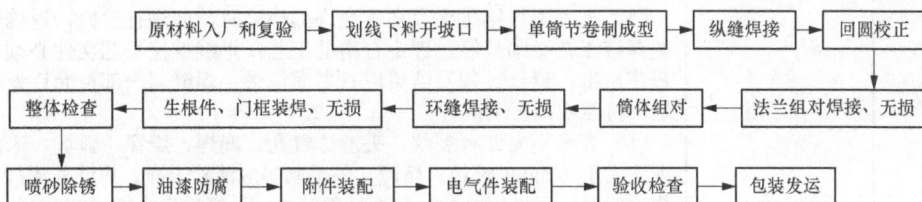

图 3-4 塔筒制造典型工艺流程图

3.4.3 关键工序质量监督要点

塔筒生产过程中的关键监造内容包括原材料检查、塔筒组对、焊接质量控制、无损检测、油漆防腐、最终验收等环节。塔筒制造质量监督要点见表 3-6。

表 3-6 塔筒制造质量监督要点

序号	关键工序	质量监督要点
1	原材料检查	（1）审核钢板、法兰、门框、焊材、涂料等质量证明文件，并抽查文件的真实性。 （2）钢板进厂后进行表面外观、尺寸及厚度验收，表面不应有影响使用的缺陷。钢板、法兰入厂需做超声波检测。 （3）按炉批次取样进行化学成分和力学性能检验，由有资质的第三方出具检测报告，合格后方可使用
2	塔筒组对	（1）组对前焊缝坡口内及其两侧至少各 20mm 范围内用磨光机打磨去除铁锈、油污等。 （2）对接时相邻筒节纵缝应按技术规范要求错口一定角度，纵缝位置在法兰相邻两个螺栓孔之间，避开塔架内直爬梯安装区域。 （3）门框与相邻筒节纵环焊缝应错开，筒体环缝必须位于门框中部直边范围内；附件焊缝不得焊在塔体焊缝上。 （4）严格控制法兰焊接后的变形量，焊接完后要检查法兰椭圆度、内倾度、平面度。 （5）塔段整体尺寸须符合图纸和技术规格书要求

序号	关键工序	质量监督要点
3	焊接质量控制	（1）审查焊接人员资质，焊接人员应经过专门的理论和操作技能培训，取得资格证书，并按相应资格持证上岗。 （2）筒体与法兰、筒体与筒体、筒体与排水孔等焊接前，必须进行焊接工艺评定，工艺评定应能覆盖施焊范围。 （3）焊材、焊剂必须按规定烘干，严禁使用药皮脱落和焊芯生锈的焊条；应检查确认焊接现场环境，包括温度、湿度、风速等必须符合有关技术规范的规定，焊件潮湿或表面结冰或积雪时禁止焊接。 （4）筒节纵焊缝及环焊缝应采取双面熔透焊，单面焊接后背部清根应彻底，去除影响对侧焊缝焊接质量的缺陷。对于有预热要求的焊缝，应严格按照工艺要求进行加热。 （5）当发现焊接接头存在不允许的缺陷时，应进行返修，返修所采用的焊接工艺必须是经过评定合格的工艺；焊缝返修工艺文件必须按规定程序审批，返修过程及结果应有书面记录；焊缝同一部位允许返修的次数，按照规范要求执行。 （6）焊缝不允许有裂纹、夹渣、气孔、漏焊、烧穿、弧坑、未熔合及深度大于 0.5mm 咬边。熔渣、外毛刺等应清除干净。焊缝外形尺寸超出规定值时，应进行修磨，允许局部补焊，返修后应合格
4	无损检测	（1）筒体纵、环向焊缝，法兰与筒体的环向焊缝，门框与筒体连接焊缝均进行 100%超声波检查。 （2）法兰与筒体 T 形焊缝接头、筒体与筒体等全部 T 形焊缝接头须进行 100%射线或 PAUT、TFOD 检查。 （3）检查无损探伤（包括最终探伤及中间探伤）的类别、方法，以及所执行的标准及级别是否符合设计文件规定
5	塔筒防腐	（1）所有喷涂表面必须在塔筒及筒壁连接的附件焊接完毕后整体进行喷砂除锈。 （2）喷砂前应进行必要的预处理，包括粗糙焊缝打磨光顺、咬边的补焊及打磨去除、锐边倒角、钢板切割边缘硬化层的打磨去除、焊缝表面层裂及夹杂物的打磨去除。 （3）喷砂防锈表面清洁度通常达到 Sa2.5 级规定，粗糙度达到 40～80μm，喷砂（丸）结束后应尽快涂装第一道底漆，一般不宜超过 4h。 （4）喷涂方案和喷涂工艺，应根据涂料厂的技术要求制定和实施。外观不允许有流挂、漏刷、针孔、气泡等现象；薄膜厚度均匀、颜色一致、平整光亮。 （5）干膜厚度测量通常按照"80-20"原则操作，即 80%的测量值要达到规定的干膜厚度，20%的测量值要到达规定膜厚的 80%。所有测点的干膜厚度最大值不宜超过技术规范的涂层总干膜厚度 2 倍
6	最终验收	（1）所有内附件应按照图纸要求进行安装，确保螺栓力矩值达到要求。 （2）照明及应急灯安装正确，并进行通电试验，应急灯时长能满足技术规范要求。 （3）电梯导轨方向安装正确。 （4）电缆夹块方向位置正确，安装后电缆应平直、无破损、长度符合要求，与附件接触部位应做保护，避免电缆划伤。 （5）为避免塔段运输过程中的变形，必须在塔段两端安装防变形工装并使用螺栓紧固

3.4.4　塔筒制造质量见证项目

根据风电机组塔筒制造工艺流程和工序控制要点，建议的质量见证项目见表3-7。

表 3-7　　　　　　　　　　　塔筒制造质量见证项目表

序号	部件/工序	见证项目	见证方式		
			H	W	R
1	原材料	（1）筒节钢板、法兰质量证明文件			√
		（2）筒节钢板标识、厚度及表面质量检查		√	
		（3）筒节钢板入厂UT（超声波检测）复验		√	
		（4）法兰入厂UT复验及尺寸检查		√	
		（5）焊接材料质量证明文件检查及入厂复验报告			√
		（6）内附件进厂后外观质量检查		√	
		（7）防腐材料质量证明文件检查			√
2	筒体焊接与检验	（1）焊接试板及力学性能报告			√
		（2）筒节纵缝焊接		√	
		（3）筒节与筒节环缝焊接		√	
		（4）筒节与法兰环缝焊接		√	
		（5）焊缝无损检测		√	
		（6）法兰焊后尺寸检查		√	
		（7）黑塔整体检查		√	
3	筒体防腐	（1）喷砂后检查		√	
		（2）油漆过程检查		√	
		（3）油漆外观检查及厚度检查、法兰端面热喷锌检查		√	
		（4）油漆涂层附着力试验		√	
4	交接试验	交接试验见证（如有）		√	
5	最终检查	（1）整体检查	√		
		（2）完工文件审查			√

3.5　变压器质量监督

3.5.1　变压器介绍

变压器是一种静止的电气设备，是用来将某一数值的交流电压（电流）变成频率相同的另一种或几种数值不同的电压（电流）的设备。在海上风力项目，变压器是电气一次核心部件，是电能送往电网以及海上风力发电场电力分配的重要枢纽。目前，海上风电项目中的变压器主要包括陆上集控中心降压变压器以及海上升压站的升压变压器。

变压器主要由铁芯、绕组、油箱、油枕、散热装置等主要元件以及变压器附件等组成。变压器设备具有重量大、体积大、运输吊装要求高的特点。相比陆上设备，海上升压站变压器在空间尺寸、安装逻辑方面存在较大差异，特别是运输吊装环节，一般要经历 4 次吊装以及 1 次海上带油运输，在抗倾斜、抗振动方面有较高要求。

3.5.2 制造工艺流程

变压器的主要制造过程包括铁芯装配、绕组绕制、器身装配、出厂试验和最终检查等。不同厂家的工艺存在一定差异，变压器制造典型工艺流程见图 3-5。

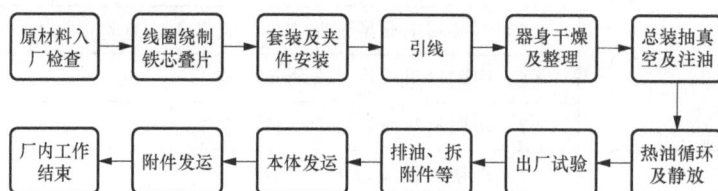

原材料入厂检查 → 线圈绕制铁芯叠片 → 套装及夹件安装 → 引线 → 器身干燥及整理 → 总装抽真空及注油

厂内工作结束 ← 附件发运 ← 本体发运 ← 排油、拆附件等 ← 出厂试验 ← 热油循环及静放

图 3-5 变压器制造典型工艺流程图

3.5.3 关键工序质量监督要点

变压器生产过程中的关键监造内容包括原材料检查验收、部套制造、器身装配及干燥、总装配、成品试验、包装等环节。变压器质量监督要点见表 3-8。

表 3-8 变压器制造质量监督要点

序号	关键工序	质量监督要点
1	原材料及主要附件入厂检验	（1）检查钢板、绝缘件、电磁线、硅钢片的质量证明文件，抽查文件的真实性。 （2）对于瓷套管，重点检查其外观是否有破损。 （3）对分接开关，关注出厂试验报告中的挡位与技术要求的匹配一致性。 （4）对仪表（如油流继电器、气体继电器等），重点检查表计的合格证以及参数是否与技术要求一致
2	部套制造	油箱： （1）关注焊接质量控制。油的机械强度试验和试漏试验是检验油箱的成品质量重要试验，关注试验过程中的施加压力以及形变。 （2）涂层厚度直接影响长期运行后的腐蚀情况，需要多点位测量，保证满足技术要求
		铁芯： （1）重点检查铁芯叠装尺寸以及铁芯叠片过程中的清洁度。 （2）对于有油道的铁芯，需要关注铁芯油道绝缘试验。

序号	关键工序	质量监督要点
2	部套制造	（3）检查硅钢片的厚度以及绝缘膜厚度。 （4）检查铁芯的夹紧度
		线圈： （1）重点关注线圈的匝数、接头的处理是否符合工艺要求。 （2）重点关注绝缘的处理是否清洁无损伤，是否满足工艺要求。 （3）检查撑条的偏差是否满足工艺要求
3	器身装配 及干燥	器身绝缘检查： （1）检查绝缘件的清洁度。 （2）检查器身绝缘的主要尺寸
		引线装配： （1）检查引线前各相序的准确性。 （2）检查绝缘厚度、绝缘距离，以及接头工艺，需满足要求
		器身干燥： 重点关注器身干燥的真空度、温湿度、时间是否满足工艺要求
4	总装配	（1）检查器身出炉后的清洁度。 （2）检查带电部分对油箱的绝缘距离。 （3）关注总装配的持续时间和温湿度是否满足工艺要求
5	成品试验	（1）检查各试验项目的接线是否满足要求，避免损坏设备。 （2）检查试验工器具是否在有效期内，避免由于设备原因导致结果不准确。 （3）局部放电试验需要关注环境影响以及检查连接处的可靠性，避免影响试验结果。 （4）耐压试验需关注试验电压和时间是否满足技术规范要求
6	附件包装	附件包装前需要检查是否有进水和生锈现象

3.5.4　变压器制造质量见证项目

根据变压器制造工艺流程和工序控制要点，建议的质量见证项目见表3-9。

表3-9　　　　　　　　　变压器制造质量见证项目

序号	部件/工序	见证项目	见证方式		
			H	W	R
1	原材料	（1）硅钢片原材料材质证明			√
		（2）磁感应强度试验报告			√
		（3）铁损试验报告			√
		（4）电磁线质量证明文件			√
		（5）绝缘纸板质量保证书			√
		（6）变压器油质量保证书			√

序号	部件/工序	见证项目	见证方式		
			H	W	R
1	原材料	（7）油箱钢板质量证明文件			√
2	组部件	（1）压力释放器出厂试验报告			√
		（2）气体继电器出厂试验报告			√
		（3）油流继电器出厂试验报告			√
		（4）油面温度计出厂试验报告			√
		（5）绕组温度计出厂试验报告			√
		（6）套管出厂试验报告			√
		（7）片散出厂试验报告			√
		（8）开关出厂试验报告			√
		（9）储油柜出厂试验报告			√
		（10）风电机组出厂试验报告			√
		（11）阀门出厂试验报告			√
		（12）电流互感器试验报告			√
3	油箱制造	（1）油箱机械强度试验		√	√
		（2）油箱试漏检验			√
		（3）油箱漆膜厚度测量			√
4	线圈制造	（1）绕制质量、尺寸检查报告			√
		（2）线圈压装与处理		√	√
5	铁芯制造	（1）铁芯外观、尺寸检查报告			√
		（2）铁芯油道绝缘试验		√	√
6	器身装配	（1）各线圈套装紧实		√	√
		（2）引线焊接质量		√	√
		（3）引线绝缘包扎		√	√
		（4）导线夹固定情况		√	√
		（5）引线到各部位绝缘距离		√	√
		（6）器身绝缘装配检查		√	√
7	器身干燥	干燥处理过程及结果（真空度、温度、时间）		√	√
8	总装配	（1）箱内清洁度检查		√	√
		（2）带电元器件对油箱绝缘距离		√	√
		（3）注油的真空度、温度、时间及静放时间记录		√	√

续表

序号	部件/工序	见证项目	见证方式		
			H	W	R
9	成品试验	（1）变压器整体密封试验		✓	
		（2）绝缘油试验			✓
		（3）铁芯和夹件绝缘电阻测量		✓	
		（4）电压比和联结组别标号检定		✓	
		（5）绕组电阻测量		✓	
		（6）绕组绝缘电阻测量		✓	
		（7）套管的介质损耗因数和电容测量		✓	
		（8）绕组的电容和介质损耗因数测量		✓	
		（9）三相变压器零序阻抗测量		✓	
		（10）短路阻抗和负载损耗测量		✓	
		（11）空载损耗和空载电流测量		✓	
		（12）空载电流谐波测量		✓	
		（13）雷电冲击试验	✓		
		（14）操作冲击试验	✓		
		（15）外施耐压试验		✓	
		（16）线端交流耐压试验	✓		
		（17）有载开关试验		✓	
		（18）温升试验		✓	
		（19）声级测量		✓	
		（20）长时间空载试验		✓	
		（21）无线电干扰水平测量		✓	
		（22）局部放电试验	✓		
		（23）油箱振动测量		✓	
		（24）绕组变形试验		✓	
		（25）伏安特性测量		✓	
10	吊芯检查	吊芯检查		✓	
11	发运	发运检查		✓	
12	完工文件	完工文件审查			✓

3.6.1 海底电缆介绍

海底电缆是敷设在海底的电缆线路，用于电力传输及通信、监测等信号传输，是海上风电项目的"大动脉"，也是"神经网络"。按传输的电能类别，海缆可分为交流海缆和直流海缆，按海缆中绝缘线芯的根数可将海缆分为单芯海缆和多芯海缆，按电压等级可分为中压海缆（10～66kV）、高压海缆（110～220kV）、超高压海缆（330～500kV）。目前，海上风电项目的主送出海缆电压等级为220kV/500kV，分支海缆电压等级为35kV/66kV。

3.6.2 制造工艺流程

海缆的生产是一个复杂的工艺过程，需要多种先进工艺和制造装备。海缆制造的典型工艺流程见图3-6。不同厂家的生产工艺会有一定差异。

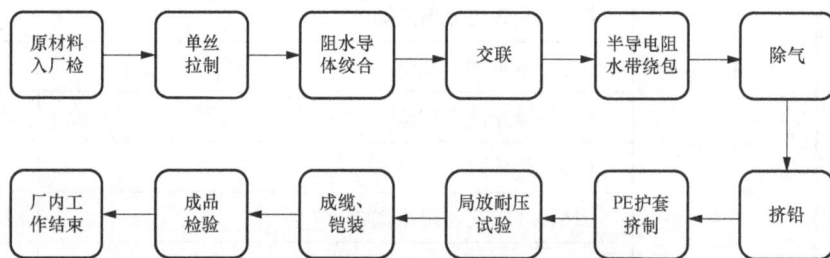

图 3-6 海缆制造的典型工艺流程图

3.6.3 关键工序质量监督要点

海缆生产过程中的关键监造内容包括原材料入厂检验、导体拉丝绞合、交联、除气、成缆铠装、成品检验等环节。海缆制造质量监督要点见表3-10。

表 3-10 海缆制造质量监督要点

序号	关键工序	质量监督要点
1	原材料入厂检验	（1）检查主要原材料（铜杆、钢丝、绝缘料、屏蔽料、铅锭、半导电阻水带、半导电绑扎带、半导电PE护套料）质量证明文件，抽查文件的真伪。 （2）检查制造厂对原材料的入厂检验记录
2	导体拉丝绞合	（1）导体表面是否光洁、无油污、无损伤屏蔽及绝缘的毛刺、锐边以及凸起或断裂的单线。 （2）导体应具有纵向防水结构

序号	关键工序	质量监督要点
3	交联	（1）重点检查绝缘层的偏心度，一般偏心度不应大于 8%。 （2）交联过程中不能发生断电停机情况
4	除气	（1）大长度地笼或转盘收线结束后应及时安排人员将烘房封闭开始除气。 （2）大长度海缆的除气时间较长，需要重点关注每天的除气温度、温度分布等记录
5	成缆铠装	（1）外被层表面每 100mm 要求有一个标记带，标记带的宽度不小于100mm。 （2）成品电缆两端应采用防水密封材料密封。 （3）海缆两端应有制造厂、规格型号、制造年月和长度标志，标志应清晰，容易辨识
6	成品检验	（1）检查各试验项目的接线是否满足要求，避免损坏设备。 （2）检查试验工器具是否在有效期内，避免由于设备原因导致结果不准确。 （3）局部放电试验需要关注环境影响以及检查连接处的可靠性，避免影响试验结果。 （4）耐压试验需关注试验电压和时间是否满足技术规范要求

3.6.4 海底电缆制造质量见证项目

根据海缆制造工艺流程和工序控制要点，建议的质量见证项目见表 3-11。

表 3-11 海缆制造质量见证项目

序号	部件/序号	见证项目	见证方式		
			H	W	R
1	原材料	主要原材料质量保证书（包括铜杆、钢丝、绝缘料、屏蔽料、铅锭、半导电阻水带、半导电绑扎带、半导电 PE 护套料）			√
2	生产制造	（1）导体绞合		√	
		（2）导体屏蔽+绝缘+绝缘屏蔽		√	
		（3）铅护套+PE 护套		√	
3	半成品检验	（1）局部放电试验（包含软接头）		√	
		（2）交流耐压试验（包含软接头）		√	
4	出厂+装船验收	（1）结构尺寸		√	
		（2）导体直流电阻（船检阶段）	√		
		（3）交流耐压（船检阶段）	√		

序号	部件/序号	见证项目	见证方式		
			H	W	R
4	出厂+装船验收	（4）光纤衰减、光纤色码标识（船检阶段）	√		
		（5）电容（船检阶段）	√		
5	文件	制造完工文件审查			√

3.7 单桩质量监督

3.7.1 单桩简介

风电机组单桩基础一般适用于浅层地质条件较好，水深不超过50m的近海海域，结构主要包括单桩主体、集成式附属构件（简称套笼）和内平台。单桩主体包括桩体、顶法兰、牛腿等，桩体各筒节之间采用焊接方式连接。每套单桩出厂前需标出重心位置、水位刻度线、塔筒门方向、东南西北标识、其他特殊标识等。套笼一般由环梁、立柱、燕尾卡槽、靠船构件、外平台、爬梯、外加电流保护、栏杆、电缆管（若有）等组成。

3.7.2 制造工艺流程

单桩制造的主要工序包括下料、开坡口、卷圆、纵缝焊接、回圆、管段组对、环缝焊接、附件安装、无损检测、防腐、总拼等工序。单桩的典型制造流程见图3-7。

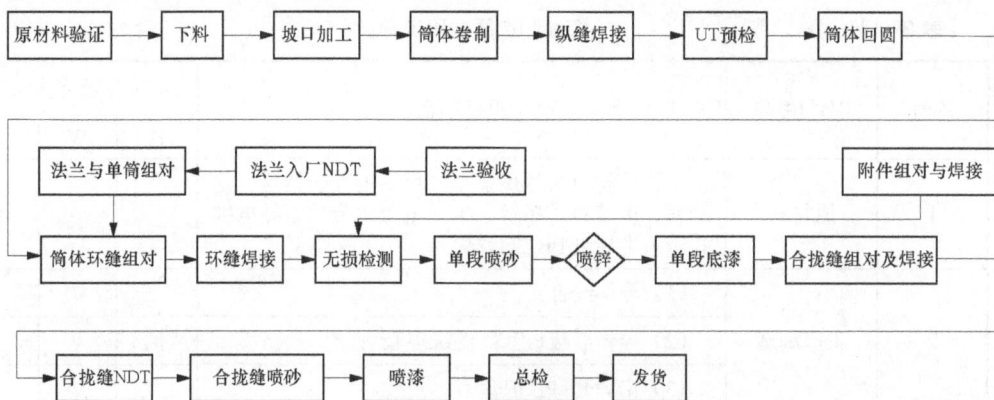

图3-7 单桩的典型制造工艺流程

3.7.3 关键工序质量监督要点

单桩制造过程中，应重点控制的关键工序包括原材料验收、焊接质量控制、防腐质量控制、无损检测控制、尺寸控制、最终验收。单桩制造质量监督要点见表3-12。

表 3-12　　　　　　　　　　　　　单桩制造质量监督要点

序号	关键工序	质量监督要点
1	原材料验收	（1）检查制造厂是否建立原材料管控台账，台账包括原材料厂家名称、炉批号、钢板号、检验号（若需要）、数量（重量）、复验抽检标注等信息。 （2）检查原材料材质证明书，关注原材料品牌是否在合同和技术规范书范围内；关注材质证明书中探伤标准、交付状态（重点核对板材质量保证书中的交付状态）、厚度偏差要求；抽查真伪性（可电话联系钢厂核实或在对应网站验证，核对质量保证书追溯印章）。 （3）关注钢板 UT 复检比例及扫查方法（关注是否有 100%复检的要求）。 （4）不同交货状态的钢板，例如正火和控轧控冷（TMCP），尽量避免混合焊接使用。 （5）焊材、油漆入厂后，需按照标准及技术规范书的要求进行复验
2	焊接质量控制	（1）焊接实施前，制造厂应按照相关要求对焊接工艺进行评定。 （2）制造现场使用的 WPS 是现行有效版本，需张贴在焊接施工现场，便于焊工随时查看。 （3）所有焊工均应具有船舶与海洋工程或压力容器或电力等相关行业的焊工资格证，且在焊工证资质认可的范围内（包括焊接方法、施焊种类、级别、部位等）进行焊接。 （4）焊材应保持清洁，远离油脂、污垢、铁锈、水分和其他污染物，焊剂应避免直接暴露在空气中。如焊件需要一种以上牌号焊接材料时，应采取严格措施，防止混用。 （5）焊接现场环境，包括温度、湿度、风速等必须符合技术规范的规定，焊件潮湿或表面结冰或积雪时禁止焊接。 （6）焊接实施前，所有待焊接表面应干燥、清洁、无毛刺、无锈、无油污。禁止在焊缝坡口塞填钢筋、铁块等异物用于定位或填充间隙，禁止使用铁锤敲击定位马脚损伤母材。 （7）焊接后，所有焊缝均应进行外观检查。焊缝成型应均匀，焊缝边缘应平顺过渡到母材，对接焊缝余高除图纸特别说明外，均不应超过 3mm。焊缝表面不得有裂纹、夹渣、未熔合以及不允许存在的气孔、焊瘤、弧坑和咬边。 （8）补焊须采用与产品焊缝相同的技术要求。 （9）关注技术规格书和图纸对焊缝磨平的要求
3	防腐质量控制	（1）喷砂前进行表面预处理。去除飞边毛刺、倒角锐边尖角，清除焊接飞溅物、焊渣和异物，清除表面油污、水、油脂、盐分、切削液等化学试剂。螺纹孔均拧上螺栓进行保护。 （2）喷砂施工应在相对封闭的喷砂房内进行，并保证足够的通风和照明，喷射用磨料要干燥，清洁，无杂物，不能对涂料的性能有影响。 （3）喷砂后准备涂漆的钢材表面要清洁、干燥，无油脂，保持粗糙度和清洁度，直到第一道漆喷涂。 （4）关注油漆配套方案是否与技术规范一致。

序号	关键工序	质量监督要点
3	防腐质量控制	（5）涂装施工环境检查，主要包括温度、相对湿度和露点。一般涂装环境相对湿度要低于80%，筒体表面温度高于露点温度3℃以上，底漆应在喷砂后 4h 内进行。如果钢材表面有可见返锈现象，变湿或者被污染，要求重新清理。 （6）涂装应在厂房内喷涂，室内光线明亮，空气流通。涂装操作区地面干净，保证在喷涂过程中无灰尘扬起。操作区应有隔离地带和安全警示标牌。在施工和干燥期间采取适当的通风和预防措施，使雾粒和挥发的溶剂处于安全浓度范围内，防止造成中毒及爆炸、火灾事故。 （7）涂装后应进行涂层干膜厚度测定。一般干膜厚度大于或等于设计厚度值者应占检测点总数的 80% 以上，其他测点的干膜厚度也不应低于80%的设计厚度值。 （8）涂层应无漏涂、误涂、流挂、针孔、气泡、橘皮、脱落、裂纹，以及无明显色差，光泽度良好，无锈迹。 （9）待涂层完全固化后（涂装结束后 5～7 天）进行涂层附着力测试，附着力一般不低于 8MPa
4	无损检测控制	（1）所有无损检测人员应通过国家专业部门考试，并取得无损检测资格证书。评定焊缝质量应由Ⅱ级或Ⅱ级以上的无损检测人员担任。 （2）探伤设备（探伤机、探头、磁轭）的选用应符合技术规范要求。 （3）关注探伤检测的时机（焊接完成24h后或48h后）和检测抽检比例。如有不合格焊缝，增加一倍的检测比例，如再次出现不合格焊缝，则对本批次焊缝进行100%检测
5	尺寸控制	（1）单桩的尺寸控制包括下料、卷圆、回圆、组对装配、合拢、终组等工序，厂家在尺寸控制检查时应及时记录测量结果。在最终尺寸测量时，优先推荐使用全站仪。 （2）单桩顶法兰尺寸控制、海缆孔开孔尺寸以及吊耳方位是单桩尺寸控制的重点。在法兰与筒体焊接完成后以及整桩最终尺寸检查时，均需要测量法兰平面度、内倾度，并记录测量结果。海缆孔开孔划线、吊耳组对定位，以及最终环缝合拢、最终检查时，均需检查海缆孔开孔尺寸以及吊耳方位。 （3）套笼燕尾卡槽的定位尺寸是套笼尺寸控制的重点，在燕尾卡槽装配定位和最终检查时，均需要测量燕尾卡槽的高程和相对塔筒门的位置
6	最终验收	重点关注以下方面： （1）单桩顶法兰的平面度、内倾度、椭圆度等参数测量。 （2）单桩的海缆孔、透气孔、吊耳、牛腿的高程和方位测量，特别关注海缆孔的孔径偏差。 （3）单桩的直线度测量。 （4）单桩油漆厚度、水线标识、方位标识、塔筒门标识等，以及整体外观检查。 （5）核对其他附属构件安装完整性。 （6）套笼圈梁椭圆度、套笼总高度、套笼燕尾卡槽的定位尺寸。 （7）套笼油漆涂层厚度、油漆外观检查（包括套笼编号）

3.7.4 单桩制造质量见证项目

根据单桩制造工艺流程和工序控制要点，建议的质量见证项目见表3-13。

表3-13 单桩及套笼制造质量见证项目表

序号	部件/序号	见证项目	见证方式		
			H	W	R
1	钢板接收	（1）质量证明书审查			√
		（2）外观、尺寸、追溯性标识检查		√	
		（3）入厂后 UT 抽检报告审查			√
		（4）复验报告审查			√
2	法兰接收	（1）质量证明书审查			√
		（2）外观、尺寸、追溯性标识检查		√	
		（3）入厂后 UT、MT（磁粉检测）报告审查			√
		（4）复验报告审查			√
3	焊材接收	（1）质量证明书审查			√
		（2）复验报告审查			
4	油漆材料接收	（1）质量证明书审查			√
		（2）复验报告审查			
5	钢板下料	（1）下料尺寸和标识移植			√
		（2）坡口尺寸、削斜正反面、切割边缘状态（锯齿）			
6	纵缝焊接	检查焊接参数		√	
7	纵缝焊接产品试板	（1）VT（目视检测）、UT 检查试板			√
		（2）机械性能测试包括拉伸、弯曲、冲击测试、产品试板报告审核			
8	回圆	卷圆轮廓			√
9	分段环缝焊接	（1）组对：材料追踪、装配错边、总长度、筒体直线度、法兰方位、装配间隙		√	
		（2）检查焊接参数/焊缝外观			
10	法兰环缝焊接	（1）桩节与法兰装配：材料追踪、装配错边、法兰平面度		√	
		（2）检查焊接参数/焊缝外观			

序号	部件/序号	见证项目	见证方式		
			H	W	R
11	法兰焊后检测	内倾度、平面度、椭圆度、焊缝余高及表面平整度		✓	
12	筒体开孔检查	检查筒体开孔划线切割尺寸，以及开孔后尺寸检查		✓	
13	附属件装配检查	检查附属件（吊耳、内环板、牛腿）在筒体周长、高程、角度位置		✓	
14	吊耳、内环板焊接	检查焊接参数、焊缝外观			✓
15	合拢总装	（1）分段总装配焊前检查（装配错边、坡口间隙均匀性、总长、法兰方位、直线度、吊耳方位和高度、海缆孔方位和尺寸）		✓	
		（2）合拢缝焊接		✓	
		（3）合拢焊后总检（直线度、整体外观、接地搭柱的数量和位置等）		✓	
16	焊缝 UT	纵缝、环缝、主吊耳、吊耳纵缝、内环板 100%探伤		✓	
17	焊缝 MT	对桩体环向焊缝（包括桩顶法兰与桩体的环缝）和吊耳对接焊缝 100%进行 MT 探伤、对纵向焊缝 T 字头进行 300mm MT 探伤		✓	
18	防腐	（1）环境参数：露点、湿度、环境温度、表面温度		✓	
		（2）喷砂、喷漆前工件表面检查（清洁度、粗糙度）		✓	
		（3）喷漆前温湿度、油漆牌号检查		✓	
		（4）底/中间/面漆施工过程检查		✓	
		（5）试板附着力测试		✓	
		（6）热浸锌涂层		✓	
		（7）油漆最终检查（外观、厚度、漏涂点、刻度线标识等）	✓		
19	单桩最终检查（含内平台）	所有尺寸复核、桩体外观、标识（塔门标识、刻度线、重心位置、桩体方向字母、海缆孔、特殊标识、螺栓防松线等）、散装内平台平整度及其螺孔错位程度	✓		
20	套笼最终检查	重要尺寸复核（燕尾卡槽标高和方位、整体标高、圈梁椭圆度）、外观、外接电流、油漆膜厚、标识、格栅板满焊，附属件已全部安装到位等	✓		
21	完工发货	完工文件审查			✓

3.8 导管架质量监督

3.8.1 导管架简介

风电机组基础导管架属于桁架结构，一般应用于水深超过 30m、地质较复杂的海域。海上风电导管架基础分为风电机组基础导管架以及海上升压站导管架，其结构主要由主腿、斜撑、灌浆段、桩靴、过渡段、内外平台、栏杆、爬梯、电缆管、靠船构件、外加电流保护等组成，每套导管架出厂前需标出逃生通道、塔筒门方向、控制线、特殊标识等。一般每套导管架配套有 4 根钢管桩。

3.8.2 制造工艺流程

导管架设计精度要求高，导管架体积大，装配工程量大，对作业人员、设备配套资源和预制场地资源要求高。导管架制造的主要工序有下料、开坡口、卷圆、纵缝焊接、回圆、管段组对、环缝焊接、片体装配和焊接、过渡段装配和焊接、附件安装、分段装配和焊接、无损检测、防腐等工序。

导管架的典型制造工艺流程见图 3-8。

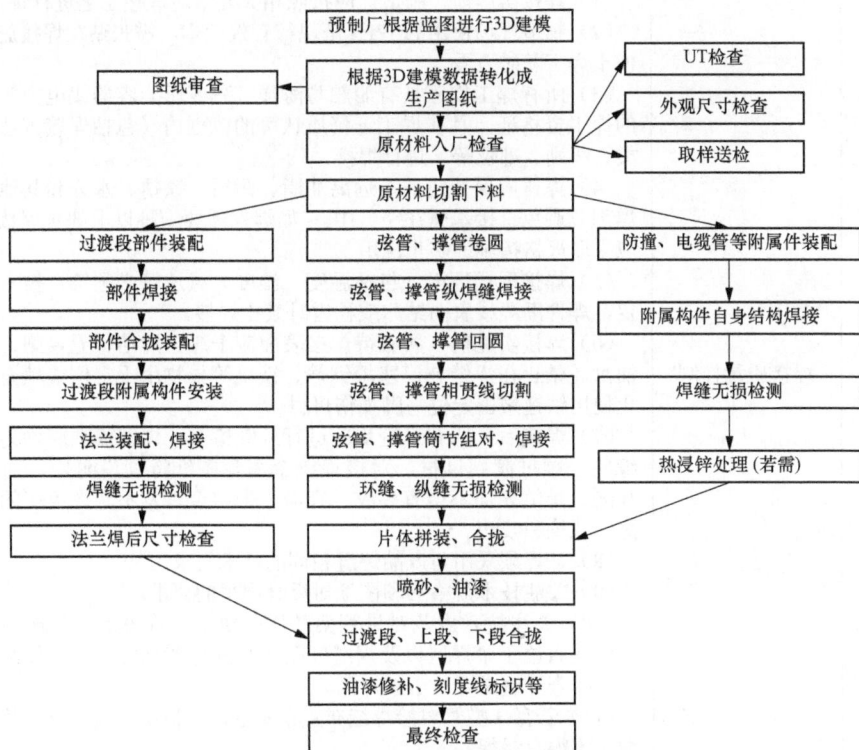

图 3-8 导管架的典型制造工艺流程

3.8.3 关键工序质量监督要点

导管架制造过程中，应重点控制的关键工序包括原材料验收、焊接质量控制、防腐质量控制、无损检测控制、尺寸控制和最终验收。导管架制造质量监督要点见表 3-14。

表 3-14　　　　　　　　　　导管架制造质量监督要点

序号	关键工序	质量监督要点
1	原材料验收	（1）检查制造厂是否建立原材料管控台账，台账包括原材料厂家名称、炉批号、钢板号、检验号（若需要）、数量（重量）、复验抽检标注等信息。 （2）检查原材料材质证明书，关注原材料品牌是否在合同和技术规范书范围内；关注材质证明书中探伤标准、交付状态（重点核对板材质量保证书中的交付状态）、厚度偏差要求；抽查真伪性（可电话联系钢厂核实或在对应网站验证，核对质量保证书追溯印章）。 （3）关注钢板 UT 复检比例及扫查方法（关注是否有 100%复检的要求）。 （4）不同交货状态的钢板，例如正火和 TMCP，尽量避免混合焊接使用。 （5）焊材、油漆入厂后，需按照标准及技术规范书的要求进行复验
2	焊接质量控制	（1）焊接实施前，制造厂应按照相关要求对焊接工艺进行评定。 （2）制造现场使用的 WPS 是现行有效版本，需张贴在焊接施工现场，便于焊工随时查看。 （3）所有焊工均应具有船舶与海洋工程或压力容器或电力等相关行业的焊工资格证，且在焊工证资质认可的范围内（包括焊接方法、施焊种类、级别、部位等）进行焊接。 （4）焊材应保持清洁，远离油脂、污垢、铁锈、水分和其他污染物，焊剂应避免直接暴露在空气中。如焊件需要一种以上牌号焊接材料时，应采取严格措施，防止混用。 （5）焊接现场环境，包括温度、湿度、风速等必须符合技术规范的规定，焊件潮湿或表面结冰或积雪时禁止焊接。 （6）焊接实施前，所有待焊接表面应干燥、清洁、无毛刺、无锈、无油污。禁止在焊缝坡口塞填钢筋、铁块等异物用于定位或填充间隙，禁止使用铁锤敲击定位马脚损伤母材。 （7）焊接后，所有焊缝均应进行外观检查。焊缝成型应均匀，焊缝边缘应平顺过渡到母材，对接焊缝余高除图纸特别说明外，均不应超过 3mm。焊缝表面不得有裂纹、夹渣、未熔合以及不允许存在的气孔、焊瘤、弧坑和咬边。 （8）补焊须采用与产品焊缝相同的技术要求。 （9）关注技术规格书和图纸对焊缝磨平的要求。 （10）关注技术规范对导管架禁焊区要求：管段组对前现场重点排查纵缝是否位于禁焊区以及焊缝间距是否满足图纸要求，片体组对前现场重点排查环缝是否位于禁焊区。 （11）若有 J 型管对接焊缝布置在套管内的情况，关注该对接焊缝的成型，不得有漏焊

序号	关键工序	质量监督要点
3	防腐质量控制	（1）喷砂前进行表面预处理。去除飞边毛刺、倒角锐边尖角，清除焊接飞溅物、焊渣和异物，清除表面油污、水、油脂、盐分、切削液等化学试剂。螺纹孔均拧上螺栓进行保护。 （2）喷砂施工应在相对封闭的喷砂房内进行，并保证足够的通风和照明，喷射用磨料要干燥，清洁、无杂物，不能对涂料的性能有影响。 （3）喷砂后准备涂漆的钢材表面要清洁、干燥，无油脂，保持粗糙度和清洁度，直到第一道漆喷涂。 （4）关注油漆配套方案是否与技术规范一致。 （5）涂装施工环境检查，主要包括温度、相对湿度和露点。一般涂装环境相对湿度要低于 80%，筒体表面温度高于露点温度 3℃以上，底漆应在喷砂后 4h 内进行。如果钢材表面有可见返锈现象，变湿或者被污染，要求重新清理。 （6）涂装应在厂房内喷涂，室内光线明亮，空气流通。涂装操作区地面干净，保证在喷涂过程中无灰尘扬起。操作区应有隔离地带和安全警示标牌。在施工和干燥期间采取适当的通风和预防措施，使雾粒和挥发的溶剂处于安全浓度范围内，防止造成中毒及爆炸、火灾事故。 （7）涂装后应进行涂层干膜厚度测定。一般干膜厚度大于或等于设计厚度值者应占检测点总数的 80%以上，其他测点的干膜厚度也不应低于 80%的设计厚度值。 （8）涂层应无漏涂、误涂、流挂、针孔、气泡、橘皮、脱落、裂纹，以及无明显色差，光泽度良好，无锈迹。 （9）待涂层完全固化后（涂装结束后 5～7 天）进行涂层附着力测试，附着力一般不低于 8MPa
4	无损检测控制	（1）所有无损检测人员应通过国家专业部门考试，并取得无损检测资格证书。评定焊缝质量应由 Ⅱ级或 Ⅱ级以上的无损检测人员担任。 （2）探伤设备（探伤机、探头、磁轭）的选用应符合技术规范要求。 （3）关注探伤检测的时机（焊接完成 24h 后或 48h 后）和检测抽检比例。如有不合格焊缝，增加一倍的检测比例，如再次出现不合格焊缝，则对本批次焊缝进行 100%检测
5	尺寸控制	（1）导管架的尺寸控制主要关注下料、卷圆、片体装配、分段装配、合拢、终组等工序，厂家在尺寸控制检查时及时记录测量结果。在片体制作、合拢装配、顶法兰测量、最终尺寸测量时，推荐优先使用全站仪。 （2）接口尺寸需重点检查：下部灌浆段定位尺寸、J型海缆管上标高、过渡段顶法兰平面度和平整度、腿柱垫板与法兰面高度。 （3）过渡段顶法兰与上部第一筒节的错边量（第一筒节外周长）。 （4）开工检查时审查焊缝布置图，重点关注 KTY 节点处的焊缝布置，主腿组对、片体组对和总拼组对时均需检查焊缝布置与图纸的一致性及"禁焊区"的要求。 （5）检查加厚段定位尺寸，加厚段 K 型节点撑管与主腿连接处下口与加厚段边缘距离大于或等于 $D/4$。 （6）所有与现场有实体接口、开孔的尺寸，应逐一核对检查

序号	关键工序	质量监督要点
6	最终验收	重点关注以下方面： （1）检查灌浆段（插尖）定位尺寸和垂直度（接口尺寸且设计要求较为严格）。 （2）灌浆段垫块底部的平面度、灌浆段垫块底部高程距离法兰上平面高程。 （3）防撞高程、电缆穿线管喇叭口高程等附属件重要尺寸复测。 （4）顶法兰与导管架的垂直度。 （5）利用望远镜、无人机进行整体的外观、标识、各附属件的全面检查。 （6）检查电缆穿线管内电缆牵引绳是否已经安装到位

3.8.4 导管架制造质量见证项目

根据导管架制造工艺流程和工序控制要点，建议的质量见证项目见表3-15和表3-16。

表3-15　　　　　　　　风电机组导管架制造质量见证项目表

序号	部件/序号	见证项目	见证方式 H	W	R
1	钢板接收	（1）质量证明书审查			√
		（2）外观、尺寸、追溯性标识检查		√	
		（3）复验报告审查			√
2	法兰接收	（1）质量证明书审查			√
		（2）表面状态			
		（3）外观、尺寸、追溯性标识检查		√	
		（4）复验报告审查			
3	焊材接收	（1）质量证明书审查			√
		（2）复验报告审查			
4	油漆材料接收	（1）质量证明书审查			√
		（2）复验报告审查			
5	钢板下料	（1）下料尺寸和标识移植			√
		（2）坡口尺寸、削斜正反面、切割边缘状态			
6	纵缝焊接	检查焊接参数		√	
7	回圆	卷圆轮廓			√

序号	部件/序号	见证项目	见证方式		
			H	W	R
8	管段	（1）组对（错边量、直线度、相邻两筒节纵缝错开角度、装配间隙等）		√	
		（2）环缝焊接（坡口打磨、焊接参数、焊缝外观，返修最多不许超两次）		√	
		（3）环缝NDT（无损检测）		√	
		（4）焊后尺寸复核（直线度、相邻两筒节纵缝错开角度等）			√
		（5）相贯线接头的下料（注意禁焊区纵缝的规定）	√		
9	片体	（1）组对（地样线及胎架定位、上下口尺寸、支撑管定位尺寸、管段纵缝和组对环缝是否位于禁焊区等）		√	
		（2）相贯线接口焊接（坡口打磨、焊接参数、焊缝外观）（返修最多不许超两次）		√	
		（3）相贯线接口NDT检测		√	
		（4）焊后尺寸复核（上下口尺寸、支撑管定位尺寸、管段纵缝和组对环缝是否位于禁焊区、加厚段定位尺寸等）			√
10	过渡段	（1）构件划线装配（构件位置、件号等）			√
		（2）构件接缝焊接（坡口打磨、焊接参数、焊缝外观）			√
		（3）焊后尺寸复核			√
		（4）法兰与过渡段筒体装配（法兰和相邻的筒节纵缝是否位于两法兰孔之间，如有要求）		√	
		（5）法兰与过渡段筒体焊接（坡口质量、焊接参数、焊缝外观，返修最多不许超两次）		√	
		（6）过渡段和法兰接口NDT检测（注意探伤等级、磨平要求）			√
		（7）焊后尺寸复核（总体尺寸、法兰尺寸等）	√		
		（8）过渡段吊装前整体外观、完整性检查（塔门朝向及紧密性，附属件的安装是否有遗漏等）		√	

续表

序号	部件/序号	见证项目	见证方式		
			H	W	R
11	合拢	（1）组对（地样线及胎架定位、整体尺寸、片体定位尺寸、灌浆段与导管架合拢缝错边量等），核实组对环缝是否位于禁焊区	√		
		（2）合拢缝焊接（坡口打磨、焊接参数、焊缝外观）（返修最多不许超两次）		√	
		（3）合拢缝 NDT 检测			√
		（4）合拢后尺寸复核（上下口尺寸、支撑管定位尺寸等）		√	
12	附属构件	（1）电缆管定位尺寸及上下标高、喇叭口方位		√	
		（2）附属构件重要焊缝焊接			√
		（3）吊耳的 NDT 检测		√	
		（4）灌浆管线压力试验		√	
		（5）橡胶密封圈紧固力矩检查（如有要求）		√	
		（6）其他附属构件安装（如防撞结构支撑/灌浆管支撑/电缆管支撑/吊耳的安装等）		√	
13	防腐	（1）环境参数：露点、湿度、环境温度、表面温度		√	
		（2）喷砂、喷漆前工件表面检查（清洁度、粗糙度）			
		（3）喷漆前温湿度、油漆牌号检查			
		（4）底/中间/面漆施工过程检查		√	
		（5）试板附着力测试		√	
		（6）热浸锌涂层		√	
		（7）油漆最终检查（外观、厚度、漏涂点、刻度线标识等）	√		
14	导管架最终检查	尺寸复核（灌浆段插尖定位尺寸、法兰平面度内倾度、整体标高及 J 型管/靠船件/灌浆管的标高及方位等）、外观、标识、油漆	√		
15	完工发货	完工资料			√

表 3-16 海上升压站导管架见证项目

序号	检查项目	检验/检测内容	见证点 H	W	R
1	钢板接收	（1）质量证明书审查			√
		（2）外观、尺寸、追溯性标识检查		√	
		（3）复验报告审查			√
2	焊材接收	（1）质量证明书审查			
		（2）标识、包装			√
		（3）复验报告审查			
3	油漆材料接收	（1）质量证明书审查			
		（2）标识、包装			√
		（3）复验报告审查			
4	钢板下料	（1）下料尺寸和标识移植			√
		（2）坡口尺寸、削斜正反面、切割边缘状态			
5	卷圆	尺寸检查（圆度、错口、引弧板、熄弧板等）			√
6	纵缝焊接	检查焊接参数		√	
7	回圆	卷圆轮廓			√
8	管段	（1）组对（错边量、直线度、相邻两筒节纵缝错开角度、装配间隙等）		√	
		（2）环缝焊接（坡口打磨、焊接参数、焊缝外观，返修最多不许超两次）		√	
		（3）环缝 NDT 检测		√	
		（4）焊后尺寸复核（直线度、相邻两筒节纵缝错开角度等）			√
		（5）相贯线接头的下料（注意禁焊区纵缝的规定）	√		

序号	检查项目	检验/检测内容	见证点		
			H	W	R
9	片体	（1）组对（地样线及胎架定位、上下口尺寸、支撑管定位尺寸、管段纵缝和组对环缝是否位于禁焊区等）		✓	
		（2）相贯线接口焊接（坡口打磨、焊接参数、焊缝外观）（返修最多不许超两次）		✓	
		（3）相贯线接口 NDT 检测		✓	
		（4）焊后尺寸复核（上下口尺寸、支撑管定位尺寸、管段纵缝和组对环缝是否位于禁焊区、加厚段定位尺寸等）			✓
10	附属构件	（1）电缆管定位尺寸及上下标高、喇叭口方位		✓	
		（2）附属构件重要焊缝焊接			✓
		（3）吊耳的 NDT 检测		✓	
		（4）灌浆管线压力试验		✓	
		（5）橡胶密封圈紧固力矩检查（如有要求）		✓	
		（6）其他附属构件安装（如防撞结构支撑/灌浆管支撑/电缆管支撑/吊耳的安装等）		✓	
11	合拢	（1）组对（地样线及胎架定位、整体尺寸、片体定位尺寸、分段定位尺寸、分段与分段的合拢缝错边量等），核实组对环缝是否位于禁焊区	✓		
		（2）合拢缝焊接（坡口打磨、焊接参数、焊缝外观，返修最多不许超两次）		✓	
		（3）合拢缝 NDT 检测			✓
		（4）合拢后尺寸复核（上下口尺寸、支撑管定位尺寸等）		✓	
12	防腐	（1）环境参数：露点、湿度、环境温度、表面温度			
		（2）喷砂、喷漆前工件表面检查（清洁度、粗糙度）		✓	
		（3）喷漆前温湿度、油漆牌号检查			
		（4）底/中间/面漆施工过程检查		✓	
		（5）试板附着力测试		✓	
		（6）热浸锌涂层		✓	
		（7）油漆最终检查（外观、厚度、漏涂点、刻度线标识等）	✓		
13	导管架最终检查	尺寸复核（主腿顶部接口定位尺寸及 J 型管/靠船件登入系统/灌浆管的标高及方位等）、外观、标识、油漆	✓		
14	完工发货	完工资料			✓

3.9　海上风电设备制造典型质量问题与改进建议

本节收集和整理了海上风电项目设备制造相关的 14 个典型问题及改进建议。

1. 风电机组发电机出油口异物问题

问题描述：风电机组在车间调试期间发现发电机报管路压力高故障，制造厂通过内窥镜检查发现发电机内部有一个出油口不出油，拆解发电机后发现一处轴承出油口存在异物（塑料膜），堵塞该出油口。

原因分析：通过对发电机入厂检验和生产装配过程自查，存在问题的环节可能是在管路装配环节，没有仔细检查油口管路内部情况，油管对接后，塑料薄膜通过油路流转到油口，导致油口堵塞。

处置及改进措施：

（1）清除异物后，重新组装、试验和验收。

（2）供应商完善设备成品保护和防异物技术要求文件，容易产生异物的工作，都要对设备及内部零部件进行密封或隔离保护，尤其关注开口处（进线孔、注油孔等），做好碎屑收集和清理，避免落入或遗留到设备中，并设有专人监督。

2. 叶片叶根预埋圆螺母移位问题

问题描述：风电机组叶片叶根预埋圆螺母移位，现场安装无法拧入双头螺杆。

原因分析：操作工技能不足，叶根定位螺栓未完全贴合叶根端面，导致预埋圆螺母定位偏差。定位螺栓拆除后，未检查是否有圆螺母位移。

处置及改进措施：

（1）对厂内生产员工及质检员进行培训，明确圆螺母安装及检查要求，加强过程监督检查。

（2）叶根定位螺栓拆除后对叶根所有孔位进行双头螺栓试安装。

3. 叶片叶根褶皱及漏气泛白问题

问题描述：叶片合模黏接过程中，检查发现叶根褶皱及漏气泛白问题。

原因分析：根部法兰边芯材倒角台阶过渡不平滑、根部法兰边芯材与 UD 棒结束位置搭接悬空、芯材倒角双向过渡，且芯材距边较小，存在结构突变，不易操作控制，存在倾斜及晃动情况。

处置及改进措施：

（1）对叶片根部区域芯材结构设计进行调整优化；优化生产工艺，保证芯材与布层贴实，倒角区域打磨光滑。

（2）加强生产过程质量管控。

4. 塔筒焊接合格率偏低的问题

问题描述：塔筒制造过程中连续出现了焊缝合格率偏低的问题，多道焊缝需要整体返修，去除缺陷后暴露出的缺陷类型主要为未熔合、夹渣以及少数裂纹等。

原因分析：WPS 中的电流、电压和焊接速度不能保证打底焊接完全熔透；厂家质量控制薄弱，焊接工艺下发后，技术人员未及时跟踪现场施焊具体情况。

处置及改进措施：

（1）制定 WPS 时应充分考虑焊接工艺与电压、电流和焊接速度的匹配性。

（2）焊接工艺发放到车间实施后，技术人员应多去现场了解 WPS 的实际使用情况。

5. 变压器吊装至海上升压站平台后漏油问题

问题描述：海上升压站主变压器在吊装到平台后发生漏油，经紧急处理未导致大面积泄漏。

原因分析：主变压器带油随海上升压站海运，经历了较大的颠簸、倾斜、振动，导致主变压器的散热器下部汇流管法兰螺栓松动、漏油。

处理措施：

（1）更换螺栓以及密封，封堵漏油点，缺少的油进行补充，并对主变压器进行相关的检查和试验。

（2）设备发运前检查变压器管路螺栓连接部位情况，并优化变压器海运绑扎固定方案。

6. 海底电缆出厂倒运中扭缆鼓包问题

问题描述：海底电缆在出厂倒缆过程中发生电缆鼓包问题。

原因分析：由于储缆盘内已有电缆，该项目海缆放在储缆盘内缆圈进行倒缆，由于弯曲半径不足导致电缆鼓包情况。

处理措施：

（1）海缆敷设时安排专人进行指导和评估，并对海缆内光纤进行敷设前和敷设后的检测。

（2）海缆装船过程中监控海缆的弯曲半径，通常不宜小于 4m。

7. 单桩焊缝一次返修合格率过低问题

问题描述：单桩焊缝 UT 检测后发现多处超标缺陷，经一次返修后 UT 复检仍发现较多超标缺陷，返修合格率偏低。

原因分析：经核查，焊接人员为同一班组人员，该班组焊接人员焊接技能水平不足，质量意识不强，例如：施焊中预热温度不均匀、起弧点和收弧点距离过近、焊接过程中层间清理不彻底等。

处置及改进措施：

（1）淘汰返修率高的焊接人员，安排技术熟练的焊工进行返修，返修坡口两端打磨斜度，控制起、收弧距离，层间焊渣使用钢丝轮打磨清除干净后继续施焊。

（2）对新入职焊工进行技能考核，重要焊缝施焊前进行技术交底。

8. 导管架制造中焊接坡口塞铁问题

问题描述：风电机组导管架管制造过程中，发现个别厂家使用未知材质的钢筋、余料、铁块填塞在焊缝坡口内。

原因分析：施工队的技能水平不足、质量意识薄弱；预制厂对施工队的生产管理和质量管控缺位。

处置及改进措施：

（1）将相关施工人员清退出场，清除缺陷后重新焊接和检验。

（2）明确禁止焊缝塞铁行为。

9. 套笼栏杆门挡块焊接错误问题

问题描述：套笼验收过程中发现，预制厂将套笼栏杆门挡块焊接在栏杆门下层钢管上，导致挡块随栏杆门移动，失去挡块的限位效果。

原因分析：预制厂未正确理解挡块布置图。

处置及改进措施：切割焊接错误的挡块，按图纸返修。

10. 单桩套笼牛腿磕碰损伤问题

问题描述：单桩在制造厂进行合拢缝焊接时，发现多个套笼牛腿的母材及焊缝受损。

原因分析：焊接合拢缝过程中桩体周向随滚轮架转动，由于桩体自身存在一定锥度，桩体沿轴向会发生偏移，转的圈数越多，偏移量越大，桩体转动过程中操作工未有效监控和调整，导致套笼牛腿撞在滚轮支架上；发生碰撞时，未被及时发现和停止，致套笼牛腿母材及焊缝受损比较严重。

处置及改进措施：

（1）制造厂编制套笼牛腿受损的整改方案，按整改方案执行打磨、焊接、修磨、MT 检测。

（2）开展经验反馈学习和培训，严禁出现滚轮架使用过程中无人监控情况。

11. 导管架焊缝布置在禁焊区问题

问题描述：海上升压站导管架在制造过程中，部分横撑管纵焊缝被布置在片体正上方，部分与主腿连接的斜撑筒节纵焊缝被布置在正侧面，不满足导管架设计规范书中对焊缝布置的要求。

原因分析：预制单位在进行施工图转化时，图纸编制环节未能识别出导管架建造总说明中关于焊缝禁焊区的要求，审核环节未能有效把关发现错误。

处置及改进措施：

（1）将处于禁焊区问题的横撑（斜撑）管节局部切除后，重新备料、卷制、焊接和装焊，完毕后按设计文件要求重新进行验收。

（2）加强预制厂施工转化图的审查管理。

12. 导管架主腿加厚段定位尺寸不符合图纸问题

问题描述：风电机组导管架主腿加厚段 K 型节点撑管与主腿连接处下口与加厚段边缘距离为不满足导管架图纸中该距离应大于或等于 $D/4$ 要求。

原因分析：预制厂未理解和消化设计图纸要求，为满足筒节环缝间距大于 2m 的要求，预制厂将施工放样图中主腿加厚段管节一的长度加长，导致主腿加厚段管节点二、三 K 型节点撑管与主腿连接处下口与加厚段边缘距离不满足图纸要求。

处置及改进措施：

（1）经疲劳分析后满足要求的导管架原样接收，不满足要求的导管架进行换管处理。

（2）加强预制厂施工转化图的审查管理。

13. 导管架过渡段验收问题

问题描述：导管架过渡段最终验收时问题较多，主要包括附属件漏装、定位尺寸偏差、不满足防腐要求等问题。

原因分析：过渡段结构相对复杂，内外平台附属件多、油漆防腐体系多；施工单位和预制厂未有效发挥质量屏障作用。

处置及改进措施：

（1）过渡段的整改行动项在地面闭环，未闭环禁止吊装。

（2）明确过渡段完整性验收清单，推动施工单位和预制厂落实各自的质量责任。

14. 导管架灌浆段定位尺寸超差问题

问题描述：导管架在不同制造基地转运过程中，造成导管架 1 号灌浆段与 2 号灌浆段插尖距离超差，不满足设计图纸要求。

原因分析：模块车运输不同步，导致导管架灌浆段定位尺寸超差。

处置及改进措施：

（1）按各方确定的返修方案进行调整、效应力处理、复测，以及重新检查验收。

（2）严禁对导管架片体在不同制造基地转运。

4

海上风电施工质量管理

4.1 海上风电施工质量管理概述

本章在参照国家标准、行业标准等标准规范的基础上，充分总结了海上风电工程质量管理经验，适用于海上风电项目的陆上集控中心施工、风电机组基础施工、风电机组设备安装施工、海缆敷设施工、海上升压站建安施工的质量管理。

本章主要内容按照标准规范、作业流程、施工方案、质量控制 4 个部分来编写，重点描述施工作业的质量控制方法及要点，并对行业内出现的典型质量问题进行了经验反馈。

借鉴核电项目质量管理的良好实践，在"检查要点及质量标准"中引入 W、H、R 质量控制点，在保障施工质量的基础上，使作业人员更清楚本作业的质量关键控制点，供海上风电工程的施工单位、监理单位、建设单位等参考使用。

海上风电质量管理工作包括施工准备阶段质量管理、施工过程质量管理两大环节。

4.1.1 施工准备阶段质量管理

施工准备阶段质量管理一般包括组织机构及人员资格控制、施工工器具控制、材料设备采购控制、技术文件与标准文件准备的管理。

1. 人员资格

（1）项目经理、项目技术负责人和专业技术人员应符合法规及合同规定的资格要求。

（2）专业质检人员应经培训合格，具备相应工程质量检验能力。

（3）特种作业人员、特种设备作业人员应持有有效的资格证书。

（4）测量人员应经培训合格并持有有效的资格证书。

2. 单位资质

（1）单位资质应符合法规及合同规定的资格要求。

（2）项目开工前，提供营业执照、资质证书、安全生产许可证、体系认证证书、业绩证明等相关文件，完成单位资质报审。

3. 施工机具

（1）海上作业船舶进场前，已经过海事等管理单位的船舶检验。

（2）特种设备应经具有特种设备安全监督检验资质单位检验合格，取得安全检验合格证书，并在国家规定的特种设备安全监督管理部门注册登记。

（3）海上作业船舶、特种设备及其他施工机械进场前，应完成向监理单位、建设单位报检。

（4）施工用计量器具、仪器仪表应取得有效期内的检定合格证书。

（5）其他施工用工具、吊索具等应满足法规和管理单位的相关要求。

4. 设备和材料

（1）材料和设备应完成入场验收或开箱验收。

（2）需要检验或检测的设备和材料，应完成检验或检测。

5. 设计文件和厂家文件

（1）设计文件应完成设计交底和图纸会审，形成交底和会审记录。

（2）厂家文件应完成技术交底，形成交底记录。

（3）现场应具备有效的且为最新版本的设计文件和厂家文件。

6. 施工方案

（1）开工前编制施工组织设计、施工方案，报监理单位、建设单位审批。

（2）危大工程应编制专项施工方案，超过一定规模的危大工程的专项施工方案应通过专家评审。

（3）施工前完成施工方案交底，形成交底记录。

7. 施工手续

（1）工程开工前，按照国家相关规定办理施工许可及工程质量监督手续。

（2）海上作业涉及临时航标要求的，应完成海上作业区域临时航标敷设和验收。

（3）海上施工单位应完成各类船机作业区域的水上水下作业许可证的办理。

8. 施工现场条件

（1）土建或设备安装现场，包括环境、天气、风速、水文、地质等施工条件，应满足施工方案的相关规定。

（2）完成交接验收（如有）。

4.1.2 施工过程质量管理

施工过程质量管理是针对具体作业活动过程的质量管控，一般包括施工先决条件检查、施工风险管理、施工过程质量监督检查、对不符合项和变更的控制。

施工活动正式开始前，应对作业活动进行风险分析、施工先决条件进行检查，以确保由合格的人员、使用合适的设备器材、遵照适用的工艺文件在适当的环境条件下进行作业。需关注现场施工环境，包括温湿度、照明、清洁、通道条件、天气状况、噪声干扰、振动等对质量的影响；施工环境不满足施工工艺要求时，应及时停止施工或采取必要措施消除不良环境影响。

施工过程中通过工艺文件审查、现场监督检查、质量控制点见证监督等方式对质量高风险的预防措施落实进行验证、对相关施工工艺过程进行控制。

施工过程质量控制要点见 4.2～4.6 节所述。

4.2　陆上集控中心施工质量管理

4.2.1　标准规范

《混凝土外加剂》（GB 8076—2008）

《采暖通风与空气调节设备噪声声功率级的测定　工程法》（GB/T 9068—1988）

《半导体变流器　通用要求和电网换相变流器　第 1-1 部分：基本要求规范》（GB/T 3859.1—2013）

《混凝土和钢筋混凝土排水管》（GB/T 11836—2009）

《工业阀门　标志》（GB/T 12220—2015）

《组合式空调机组》（GB/T 14294—2008）

《建筑通风和排烟系统用防火阀门》（GB 15930—2017）

《混凝土外加剂应用技术规范》（GB 50119—2013）

《电气装置安装工程　高压电器施工及验收规范》（GB 50147—2010）

《电气装置安装工程　电力变压器、油浸电抗器、互感器施工及验收规范》（GB 50148—2010）

《电气装置安装工程　母线装置施工及验收规范》（GB 50149—2010）

《电气装置安装工程　盘、柜及二次回路接线施工及验收规范》（GB 50171—2012）

《建筑地基基础工程施工质量标准》（GB 50202—2018）

《混凝土结构工程施工质量验收规范》（GB 50204—2015）

《屋面工程质量验收规范》（GB 50207—2012）

《建筑装饰装修工程质量验收标准》（GB 50210—2018）

《建筑给水排水及采暖工程施工质量验收规范》（GB 50242—2002）

《通风与空调工程施工质量验收规范》（GB 50243—2016）

《制冷设备、空气分离设备安装工程施工及验收规范》（GB 50274—2010）

《建筑电气工程施工质量验收规范》（GB 50303—2015）

《电梯工程施工质量验收规范》（GB 50310—2002）

《建筑节能工程施工质量验收标准》（GB 50411—2019）

《建筑电气与智能化通用规范》（GB 55024—2022）

《建筑与市政工程施工质量控制通用规范》（GB 55032—2022）

《电气装置安装工程质量检验及评定规程》（DL/T 5161—2018）

《电力建设施工质量验收及评价规程　第 1 部分：土建工程》（DL/T 5210.1—2021）

《城镇道路工程施工与质量验收规范》（CJJ 1—2008）

4.2.2 作业流程

陆上集控中心施工包括土建和安装两个部分。主要的土建施工包括土石方工程、边坡工程、地基与基础工程、钢筋混凝土结构工程、砌体结构工程、装饰装修工程、屋面工程、给排水工程、通风与空调工程、电梯工程施工、道路工程。主要的安装施工包括油浸变压器安装、气体绝缘全封闭组合电器（GIS）安装、干式变压器安装、配电屏柜安装、静止无功补偿装置（SVG）安装施工。各项施工活动作业流程如下。

1. 土建施工

（1）土石方工程作业流程图如图 4-1 所示。

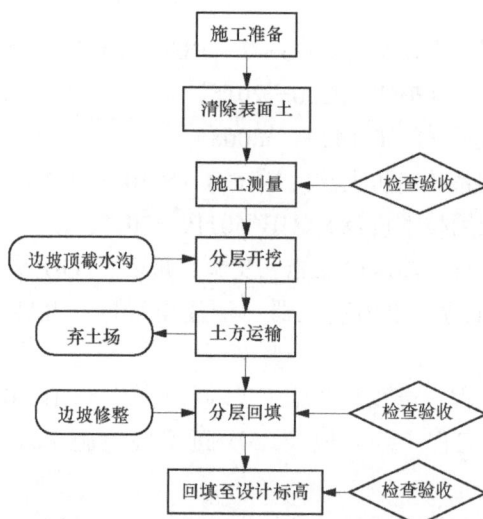

图 4-1　土石方工程作业流程图

（2）边坡工程作业流程图。边坡工程重要作业活动包括锚索作业、挡土墙作业，流程图见图 4-2、图 4-3。

（3）地基与基础作业流程图。地基处理作业流程见图 4-4。陆上集控中心基础形式一般为桩基础，典型预制桩、灌注桩基础作业流程见图 4-5、图 4-6。

（4）钢筋混凝土结构作业流程图见图 4-7。

（5）砌体结构作业流程图见图 4-8。

（6）装饰装修作业流程图见图 4-9。

（7）屋面工作作业流程图见图 4-10。

（8）给排水工程作业流程图见图 4-11。

（9）通风与空调工程作业流程图见图 4-12。

（10）电梯工程作业流程图见图 4-13。

（11）道路工程作业流程图见图 4-14。

```
            测量放线
               │
            钻机就位
               │
            测量角度
               │
检查记录 ──▶    钻孔
               │
          钻至设计深度
               │
检查验收 ──▶  压力风冲洗孔
               │
制作钢绞线 ──▶ 插钢绞线及注浆管  ◀── 检查验收
               │
制作水泥浆 ──▶   一次注浆    ◀── 冲洗设备
               │
制作水泥浆 ──▶   二次注浆    ◀── 冲洗设备
               │
             养护
               │
        安装锚固传力装置
               │
            张拉       ◀── 检查验收
               │
           锚具锁定
               │
            封锚
```

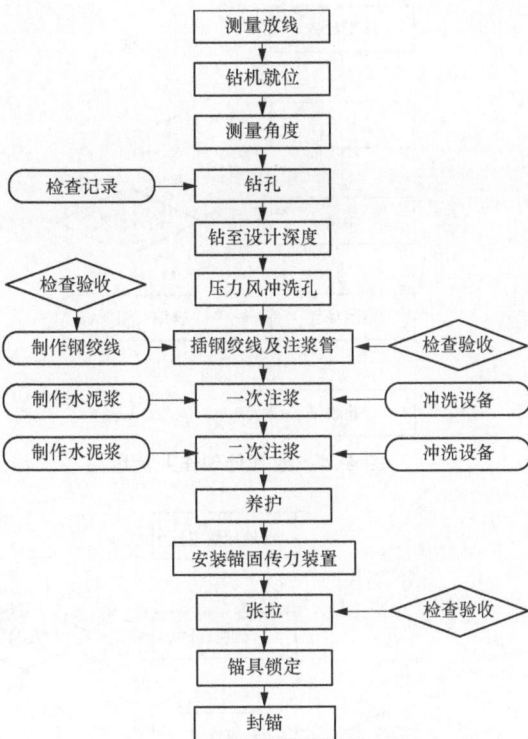

图 4-2　锚索作业流程图

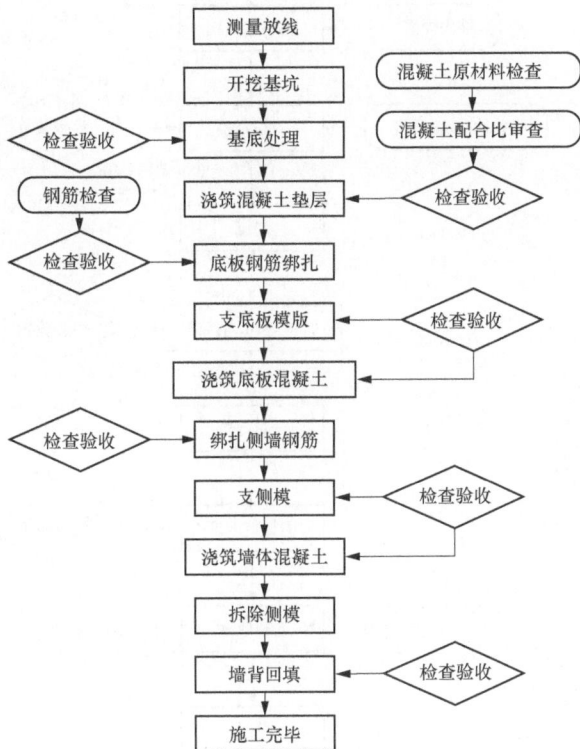

```
            测量放线
               │
            开挖基坑          混凝土原材料检查
               │                 │
检查验收 ──▶   基底处理         混凝土配合比审查
               │                 │
钢筋检查 ──▶ 浇筑混凝土垫层  ◀── 检查验收
               │
检查验收 ──▶ 底板钢筋绑扎
               │
            支底板模版    ◀── 检查验收
               │
          浇筑底板混凝土
               │
检查验收 ──▶ 绑扎侧墙钢筋
               │
            支侧模      ◀── 检查验收
               │
          浇筑墙体混凝土
               │
            拆除侧模
               │
            墙背回填    ◀── 检查验收
               │
            施工完毕
```

图 4-3　挡土墙作业流程图

```
┌─────────┐
│ 施工准备 │
└────┬────┘
     │
┌────▼────┐
│ 地基开挖 │
└────┬────┘
     │
┌────▼────┐        ◇─────────◇
│  验槽   │◄───────│ 检查验收 │
└────┬────┘        ◇─────────◇
     │
┌────▼────┐        ┌──────────────┐
│ 地基处理 │◄───────│ 换填、强夯等 │
└────┬────┘        └──────────────┘
     │
┌────▼────┐
│  验收   │
└─────────┘
```

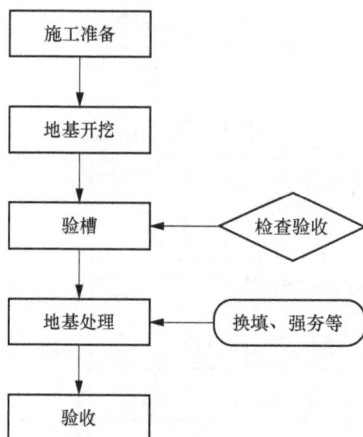

图 4-4 地基处理作业流程图

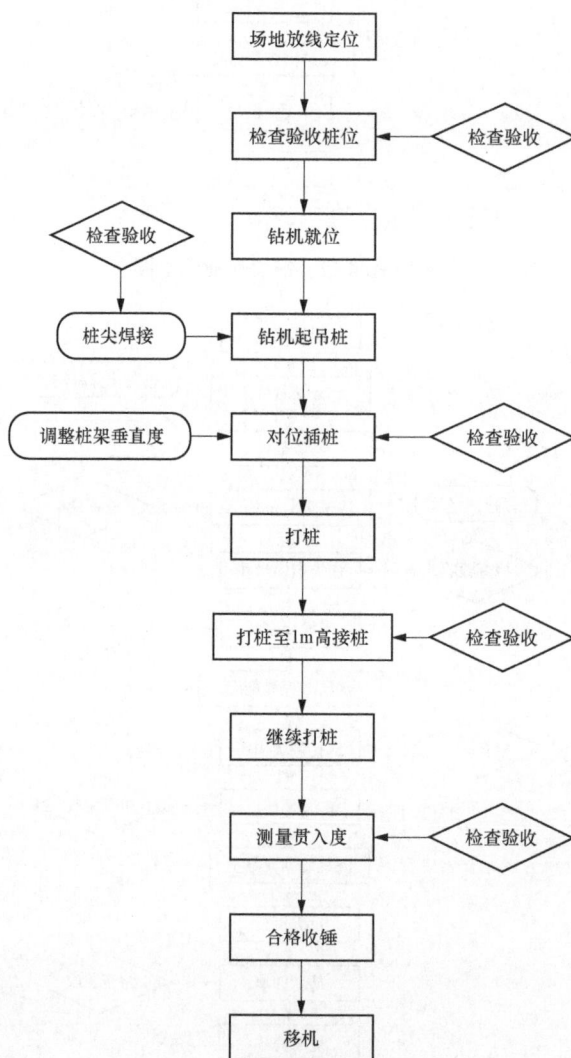

```
         ┌──────────────┐
         │ 场地放线定位  │
         └──────┬───────┘
                │
         ┌──────▼───────┐      ◇─────────◇
         │ 检查验收桩位  │◄─────│ 检查验收 │
         └──────┬───────┘      ◇─────────◇
                │
   ◇─────────◇  ┌──────▼───────┐
   │ 检查验收 │  │  钻机就位    │
   ◇─────────◇  └──────┬───────┘
        │              │
   ┌────▼────┐  ┌──────▼───────┐
   │ 桩尖焊接 │─►│  钻机起吊桩  │
   └─────────┘  └──────┬───────┘
                       │
┌──────────────┐ ┌─────▼────────┐   ◇─────────◇
│ 调整桩架垂直度 │─►│  对位插桩    │◄──│ 检查验收 │
└──────────────┘ └─────┬────────┘   ◇─────────◇
                       │
                ┌──────▼───────┐
                │   打桩        │
                └──────┬───────┘
                       │
                ┌──────▼───────┐   ◇─────────◇
                │ 打桩至1m高接桩│◄──│ 检查验收 │
                └──────┬───────┘   ◇─────────◇
                       │
                ┌──────▼───────┐
                │  继续打桩     │
                └──────┬───────┘
                       │
                ┌──────▼───────┐   ◇─────────◇
                │ 测量贯入度    │◄──│ 检查验收 │
                └──────┬───────┘   ◇─────────◇
                       │
                ┌──────▼───────┐
                │  合格收锤     │
                └──────┬───────┘
                       │
                ┌──────▼───────┐
                │   移机        │
                └──────────────┘
```

图 4-5 预制桩作业流程图

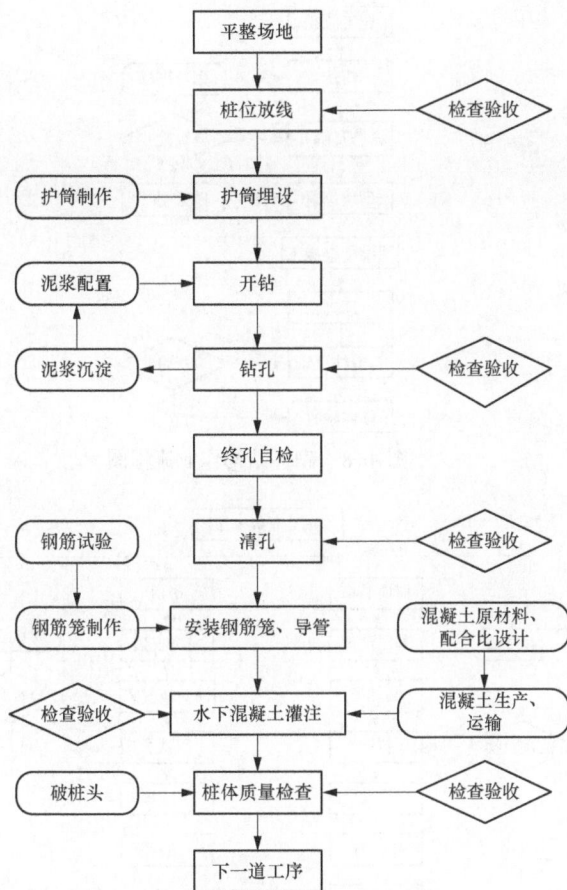

图 4-6 灌注桩基础作业流程图

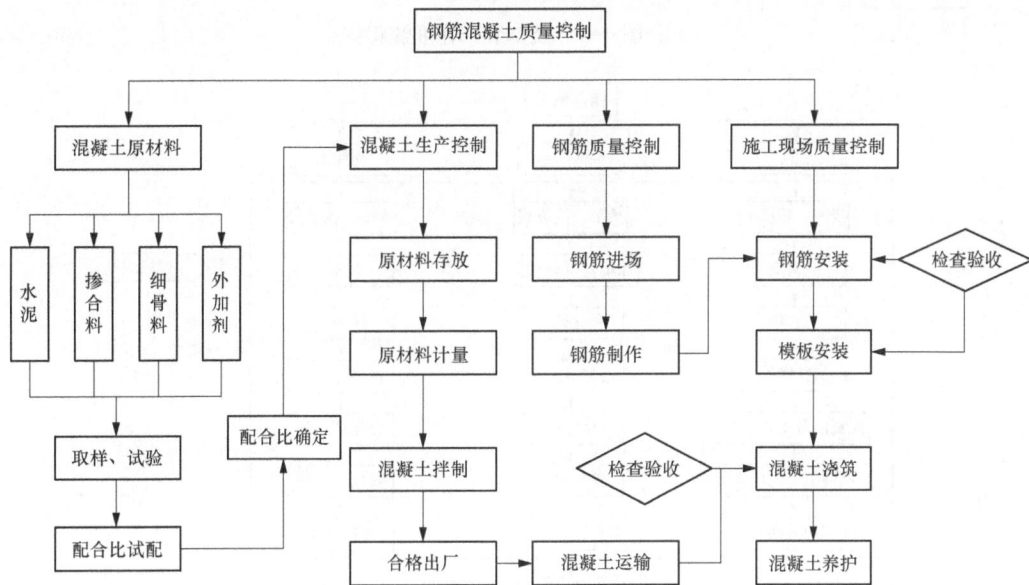

图 4-7 钢筋混凝土结构作业流程图

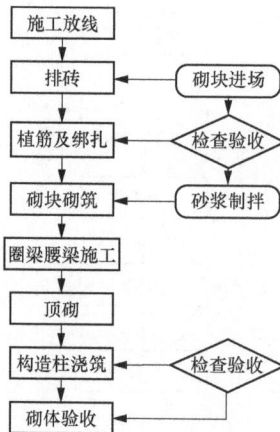

图 4-8 砌体结构作业流程图

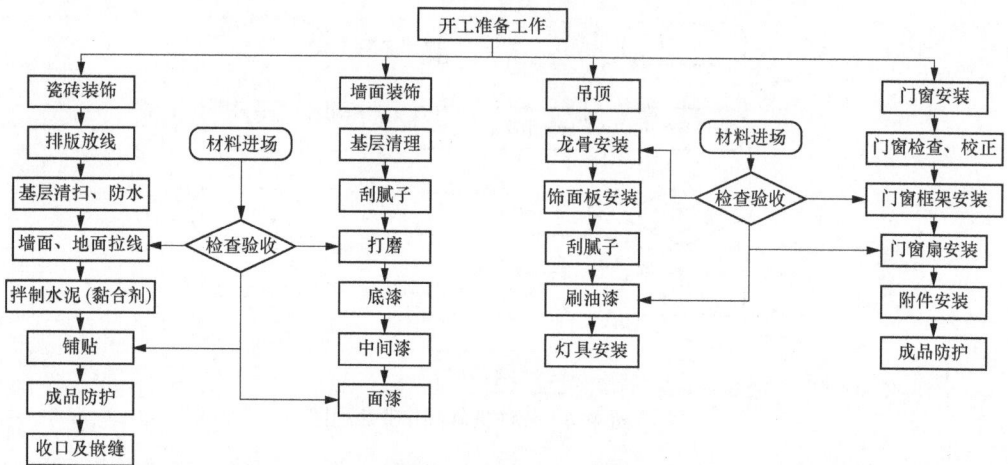

图 4-9 装饰装修作业流程图

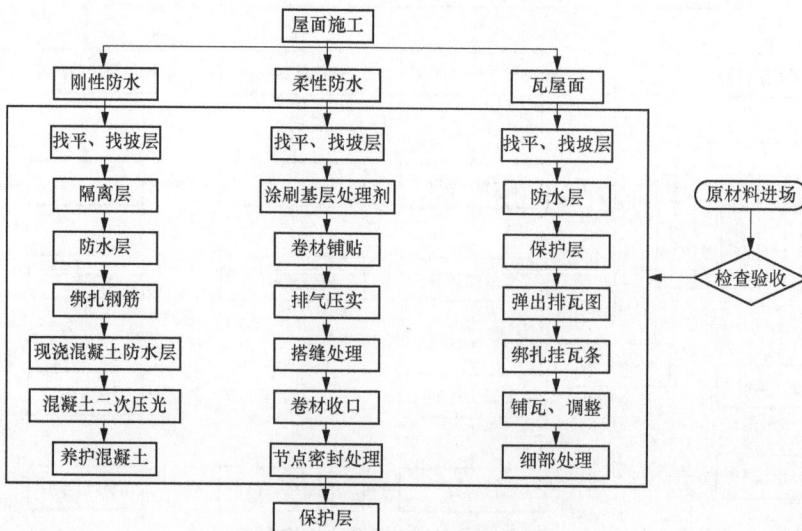

图 4-10 屋面工作作业流程图

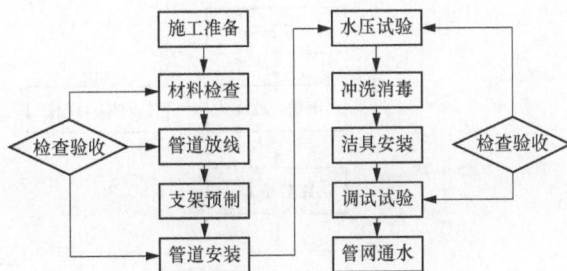

图 4-11 给排水工程作业流程图

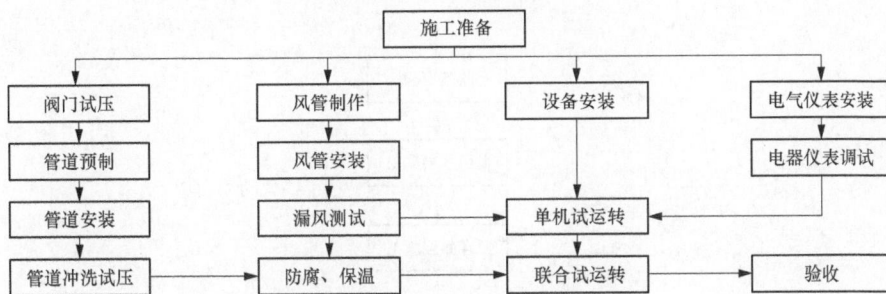

图 4-12 通风与空调工程作业流程图

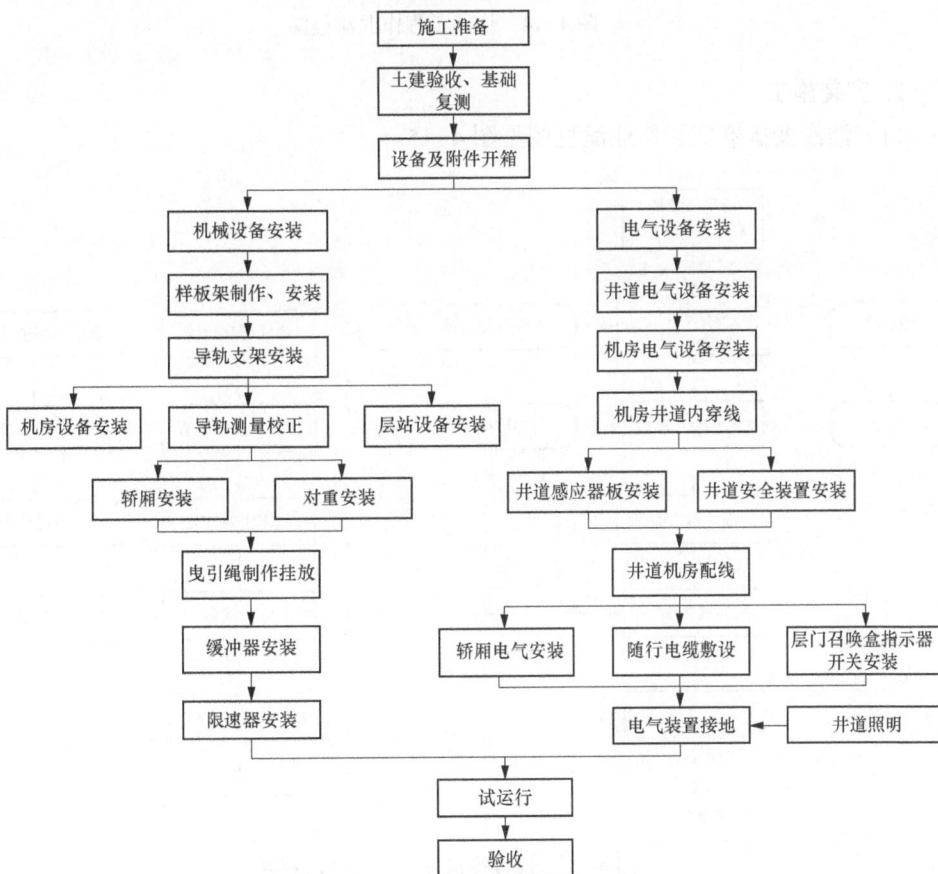

图 4-13 电梯工程作业流程图

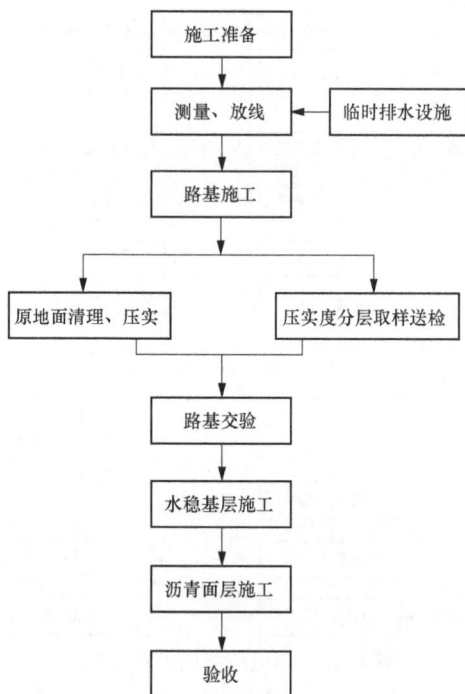

图 4-14　道路工程作业流程图

2. 安装施工

（1）油浸变压器安装作业流程图见图 4-15。

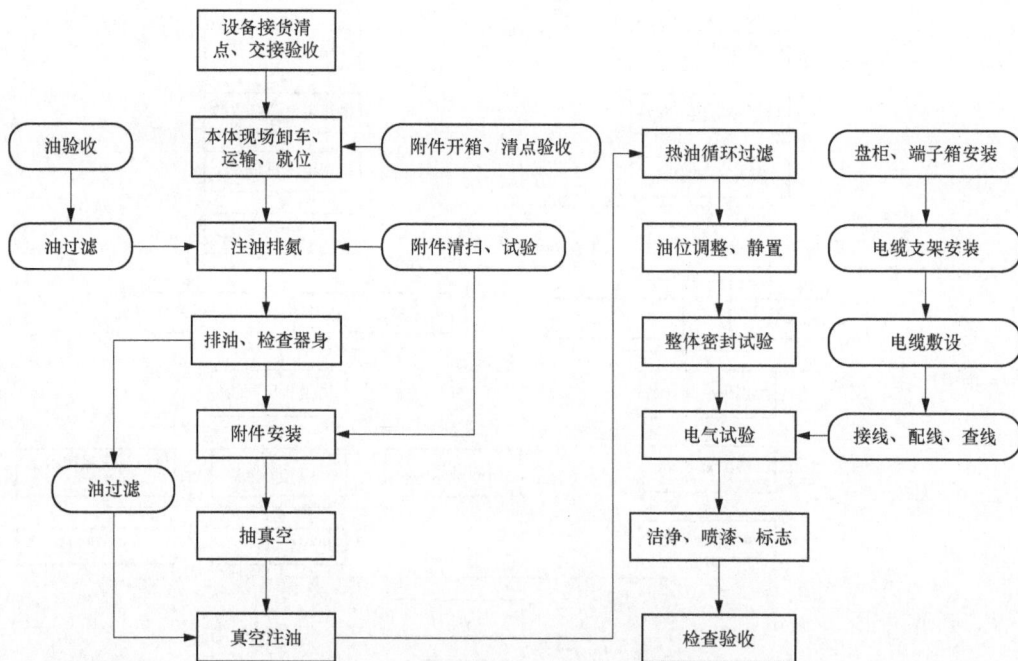

图 4-15　油浸变压器安装作业流程图

（2）气体绝缘全封闭组合电器（GIS）安装作业流程图见图 4-16。

（3）干式变压器安装作业流程图见图 4-17。

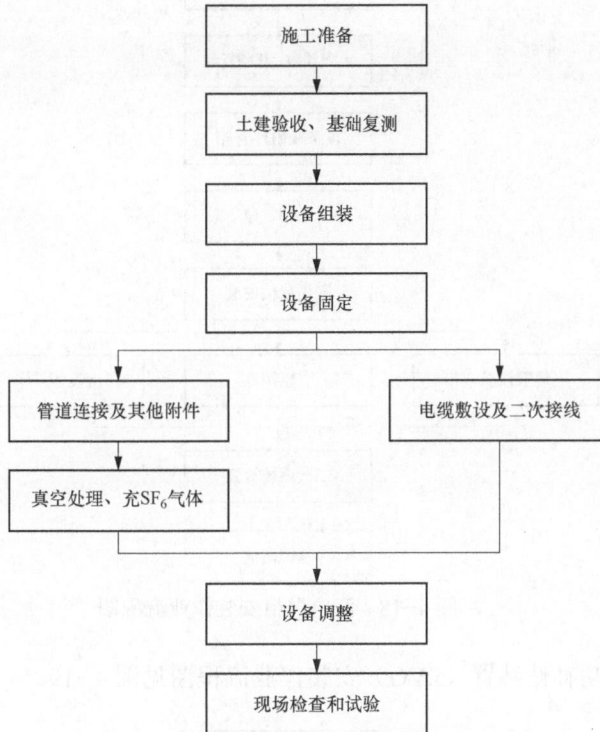

图 4-16　气体绝缘全封闭组合电器（GIS）安装作业流程图

图 4-17　干式变压器安装作业流程图

（4）配电屏柜安装作业流程图见图4-18。

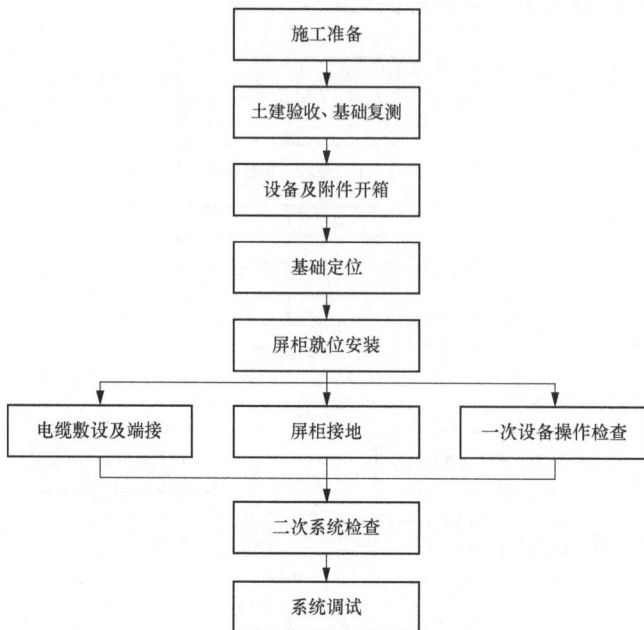

施工准备

土建验收、基础复测

设备及附件开箱

基础定位

屏柜就位安装

电缆敷设及端接　　屏柜接地　　一次设备操作检查

二次系统检查

系统调试

图4-18　配电屏柜安装作业流程图

（5）静止无功补偿装置（SVG）安装作业流程图见图4-19。

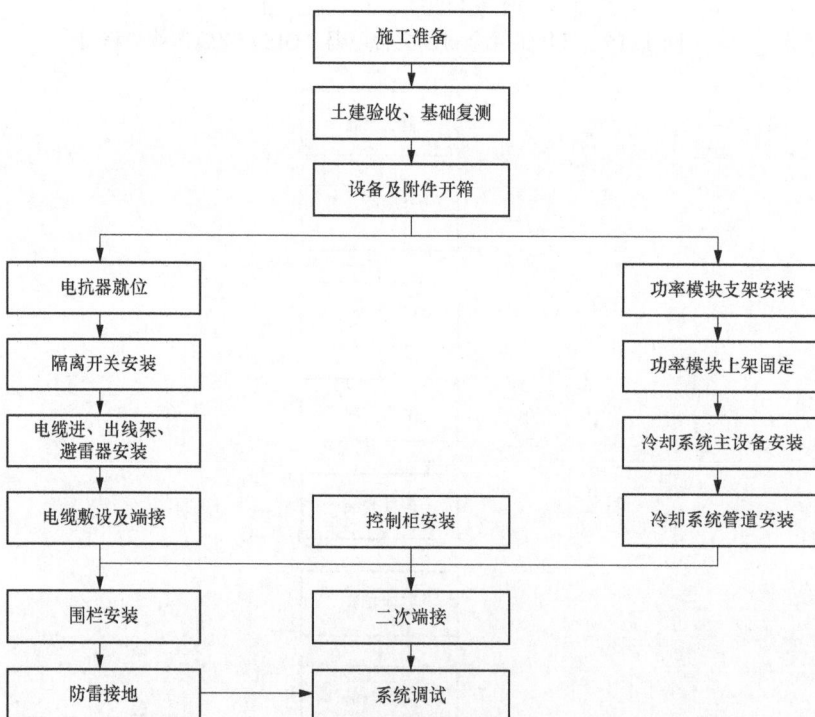

施工准备

土建验收、基础复测

设备及附件开箱

电抗器就位　　　　　　　　　　　　功率模块支架安装

隔离开关安装　　　　　　　　　　　功率模块上架固定

电缆进、出线架、避雷器安装　　　　冷却系统主设备安装

电缆敷设及端接　　控制柜安装　　　冷却系统管道安装

围栏安装　　　　　二次端接

防雷接地　　　　　系统调试

图4-19　静止无功补偿装置（SVG）安装作业流程图

84

4.2.3 方案清单

陆上集控中心施工通常需编制的施工方案清单见表4-1。

表4-1 陆上集控中心施工方案清单

序号	区域	类别	方案名称
1	陆上集控中心	土建	施工测量方案
2	陆上集控中心	土建	土方开挖方案
3	陆上集控中心	土建	深基坑专项施工方案
4	陆上集控中心	土建	高支模专项施工方案
5	陆上集控中心	土建	冲孔桩施工方案
6	陆上集控中心	土建	旋挖灌注桩施工方案
7	陆上集控中心	土建	海缆沟施工方案
8	陆上集控中心	土建	桁架桥吊装专项施工方案
9	陆上集控中心	土建	厂区管网施工方案
10	陆上集控中心	土建	屋面工程施工方案
11	陆上集控中心	土建	主体结构施工方案
12	陆上集控中心	土建	砌体工程施工方案
13	陆上集控中心	土建	装饰装修施工方案
14	陆上集控中心	土建	室外变压器基础及防火墙施工方案
15	陆上集控中心	土建	地下室防水施工方案
16	陆上集控中心	土建	防雷接地施工方案
17	陆上集控中心	土建	混凝土道路施工方案
18	陆上集控中心	土建	模板支撑施工方案
19	陆上集控中心	土建	外脚手架施工方案
20	陆上集控中心	土建	桥式起重机安装施工方案
21	陆上集控中心	安装	主变压器、高压电抗器安装方案
22	陆上集控中心	安装	220kV气体绝缘全封闭组合电器（GIS）安装施工方案
23	陆上集控中心	安装	无功补偿设备及35kV配电设备安装施工方案
24	陆上集控中心	安装	电缆桥架安装及敷设施工方案
25	陆上集控中心	安装	屏柜安装及二次接线施工方案
26	陆上集控中心	安装	视频监控门禁周边安全防范方案
27	陆上集控中心	安装	一次设备试验方案

序号	区域	类别	方案名称
28	陆上集控中心	安装	二次设备试验方案
29	陆上集控中心	安装	静止无功补偿装置（SVG）降压变压器长时间感应耐压及局部放电测量试验方案
30	陆上集控中心	安装	静止无功补偿装置（SVG）降压变压器高中性点和变压器低绕组耐压试验方案
31	陆上集控中心	安装	220kV 气体绝缘全封闭组合电器（GIS）交流耐压及局部放电试验方案
32	陆上集控中心	安装	220kV 气体绝缘全封闭组合电器（GIS）电压互感器（TV）三倍频耐压试验方案
33	陆上集控中心	安装	高压电抗器耐压试验方案
34	陆上集控中心	安装	试验及调试大纲
35	陆上集控中心	安装	主变压器消防系统施工方案
36	陆上集控中心	其他	施工组织设计
37	陆上集控中心	其他	质量管理体系及质量控制
38	陆上集控中心	其他	材料取样、送检、试验计划方案
39	陆上集控中心	其他	临时用电施工组织设计
40	陆上集控中心	其他	环境保护与水土保持措施方案
41	陆上集控中心	其他	防风防汛现场应急处置方案
42	陆上集控中心	其他	绿色施工方案
43	陆上集控中心	其他	白蚁防治施工方案
44	陆上集控中心	其他	质量通病防治方案
45	陆上集控中心	其他	风险评估实施方案

4.2.4 质量控制

1. 土建施工质量控制

（1）土石方工程。质量控制要点：测量控制网复核、碾压参数和压实度检测、施工降水和排水。

土石方工程质量控制表见表 4-2。

表 4-2　　　　　　　　土石方工程质量控制表

序号	工序	检查（验）项目	检查要点及质量标准		检验方法及器具
1	土方开挖	标高	人工	±30mm【W 点】	水准测量
			机械	±50mm【W 点】	

序号	工序	检查（验）项目	检查要点及质量标准		检验方法及器具
2	土方开挖	长度、宽度（由设计中心线向两边量）	人工	+300～-100mm【W点】	全站仪或用钢尺量
			机械	+500～-150mm【W点】	
3		坡率	设计值		目测法或用坡度尺检查
4		表面平整度	人工	±20mm	用2m靠尺
			机械	±50mm	
5		基底土性	设计要求		目测法或土样分析
1	基础层填方	标高	0～-50mm【W点】		水准测量
2		分层压实系数	不小于设计值【W点】		环刀法、灌水法、灌砂法
3		回填土料	设计要求		取样检查或直接鉴别
4		分层厚度	设计值		水准测量及抽样检查
5		含水量	最优含水量±2%		烘干法
6		表面平整度	±20mm		用2m靠尺
7		有机质含量	≤5%		灼烧减量法
8		辗迹重叠长度	500～1000mm		用钢尺量
1	场地平整填方	标高	人工	±30mm【W点】	水准测量
			机械	±50mm【W点】	
2		分层压实系数	不小于设计值【W点】		环刀法、灌水法、灌砂法
3		回填土料	设计要求		取样检查或直接鉴别
4		分层厚度	设计值		水准测量及抽样检查
5		含水量	最优含水量±4%		烘干法
6		表面平整度	人工	±20mm	用2m靠尺
			机械	±30mm	
7		有机质含量	≤5%		灼烧减量法
8		辗迹重叠长度	500～1000mm		用钢尺量

（2）边坡工程。质量控制要点：测量控制网的复核、边坡稳定、持力层岩土条件、施工降水及排水。

边坡工程质量控制表见表4-3。

表4-3　　　　　　　　　　　　　　　边坡工程质量控制表

序号	工序	检查（验）项目	检查要点及质量标准	检验方法及器具
1		锚杆承载力	不小于设计值【W点】	锚杆拉拔试验
2		锚杆（索）锚固长度	±50mm【W点】	用钢尺量（差值法）：每孔测1点
3		喷锚混凝土强度	不小于设计值【W点】	28天试块强度
4		预应力锚杆（索）的张拉力、锚固大	不小于设计值【W点】	拉拔试验
5		锚孔位置	≤50mm【W点】	用钢尺量：每孔测1点
6		锚孔孔径	±20mm【W点】	用钢尺量：每孔测1点
7		锚孔倾角	≤1°【W点】	导杆法；每孔测1点
8	边坡喷锚	锚孔深度	不小于设计值	用钢尺量：每孔测1点
9		锚杆（索）长度	±50mm【W点】	用钢尺量：每孔测1点
10		预应力锚杆（索）张拉伸长量	±6%	用钢尺量
11		锚固段注浆体强度	不小于设计值【W点】	28天试块强度
12		泄水孔直径、孔深	±3mm	用钢尺量
13		预应力锚杆（索）锚固后的外露长度	≥30mm	用钢尺量
14		钢束断丝滑丝数	≤1%	目测法、用钢尺量：每根（束）
1	挡土墙	挡土墙埋置深度	±10mm【W点】	经纬仪测量

序号	工序	检查（验）项目	检查要点及质量标准		检验方法及器具
2	挡土墙	墙身材料强度	石材	≥30MPa【W点】	点荷载试验（石材）、试块强度（混凝土）
			混凝土	不小于设计值【W点】	
3		分层压实系数	不小于设计值【W点】		环刀法
4		平面位置	≤50mm		全站仪测量
5		墙身、压顶断面尺寸	不小于设计值【W点】		用钢尺量：每一缝段测3个断面，每断面各2点
6		压顶顶面高程	±10mm【W点】		水准测量：每一缝段测量3点
7		墙背加筋材料强度、延伸率	不小于设计值【W点】		拉伸试验
8		泄水孔尺寸	±3mm		用钢尺量：每一缝段测量3点
9		泄水孔的坡度	设计值		现场测量
10		伸缩缝、沉降缝宽度	+20～0mm		用钢尺量：每一缝段测量3点
11		轴线位置	≤30mm【H点】		经纬仪测量：每一缝段纵横各测量2点
12		墙面倾斜率	≤0.5%【W点】		线锤测量：每一缝段测量3点
13		墙表面平整度（混凝土）	±10mm		2m直尺、塞尺量：每一缝段测量3点
1	边坡开挖	坡率	设计值【W点】		目测法或用坡度尺检查：每20m抽查1处
2		坡底标高	±100mm【W点】		水准测量
3		坡面平整度	土坡	±100mm	3m直尺测量：每20m测1处
			岩坡	软岩±200mm；硬岩±350mm	
4		平台宽度	土坡	+2000mm	用钢尺量
5			岩坡	软岩+300mm；硬岩+500mm	

序号	工序	检查（验）项目		检查要点及质量标准	检验方法及器具
6	边坡开挖	坡脚线	土坡	+500～-100mm【W点】	经纬仪测量：每20m测2点
7			岩坡	软岩+500～-200mm【W点】 硬岩+800～-250mm【W点】	

（3）地基工程。质量控制要点：测量控制网的复核、基础的位置坐标和高程。

地基工程质量控制表见表4-4。

表4-4　　　　　　　　　　　　地基工程质量控制表

序号	工序	检查（验）项目	检查要点及质量标准	检验方法及器具
1	素土、灰土地基	地基承载力	不小于设计值【H点】	静载试验
2		配合比	设计值	检查拌和时的体积比
3		压实系数	不小于设计值【W点】	环刀法
4		石灰粒径	≤5mm	筛析法
5		土料有机质含量	≤5%	灼烧减量法
6		土颗粒粒径	≤15mm	筛析法
7		含水量	最优含水量±2%	烘干法
8		分层厚度	±50mm【W点】	水准测量
1	砂和砂石地基	地基承载力	不小于设计值【H点】	静载试验
2		配合比	设计值	检查拌和时的体积比或重量比
3		压实系数	不小于设计值【W点】	灌砂法、灌水法
4		砂石料有机质含量	≤5%	灼烧减量法
5		砂石料含泥量	≤5%	水洗法
6		砂石料粒径	≤50mm	筛析法
7		分层厚度	±50mm【W点】	水准测量
1	土工合成材料地基	地基承载力	不小于设计值【H点】	静载试验
2		土工合成材料强度	≥-5%	拉伸试验（结果与设计值相比）
3		土工合成材料延伸率	≥-3%	拉伸试验（结果与设计值相比）

序号	工序	检查（验）项目	检查要点及质量标准			检验方法及器具
4	土工合成材料地基	土工合成材料搭接长度	≥300mm			用钢尺量
5		土石料有机质含量	≤5%			灼烧减量法
6		层面平整度	±20mm			用2m靠尺
7		分层厚度	±25mm【W点】			水准测量
1	强夯地基	地基承载力	不小于设计值【H点】			静载试验
2		处理后地基土的强度	不小于设计值【H点】			原位测试
3		变形指标	设计值			原位测试
4		夯锤落距	±300mm			钢索设标志
5		夯锤质量	±100kg			称重
6		夯击遍数	不小于设计值【W点】			计数法
7		夯击顺序	设计要求			检查施工记录
8		夯击击数	不小于设计值			计数法
9		夯点位置	±500mm			用钢尺量
10		夯击范围（超出基础范围距离）	设计要求			用钢尺量
11		前后两遍间歇时间	设计值			检查施工记录
12		最后两击平均夯沉量	设计值【W点】			水准测量
13		场地平整度	±100mm			水准测量
1	注浆地基	地基承载力	不小于设计值【H点】			静载试验
2		处理后地基土的强度	不小于设计值【H点】			原位测试
3		变形指标	设计值【W点】			原位测试
4		原材料检验	注浆用砂	粒径	<2.5mm	筛析法
5				细度模数	<2.0	筛析法
6				含泥量	<3%	水洗法
7				有机质含量	<3%	灼烧减量法
8			注浆用黏土	塑性指数	>14	界限含水率试验

序号	工序	检查（验）项目	检查要点及质量标准			检验方法及器具
9	注浆地基	原材料检验	注浆用黏土	黏粒含量	＞25%	密度计法
10				含砂率	＜5%	洗砂瓶
11				有机质含量	＜3%	灼烧减量法
12			粉煤灰	细度模数	不粗于同时使用的水泥	筛析法
13				烧失量	＜3%	灼烧减量法
14			硅酸钠模数	3.0～3.3		试验室试验
15			其他化学浆液	设计值		查产品合格证书或抽样送检
16		注浆材料称量	±3%			称重
17		注浆孔位	±50mm【W点】			用钢尺量
18		注浆孔深	±100mm【W点】			量测注浆管长度
19		注浆压力	±10%【W点】			检查压力表读数
1	预压地基	地基承载力	不小于设计值【H点】			静载试验
2		处理后地基土的强度	不小于设计值【H点】			原位测试
3		变形指标	设计值【W点】			原位测试
4		预压荷载（真空度）	≥-2%【W点】			高度测量（压力表）
5		固结度	≥-2%			原位测试（与设计要求比）
6		沉降速率	±10%			水准测量（与控制值比）
7		水平位移	±10%			用测斜仪、全站仪测量
8		竖向排水体位置	≤100mm			用钢尺量
9		竖向排水体插入深度	+200mm 0mm			经纬仪测量
10						
11		插入塑料排水带时的回带长度	≤500mm			用钢尺量
12		竖向排水体高出砂垫层距离	≥100mm			用钢尺量

序号	工序	检查（验）项目	检查要点及质量标准	检验方法及器具
13	预压地基	插入塑料排水带的回带根数	<5%	统计
14		砂垫层材料的含泥量	≤5%	水洗法
1	高压喷射注浆复合地基	复合地基承载力	不小于设计值【H点】	静载试验
2		单桩承载力	不小于设计值【W点】	静载试验
3		水泥用量	不小于设计值	查看流量表
4		桩长	不小于设计值	测钻杆长度
5		桩身强度	不小于设计值【W点】	28天试块强度或钻芯法
6		水胶比	设计值	实际用水量与水泥等胶凝材料的重量比
7		钻孔位置	≤50mm【W点】	用钢尺量
8		钻孔垂直度	≤1/100【W点】	经纬仪测钻杆
9		桩位	≤0.2设计桩径【W点】	开挖后桩顶下500mm处用钢尺量
10		桩径	≥−50mm【W点】	用钢尺量
11		桩顶标高	不小于设计值	水准测量，最上部500mm浮浆层及劣质桩体不计入
12		喷射压力	设计值【W点】	检查压力表读数
13		提升速度	设计值	测机头上升距离及时间
14		旋转速度	设计值	现场测定
15		褥垫层夯填度	≤0.9	水准测量

（4）基础工程。质量控制要点：

1）桩基处理：桩位、桩型、桩径、桩长、接桩、桩顶标高、桩身垂直度、混凝土强度及密实性、焊接、防腐、与承台连接桩身完整性和承载力的检测。

2）钢筋工程：原材料、钢筋制作、钢筋安装。

3）设备基础：预留孔和预埋螺栓的埋设、二次灌浆、沉降观测，其他同现浇混凝土结构。

4）基础工程质量控制表见表 4-5。

表 4-5　　　　　　　　　　基础工程质量控制表

序号	工序	检查（验）项目		检查要点及质量标准	检验方法及器具
1	预制桩（钢桩）基础	带有基础梁的桩	垂直基础梁的中心线	桩位偏差（mm）≤100+0.01 桩基施工面至设计桩顶的距离【W点】	用钢尺量
			沿基础梁的中心线	桩位偏差（mm）≤150+0.01 桩基施工面至设计桩顶的距离【W点】	用钢尺量
2		承台桩	桩数为 1～3 根桩基中的桩	桩位偏差（mm）≤100+0.01 桩基施工面至设计桩顶的距离【W点】	全站仪或用钢尺量
			桩数大于或等于 4 根桩基中的桩	桩位偏差（mm）≤1/2 桩径+0.01 桩基施工面至设计桩顶的距离或 1/2 边长 +0.01 桩基施工面至设计桩顶的距离【W点】	全站仪或用钢尺量
1	灌注桩基础	承载力		不小于设计值【H点】	静载试验、高应变法等
2		桩身完整性		【W点】	钻芯法、低应变法、声波透射法等
3		桩长		不小于设计值	用钢尺量
4		泥浆护壁钻孔桩	设计桩径＜1000mm	桩径偏差（mm）≥0【W点】	用钢尺量
				垂直度偏差≤1/100【W点】	经纬仪测量
				桩位偏差（mm）≤70+0.01 桩基施工面至设计桩顶的距离【W点】	全站仪或用钢尺量
			设计桩径≥1000mm	桩径偏差（mm）≥0【W点】	用钢尺量
				垂直度偏差≤1/100【W点】	经纬仪测量
				桩位偏差（mm）≤100+0.01 桩基施工面至设计桩顶的距离【W点】	全站仪或用钢尺量
5		套管成孔灌注桩	设计桩径＜500mm	桩径偏差（mm）≥0【W点】	用钢尺量

序号	工序	检查（验）项目		检查要点及质量标准	检验方法及器具
5	灌注桩基础	套管成孔灌注桩	设计桩径＜500mm	垂直度偏差 ≤1/100【W点】	经纬仪测量
				桩位偏差（mm）≤70+0.01桩基施工面至设计桩顶的距离【W点】	全站仪或用钢尺量
				桩径偏差（mm）≥0【W点】	用钢尺量
			设计桩径≥500mm	垂直度偏差 ≤1/100【W点】	经纬仪测量
				桩位偏差（mm）≤100+0.01桩基施工面至设计桩顶的距离【W点】	全站仪或用钢尺量
6		干成孔灌注桩		桩径偏差（mm）≥0【W点】	用钢尺量
				垂直度偏差≤1/100【W点】	经纬仪测量
				桩位偏差（mm）≤70+0.01桩基施工面至设计桩顶的距离【W点】	全站仪或用钢尺量
7		人工挖孔桩		桩径偏差（mm）≥0【W点】	用钢尺量
				垂直度偏差≤1/200【W点】	经纬仪测量
				桩位偏差（mm）≤50+0.005桩基施工面至设计桩顶的距离【W点】	全站仪或用钢尺量
1	钢筋混凝土扩展基础	混凝土强度		不小于设计值【W点】	28天试块强度
2		轴线位置		≤15mm【W点】	经纬仪或用钢尺量
3		长（或宽）≤30m		±5mm【W点】	用钢尺量
4		30m＜长（或宽）≤60m		±10mm【W点】	
5		60m＜长（或宽）≤90m		±15mm【W点】	
6		长（或宽）＞90m		±20mm【W点】	
7		基础顶面标高		±15mm【W点】	水准测量

续表

序号	工序	检查（验）项目		检查要点及质量标准	检验方法及器具
1	筏形和箱形基础	混凝土强度		不小于设计值【W点】	28天试块强度
2		轴线位置		≤15mm【W点】	经纬仪或用钢尺量
3		基础顶面标高		±15mm【W点】	水准测量
4		平整度		±10mm	用2m靠尺
5		尺寸		+15～-10mm【W点】	用钢尺量
6		预埋件中心位置		≤10mm【H点】	用钢尺量
7		预留洞中心线位置		≤15mm【H点】	用钢尺量
1	钢筋混凝土预制桩（锤击预制桩）基础	承载力		不小于设计值【H点】	静载试验、高应变法等
2		桩身完整性		-【W点】	低应变法
3		成品桩质量		表面平整，颜色均匀，掉角深度小于10mm，蜂窝面积小于总面积的0.5%	查产品合格证
4		桩位		同预制桩（钢桩）基础【W点】	全站仪或用钢尺量
5		电焊条质量		设计要求【R点】	查产品合格证
6		接桩：焊缝质量	咬边深度	≤0.5mm	焊缝检查仪
			加强层高度	≤2mm	
			加强层宽度	≤3mm	
7		电焊结束后停歇时间		≥8min（CO_2 气体保护焊为3min）	用表计时
8		上下节平面偏差		≤10mm【W点】	用钢尺量
9		节点弯曲矢高		同桩体弯曲要求	用钢尺量
10		收锤标准		设计要求	用钢尺量或查沉桩记录
11		桩顶标高		±50mm	水准测量
12		垂直度		≤1/100【W点】	经纬仪测量

（5）钢筋混凝土工程。质量控制要点：

1）现浇混凝土结构：混凝土配合比、模板平整度、整体刚度与空间稳定性、钢筋连接、混凝土浇筑、沉降观测。

2）钢筋工程：原材料、钢筋制作、钢筋安装。

3）钢筋混凝土工程质量控制表见表4-6。

表4-6　　　　　　　　　　　钢筋混凝土工程质量控制表

序号	工序	检查（验）项目		检查要点及质量标准	检验方法及器具
1	预埋件和预留孔洞的安装允许偏差	预埋板中心线位置		3mm【W点】	尺量
2		预埋管、预留孔中心线位置		3mm【W点】	尺量
3		插筋	中心线位置	5mm【W点】	尺量
			外露长度	+10～0mm【W点】	
4		预埋螺栓	中心线位置	2mm【W点】	尺量
5			外露长度	+10～0mm【W点】	
6		预留洞	中心线位置	10mm【W点】	尺量
7			尺寸	+10～0mm【W点】	
1	现浇结构模板安装的允许偏差	轴线位置		5mm【H点】	尺量
2		底模上表面标高		±5mm【H点】	水准仪或拉线、尺量
3		模板内部尺寸	基础	±10mm【H点】	尺量
			柱、墙、梁	±5mm【H点】	
			楼梯相邻踏步高基	±5mm【H点】	
4		垂直度	柱、墙层高≤6m	8mm【H点】	经纬仪或吊绒、尺量
			柱、墙层高>6m	10mm【H点】	
5		相邻两块模板表面离卷		2mm【H点】	尺量
6		表面平整度		5mm【H点】	2m靠尺和塞尺量测
1	钢筋加工的允许偏差	受力钢筋沿长度方向的净尺寸		±10mm【W点】	尺量
2		弯起钢筋的曲折位置		±20mm【W点】	尺量
3		箍筋外廓尺寸		±5mm【W点】	尺量
1	钢筋安装允许偏差	绑扎钢筋网	长、宽	±10mm【W点】	尺量
			网眼尺寸	±20mm【W点】	尺量连续三档取最大偏差值
2		绑扎钢筋骨架	长	±10mm【W点】	尺量
			宽、高	±5mm【W点】	尺量

序号	工序	检查（验）项目			检查要点及质量标准	检验方法及器具
3	钢筋安装允许偏差	纵向受力钢筋	锚固长度		−20mm【H点】	尺量
			间距		±10mm【H点】	尺量两端、中间各一点，取最大偏差值
			排距		±5mm【H点】	
4		纵向受力钢筋、箍筋的混凝土保护层厚度	基础		±10mm【H点】	尺量
			柱、梁		±5mm【H点】	
			板、墙、壳		±3mm【H点】	
5		绑扎箍筋、横向钢筋间距			±20mm【W点】	尺量连续三档，取最大偏差值
6		钢筋弯起点位置			20mm【W点】	尺量，沿纵、横两个方向量测，并取其中偏差的较大值
7		预埋件	中心线位置		5mm【H点】	尺量
			水平高程		+3～0mm【H点】	塞尺量测
1	现浇结构位置、尺寸允许偏差	轴线位置	整体基础		15mm【W点】	经纬仪及尺量
			独立基础		10mm【W点】	经纬仪及尺量
			柱、墙、梁		8mm【W点】	尺量
2		垂直度	柱、墙层高	≤6m	10mm【W点】	经纬仪或吊线、尺量
				>6m	12mm【W点】	经纬仪或吊线、尺量
			全高（H）≤300m		$H/30000+20$mm【W点】	经纬仪、尺量
			全高（H）>300m		$H/10000$且≤80mm【W点】	经纬仪、尺量
3		标高	层高		±10mm【W点】	水准仪或拉线、尺量
			全高		±30mm【W点】	
4		截面尺寸	基础		+15～−10mm【W点】	尺量
			柱、梁、板、墙		+10～−5mm【W点】	
			楼梯相邻踏步高差		±6mm【W点】	
5		电梯井	中心位置		10mm【W点】	尺量
			长、宽尺寸		+25～0mm【W点】	

序号	工序	检查（验）项目		检查要点及质量标准	检验方法及器具
6	现浇结构位置、尺寸允许偏差	表面平整度		8mm	2m 靠尺和塞尺量测
7		预埋件中心位置	预埋板	10mm【H点】	尺量
			预埋螺栓	5mm【H点】	
			预埋管	5mm【H点】	
			其他	10mm【H点】	
8		预留洞、孔中心线位置		15mm【H点】	尺量
1	现浇设备基础位置和尺寸允许偏差	坐标位置		20mm【W点】	经纬仪及尺量
2		不同平面标高		0～-20mm【W点】	水准仪或拉线、尺量
3		平面外形尺寸		±20mm【W点】	尺量
4		凸台上平面外形尺寸		0～-2mm【W点】	尺量
5		凹槽尺寸		+20～0mm【W点】	尺量
6		平面水平度	每米	5mm【H点】	水平尺、塞尺量测
			全长	10mm【H点】	水准仪或拉线、尺量
7		垂直度	每米	5mm【W点】	经纬仪或吊线、尺量
			全高	10mm【W点】	经纬仪或吊线、尺量
8		预埋地脚螺栓	中心位置	2mm【H点】	尺量
			顶标高	+20～0mm【H点】	水准仪或拉线、尺量
			中心距	±2mm【H点】	尺量
			垂直度	5mm【H点】	吊线、尺量
9		预埋地脚螺栓孔	中心线位置	10mm【W点】	尺量
			截面尺寸	+20～0mm【H点】	尺量
			深度	+20～0mm【H点】	尺量
			垂直度	预埋地脚螺栓孔孔深/100 且≤10mm【H点】	吊线、尺量
10		预埋活动地脚螺栓锚板	中心线位置	5mm【H点】	尺量
			标高	+20～0mm【H点】	水准仪或拉线、尺量

序号	工序	检查（验）项目		检查要点及质量标准	检验方法及器具
10	现浇设备基础位置和尺寸允许偏差	预埋活动地脚螺栓锚板	带槽锚板平整度	5mm【H点】	直尺、塞尺量测
			带螺纹孔锚板平整度	2mm【H点】	直尺、塞尺量测

（6）砌体工程。质量控制要点：砂浆配合比、砌筑前排版、门窗标高控制、柱墙轴线位移、构造柱的设置、砂浆和灰缝饱满度、拉结筋及锚固、尺寸及位置、墙面垂直度、试块强度试验。

砌体结构工程质量控制表见表4-7。

表4-7　　　　　　　　　　　　砌体结构工程质量控制表

序号	工序	检查（验）项目			检查要点及质量标准	检验方法及器具
1	砖砌体尺寸、位置的允许偏差	轴线位移			10mm【W点】	用经纬仪和尺或用其他测量仪器检查
2		基础、墙、柱顶面标高			±15mm【W点】	用水准仪和尺检查
3		墙面垂直度	每层		5mm【W点】	用2m托线板检查
			全高	≤10m	10mm【W点】	用经纬仪、吊线和尺或其他测量仪器检查
				>10m	20mm【W点】	
4		表面平整度	清水墙、柱		5mm【W点】	用2m靠尺和楔形塞尺检查
			混水墙、柱		8mm【W点】	
5		水平灰缝平直度	清水墙		7mm	拉5m线和尺检查
			混水墙		10mm	
6		门窗洞口高、宽（后塞口）			±10mm	用尺检查
7		外墙上下窗口偏移			20mm【W点】	以底层窗口为准，用经纬仪或吊线检查
8		清水墙游丁走缝			20mm	以每层第一皮砖为准，用吊线和尺检查

序号	工序	检查（验）项目		检查要点及质量标准		检验方法及器具
9	石砌体尺寸、位置的允许偏差	轴线位置	毛石砌体	基础 20mm【W 点】		用经纬仪和尺检查，或用其他测量仪器检查
				墙 15mm【W 点】		
			毛料石	基础 20mm【W 点】		
				墙 15mm【W 点】		
			粗料石	基础 15mm【W 点】		
				墙 10mm【W 点】		
			细料石	墙、柱 10mm【W 点】		
10		基础和墙砌体顶面标高	毛石砌体	基础±25mm【W 点】		用水准仪和尺检查
				墙±15mm【W 点】		
			毛料石	基础±25mm【W 点】		
				墙±15mm【W 点】		
			粗料石	基础±15mm【W 点】		
				墙±15mm【W 点】		
			细料石	墙、柱±10mm【W 点】		
11		砌体厚度	毛石砌体	基础+30mm【W 点】		用尺检查
				墙+20～−10mm【W 点】		
			毛料石	基础+30mm 【W 点】		
				墙+20～−10mm【W 点】		
			粗料石	基础+15mm【W 点】		
				墙+10～−5mm【W 点】		
			细料石	墙、柱+10～−5mm【W 点】		
12		墙面垂直度	每层	毛石砌体	墙 20mm	用经纬仪、吊线和尺检查或用其他测量仪器检查
				毛料石	墙 20mm	
				粗料石	墙 10mm	
				细料石	墙、柱 7mm	
			全高	毛石砌体	墙 30mm【W 点】	
				毛料石	墙 30mm【W 点】	
				粗料石	墙 20mm【W 点】	

序号	工序	检查（验）项目	检查要点及质量标准			检验方法及器具
12	石砌体尺寸、位置的允许偏差	墙面垂直度	全高	细料石	墙、柱 10mm【W 点】	用经纬仪、吊线和尺检查或用其他测量仪器检查
13		表面平整度	清水墙、柱	毛料石	20mm	细料石用 2m 靠尺和楔形塞尺检查，其他用两直尺垂直于灰缝拉 2m 线和尺检查
				粗料石	10mm	
				细料石	15mm	
			混水墙、柱	毛料石	20mm	
				粗料石	15mm	
				细料石	—	
14		清水墙水平灰缝平直度		粗料石	15mm	拉 10m 线和尺检查
				细料石	10mm	
1	构造柱一般尺寸允许偏差	中心线位置		10mm【W 点】		用经纬仪和尺检查或用其他测量仪器检查
2		层间错位		8mm【W 点】		用经纬仪和尺检查或用其他测量仪器检查
3		垂直度	每层	10mm【W 点】		用 2m 托线板检查
			全高	≤10m	15mm【W 点】	用经纬仪、吊线和尺检查或用其他测量仪器检查
				>10m	20mm【W 点】	
1	钢筋安装位置的允许偏差	受力钢筋保护层厚度	网状配筋砌体	±10mm【W 点】		检查钢筋网成品，钢筋网放置位置局部剔缝观察，或用探针刺入灰缝内检查，或用钢筋位置测定仪测定
			组合砖砌体	±5mm【W 点】		支模前观察与尺量检查
			配筋小砌块砌体	±10mm【W 点】		浇筑灌孔混凝土前观察与尺量检查

序号	工序	检查（验）项目	检查要点及质量标准		检验方法及器具
2	钢筋安装位置的允许偏差	配筋小砌块砌体墙凹槽中水平钢筋间距	±10mm【W点】		钢尺量连续三档，取最大值
1	填充墙砌体尺寸、位置的允许偏差	轴线位移	10mm【W点】		用尺检查
2		垂直度（每层）	3m	5mm【W点】	用2m托线板或吊线、尺检查
			>3m	10mm【W点】	
3		表面平整度	8mm		用2m靠尺和楔形尺检查
4		门窗洞口高、宽（后塞口）	±10mm【W点】		用尺检查
5		外墙上、下窗口偏移	20mm		用经纬仪或吊线检查
1	填充墙砌体的砂浆饱满度	空心砖砌体	水平	≥80%【W点】	采用百格网检查块体底面或侧面砂浆的黏结痕迹面积
			垂直	填满砂浆，不得有透明缝、瞎缝、假缝【W点】	
2		蒸压加气混凝土砌块、轻骨料混凝土小型空心砌块砌体	水平	≥80%【W点】	
			垂直	≥80%【W点】	

（7）装饰装修工程。质量控制要点：

1）门窗工程：门扇开启灵活、密封性能、原材料质量、泄水孔数量、框与墙体间缝处理、框扇质量、室内环境检测、密封胶质量、安全防护。

2）装饰工程：环保材料的采用及室内空气质量检测、立面垂直度、表面平整度。

3）装饰装修工程质量控制表见表4-8。

表4-8　　　　　　　　　装饰装修工程质量控制表

序号	工序	检查（验）项目	检查要点及质量标准	检验方法及器具
1	一般抹灰的允许偏差	立面垂直度	普通抹灰：4mm 高级抹灰：3mm	用2m垂直检测尺检查
2		表面平整度	普通抹灰：4mm【W点】 高级抹灰：3mm【W点】	用2m靠尺和塞尺检查

序号	工序	检查（验）项目		检查要点及质量标准	检验方法及器具
3	一般抹灰的允许偏差	阴阳角方正		普通抹灰：4mm【W点】 高级抹灰：3mm【W点】	用 200mm 直角检测尺检查
4		分格条（缝）直线度		普通抹灰：4mm【W点】 高级抹灰：3mm【W点】	拉 5m 线，不足 5m 拉通线，用钢直尺检查
5		墙裙、勒脚上口直线度		普通抹灰：4mm 高级抹灰：3mm	拉 5m 线，不足 5m 拉通线，用钢直尺检查
1	平开木门窗安装的留缝限值、允许偏差	门窗框的正、侧面垂直度		2mm【W点】	用 1m 垂直检测尺检查
2		框与扇接缝高低差		1mm	用塞尺检查
		扇与扇接缝高低差		1mm	
3		门窗扇对口缝		1～4mm	用塞尺检查
4		工业厂房、围墙双扇大门对口缝		2～7mm	用塞尺检查
5		门窗扇与上框间留缝		1～3mm	用塞尺检查
6		门窗扇与合页侧框间留缝		1～3mm	用塞尺检查
7		室外门扇与锁侧框间留缝		1～3mm	用塞尺检查
8		门扇与下框间留缝		3～5mm	用塞尺检查
9		窗扇与下框间留缝		1～3mm	用塞尺检查
10		双层门窗内外框间距		4mm	用钢直尺检查
1	钢门窗安装的留缝限值、允许偏差	门窗槽口宽度、高度	≤1500mm	2mm【W点】	用钢卷尺检查
			>1500mm	3mm【W点】	
2		门窗槽口对角线长度差	≤2000mm	3mm【W点】	用钢卷尺检查
			>2000mm	4mm【W点】	
3		门窗框的正、侧面垂直度		3mm【W点】	用 1m 垂直检测尺检查
4		门窗横框的水平度		3mm	用 1m 水平尺和塞尺检查
5		门窗横框标高		5mm	用钢卷尺检查
6		门窗竖向偏离中心		4mm	用钢卷尺检查
7		双层门窗内外框间距		5mm	用钢卷尺检查

序号	工序	检查（验）项目		检查要点及质量标准	检验方法及器具
8	钢门窗安装的留缝限值、允许偏差	门窗框、扇配合间隙		2mm	用塞尺检查
9		平开门窗框扇搭接宽度	门	6mm	用钢直尺检查
			窗	4mm	
		推拉门窗框扇搭接宽度		6mm	
10		无下框时门扇与地面间留缝		4～8mm	用塞尺检查
1	铝合金门窗安装的允许偏差	门窗槽口宽度、高度	≤2000mm	2mm【W点】	用钢卷尺检查
			>2000mm	3mm【W点】	用钢卷尺检查
2		门窗槽口对角线长度差	≤2500mm	4mm【W点】	用钢卷尺检查
			>2500mm	5mm【W点】	
3		门窗框的正、侧面垂直度		2mm【W点】	用1m垂直检测尺检查
4		门窗横框的水平度		2mm	用1m水平尺和塞尺检查
5		门窗横框标高		5mm	用钢卷尺检查
6		门窗竖向偏离中心		5mm	用钢卷尺检查
7		双层门窗内外框间距		4mm	用钢卷尺检查
8		推拉门窗扇与框搭接宽度	门	2mm	用钢直尺检查
			窗	1mm	
1	自动门安装的允许偏差	上框、平梁水平度		推动：1mm　平开：1mm 折叠：1mm　旋转/【W点】	用1m水平尺和塞尺检查
2		上框、平梁直线度		推动：2mm　平开：2mm 折叠：2mm　旋转/【W点】	用钢直尺和塞尺检查
3		立框垂直度		推动：1mm　平开：1mm 折叠：1mm　旋转 1mm【W点】	用1m垂直检测尺检查
4		导轨和平梁平行度		推动：2mm　平开/ 折叠：2mm　旋转 2mm【W点】	用钢直尺检查
5		门框固定扇内侧对角线尺寸		推动：2mm　平开：2mm 折叠：2mm　旋转：2mm	用钢卷尺检查
6		活动扇与框、横梁、固定扇间隙差		推动：1mm　平开：1mm 折叠：1mm　旋转 1mm	用钢直尺检查

序号	工序	检查（验）项目		检查要点及质量标准	检验方法及器具
7	自动门安装的允许偏差	板材对接接缝平整度		推动：0.3mm　平开：0.3mm 折叠：0.3mm　旋转 0.3mm	用 2m 靠尺和塞尺检查
1	板块面层吊顶工程安装的允许偏差	表面平整度	石膏板	3mm【W 点】	用 2m 靠尺和塞尺检查
			金属板	2mm【W 点】	
			矿棉板	3mm【W 点】	
			木板、塑料板、玻璃板、复合板	2mm【W 点】	
2		接缝直线度	石膏板	3mm	拉 5m 线，不足 5m 拉通线，用钢直尺检查
			金属板	2mm	
			矿棉板	3mm	
			木板、塑料板、玻璃板、复合板	3mm	
3		接缝高低差	石膏板	1mm	用钢直尺和塞尺检查
			金属板	1mm	
			矿棉板	2mm	
			木板、塑料板、玻璃板、复合板	1mm	
1	墙面水性涂料涂饰工程的允许偏差	立面垂直度	薄涂料	普通涂饰：3mm 高级涂饰：2mm	用 2m 垂直检测尺检查
			厚涂料	普通涂饰：4mm 高级涂饰：3mm	
			复层涂料	5mm	
2		表面平整度	薄涂料	普通涂饰：3mm【W 点】 高级涂饰：2mm【W 点】	用 2m 靠尺和塞尺检查
			厚涂料	普通涂饰：4mm【W 点】 高级涂饰：3mm【W 点】	

序号	工序	检查（验）项目		检查要点及质量标准	检验方法及器具
2	墙面水性涂料涂饰工程的允许偏差	表面平整度	复层涂料	5mm【W点】	用2m靠尺和塞尺检查
3		阴阳角方正	薄涂料	普通涂饰：3mm【W点】 高级涂饰：2mm【W点】	用200mm直角检测尺检查
			厚涂料	普通涂饰：4mm【W点】 高级涂饰：3mm【W点】	
			复层涂料	4mm【W点】	
4		装饰线、分色线直线度	薄涂料	普通涂饰：2mm 高级涂饰：1mm	拉5m线，不足5m拉通线，用钢直尺检查
			厚涂料	普通涂饰：2mm 高级涂饰：1mm	
			复层涂料	3mm	
5		墙裙、勒脚上口直线度	薄涂料	普通涂饰：2mm 高级涂饰：1mm	拉5m线，不足5m拉通线，用钢直尺检查
			厚涂料	普通涂饰：2mm 高级涂饰：1mm	
			复层涂料	1mm	

（8）屋面工程。质量控制要点：

1）屋面工程：坡度、保护层厚度、保温层厚度、防水层与基层黏结、卷材施工、屋面排水，女儿墙、山墙及变形缝的泛水高度及附加层铺设、接地体。

2）防水工程：地下防水、防水层、防渗水试验。

屋面工程质量控制表见表4-9。

表4-9　　　　　　　　　　　屋面工程质量控制表

序号	工序	检查（验）项目	检查要点及质量标准	检验方法及器具
基层与保护工程				
1	找坡层和找平层	材料的质量及配合比	符合设计要求【R点】	检查出厂合格证、质量检验报告和计量措施
2		排水坡度	符合设计要求【W点】	坡度尺检查
3		抹平、压光	不得有疏松、起砂、起皮现象	观察

序号	工序	检查（验）项目	检查要点及质量标准	检验方法及器具
基层与保护工程				
4	找坡层和找平层	卷材防水层的基层与突出屋面结构的交接处，以及基层的转角处	找平层应做成圆弧形，且应整齐平顺【W点】	观察
5		找平层分格缝的宽度和间距	应符合设计要求【W点】	观察和尺量检查
6		找坡层表面平整度	7mm【W点】	2m靠尺和塞尺检查
7		找平层表面平整度	5mm【W点】	2m靠尺和塞尺检查
1	隔汽层	隔汽层所用材料的质量	符合设计要求【R点】	检查出厂合格证、质量检验报告和进场检验报告
2		隔汽层	不得有破损现象	观察检查
3		卷材隔汽层	应铺设平整，卷材搭接缝应黏结牢固，密封应严密，不得有扭曲、皱褶和起泡等缺陷【W点】	观察检查
4		涂膜隔汽层	应黏结牢固，表面平整，涂布均匀，不得有堆积、起泡和露底等缺陷【W点】	观察检查
1	保护层	保护层所用材料的质量及配合比	符合设计要求【R点】	检查出厂合格证、质量检验报告和计量措施
2		块体材料、水泥砂浆或细石混凝土保护层的强度等级	符合设计要求	检查块体材料、水泥砂浆或混凝土抗压强度试验报告
3		保护层的排水坡度	符合设计要求【W点】	坡度尺检查
4		块体材料保护层表面	表面应干净，接缝应平整，周边应顺直，镶嵌应正确，应无空鼓现象【W点】	小锤轻击和观察检查
5		水泥砂浆、细石混凝土保护层	不得有裂纹、脱皮、麻面和起砂等现象	观察检查
6		浅色涂料应与防水层连接	黏结牢固，厚薄应均匀，不得漏涂	观察检查
7		表面平整度	块体材料：4mm【W点】	2m靠尺和塞尺检查
8			水泥砂浆：4mm【W点】	

序号	工序	检查（验）项目	检查要点及质量标准	检验方法及器具
基层与保护工程				
9	保护层	表面平整度	细石混凝土：5mm【W点】	2m靠尺和塞尺检查
10		缝格平直	块体材料：3mm	拉线和尺量检查
11			水泥砂浆：3mm	
12			细石混凝土：3mm	
13		接缝高低差	1.5mm	直尺和塞尺检查
14		板块间隙宽度	2.0mm	尺量检查
15		保护层厚度	设计厚度的10%，且不得大于5mm【W点】	钢针插入和尺量检查
保温与隔热工程				
1	板状材料保温层	板状保温材料的质量	符合设计要求【R点】	检查出厂合格证、质量检验报告和进场检验报告
2		板状材料保温层的厚度	符合设计要求，其正偏差应不限，负偏差应为5%，且不得大于4mm【W点】	钢针插入和尺量检查
3		屋面热桥部位处理	符合设计要求	观察检查
4		板状保温材料铺设	应紧贴基层，应铺平垫稳，拼缝应严密，粘贴应牢固	观察检查
5		固定件的规格、数量和位置	符合设计要求；垫片应与保温层表面齐平【W点】	观察检查
6		表面平整度	5mm【W点】	直尺和塞尺检查
7		接缝高低差	2mm	直尺和塞尺检查
1	现浇泡沫混凝土保温层	现浇泡沫混凝土所用原材料的质量及配合比	符合设计要求【R点】	检查原材料出厂合格证、质量检验报告和计量措施
2		现浇泡沫混凝土保温层的厚度	应符合设计要求，其正负偏差应为5%，且不得大于5mm【W点】	钢针插入和尺量检查
3		屋面热桥部位处理	符合设计要求	观察检查
4		现浇泡沫混凝土施工	应分层施工，黏结应牢固，表面应平整，找坡应正确	观察检查
5		现浇泡沫混凝土外观	不得有贯通性裂缝，以及疏松、起砂、起皮现象	观察检查

序号	工序	检查（验）项目	检查要点及质量标准	检验方法及器具
保温与隔热工程				
6	现浇泡沫混凝土保温层	现浇泡沫混凝土保温层表面平整度	5mm【W点】	2m靠尺和塞尺检查
防水与密封工程				
1	卷材防水层	防水卷材及其配套材料的质量	符合设计要求【R点】	检查出厂合格证、质量检验报告和进场检验报告
2		卷材防水层	不得有渗漏和积水现象	雨后观察或淋水、蓄水试验
3		卷材防水层在檐口、檐沟、天沟、水落口、泛水、变形缝和伸出屋面管道的防水构造	符合设计要求	观察检查
4		卷材的搭接缝	黏结或焊接牢固，密封应严密，不得扭曲、皱褶和翘边【W点】	观察检查
5		卷材防水层的收头	应与基层黏结，钉压应牢固，密封应严密【W点】	观察检查
6		卷材防水层的铺贴方向	方向应正确，卷材搭接宽度的允许偏差为−10mm【W点】	观察和尺量检查
7		屋面排汽构造的排汽道	应纵、横贯通，不得堵塞；排汽管应安装牢固，位置应正确，封闭应严密	观察检查
1	涂膜防水层	防水涂料和胎体增强材料的质量	符合设计要求【R点】	检查出厂合格证、质量检验报告和进场检验报告
2		涂膜防水层	不得有渗漏和积水现象	雨后观察或淋水、蓄水试验
3		涂膜防水层在檐口、檐沟、天沟、水落口、泛水、变形缝和伸出屋面管道的防水构造	符合设计要求	观察检查
4		涂膜防水层的平均厚度	符合设计要求，且最小厚度不得小于设计厚度的80%【W点】	针测法或取样量测
5		涂膜防水层与基层连接	黏结牢固，表面应平整，涂布应均匀，不得有流淌、皱褶、起泡和露胎体等缺陷	观察检查

序号	工序	检查（验）项目	检查要点及质量标准	检验方法及器具
防水与密封工程				
6	涂膜防水层	涂膜防水层的收头	应用防水涂料多遍涂刷【W点】	观察检查
7		铺贴胎体增强材料	应平整顺直，搭接尺寸应准确，应排除气泡，并应与涂料黏结牢固；胎体增强材料搭接宽度的允许偏差为−10mm	观察和尺量检查
1	复合防水层	复合防水层所用防水材料及其配套材料的质量	符合设计要求【R点】	检查出厂合格证、质量检验报告和进场检验报告
2		复合防水层	不得有渗漏和积水现象	雨后观察或淋水、蓄水试验
3		复合防水层在天沟、檐沟、檐口、水落口、泛水、变形缝和伸出屋面管道的防水构造	符合设计要求	观察检查
4		卷材与涂膜连接	粘贴牢固，不得有空鼓和分层现象【W点】	观察检查
5		复合防水层的总厚度	符合设计要求【W点】	针测法或取样量测
1	接缝密封防水	密封材料及其配套材料的质量	符合设计要求【R点】	检查出厂合格证、质量检验报告和进场检验报告
2		密封材料嵌填	密实、连续、饱满，黏结牢固，不得有气泡、开裂、脱落等缺陷	观察检查
3		密封防水部位的基层	（1）基层应牢固，表面应平整、密实，不得有裂缝、蜂窝、麻面、起皮和起砂现象。 （2）基层应清洁、干燥，并应无油污、无灰尘。 （3）嵌入的背衬材料与接缝壁间不得留有空隙。 （4）密封防水部位的基层宜涂刷基层处理剂，涂刷应均匀，不得漏涂【W点】	观察检查
4		接缝宽度和密封材料的嵌填深度	符合设计要求，接缝宽度的允许偏差为±10%【W点】	尺量检查

序号	工序	检查（验）项目	检查要点及质量标准	检验方法及器具
防水与密封工程				
5	接缝密封防水	嵌填的密封材料	表面应平滑，缝边应顺直，应无明显不平和周边污染现象	观察检查
瓦面与板面工程				
1	烧结瓦和混凝土瓦铺装	瓦材及防水垫层的质量	符合设计要求【R点】	检查出厂合格证、质量检验报告和进场检验报告
2		烧结瓦、混凝土瓦屋面	不得有渗漏现象	雨后观察或淋水试验
3		瓦片铺置	必须牢固，在大风及地震设防地区或屋面坡度大于100%时，应按设计要求采取固定加强措施	观察或手扳检查
4		挂瓦条分档	分档均匀，铺钉应平整、牢固；瓦面应平整，行列应整齐，搭接应紧密，檐口应平直	观察检查
5		脊瓦应搭盖	搭盖正确，间距应均匀，封固应严密；正脊和斜脊应顺直，应无起伏现象【W点】	观察检查
6		泛水做法	符合设计要求，并应顺直整齐、结合严密	观察检查
7		烧结瓦和混凝土瓦铺装的有关尺寸	符合设计要求【W点】	尺量检查
细部构造工程				
1	檐口	檐口的防水构造	符合设计要求【W点】	观察检查
2		檐口的排水坡度	符合设计要求；檐口部位不得有渗漏和积水现象【W点】	坡度尺检查和雨后观察或淋水试验
3		檐口800mm范围内的卷材	应满粘	观察检查
4		卷材收头	应在找平层的凹槽内用金属压条钉压固定，并应用密封材料封严	观察检查
5		涂膜收头	应用防水涂料多遍涂刷	观察检查
6		檐口端部	应抹聚合物水泥砂浆，其下端应做成鹰嘴和滴水槽	观察检查

序号	工序	检查（验）项目	检查要点及质量标准	检验方法及器具
		细部构造工程		
1		檐沟、天沟的防水构造	符合设计要求【W点】	观察检查
2		檐沟、天沟的排水坡度	符合设计要求，沟内不得有渗漏和积水现象【W点】	坡度尺检查和雨后观察或淋水、蓄水试验
3	檐沟和天沟	檐沟、天沟附加层铺设	符合设计要求	观察和尺量检查
4		檐沟防水层	由沟底翻上至外侧顶部，卷材收头应用金属压条钉压固定，并应用密封材料封严；涂膜收头应用防水涂料多遍涂刷	观察检查
5		檐沟外侧顶部及侧面	均应抹聚合物水泥砂浆，其下端应做成鹰嘴或滴水槽	观察检查
1		女儿墙和山墙的防水构造	符合设计要求【W点】	观察检查
2		女儿墙和山墙的压顶	向内排水坡度不应小于5%，压顶内侧下端应做成鹰嘴或滴水槽	观察和坡度尺检查
3		女儿墙和山墙的根部	不得有渗漏和积水现象【W点】	雨后观察或淋水试验
4	女儿墙和山墙	女儿墙和山墙的泛水高度及附加层铺设	符合设计要求	观察和尺量检查
5		女儿墙和山墙的卷材	满粘，卷材收头应用金属压条钉压固定，并应用密封材料封严	观察检查
6		女儿墙和山墙的涂膜	直接涂刷至压顶下，涂膜收头应用防水涂料多遍涂刷	观察检查
1		水落口的防水构造	符合设计要求【W点】	观察检查
2		水落口杯上口	应设在沟底的最低处；水落口处不得有渗漏和积水现象【W点】	雨后观察或淋水、蓄水试验
3	水落口	水落口的数量和位置	符合设计要求，水落口杯应安装牢固	观察和手扳检查
4		水落口周围坡度	500mm范围内坡度不应小于5%，水落口周围的附加层铺设应符合设计要求	观察和尺量检查
5		防水层及附加层	伸入水落口杯内不应小于50mm，并应黏结牢固	观察和尺量检查
1	变形缝	变形缝的防水构造	符合设计要求【W点】	观察检查

续表

序号	工序	检查（验）项目	检查要点及质量标准	检验方法及器具
细部构造工程				
2	变形缝	变形缝	不得有渗漏和积水现象【W点】	雨后观察或淋水试验
3		变形缝的泛水高度及附加层铺设	符合设计要求	观察和尺量检查
4		防水层	应铺贴或涂刷至泛水墙的顶部【W点】	观察检查
5		等高变形缝	顶部宜加扣混凝土或金属盖板。混凝土盖板的接缝应用密封材料封严；金属盖板应铺钉牢固，搭接缝应顺流水方向，并应做好防锈处理	观察检查
6		高低跨变形缝在高跨墙面上的防水卷材封盖和金属盖板	应用金属压条钉压固定，并应用密封材料封严	观察检查
1	伸出屋面管道	伸出屋面管道的防水构造	符合设计要求【W点】	观察检查
2		伸出屋面管道根部	不得有渗漏和积水现象【W点】	雨后观察或淋水试验
3		伸出屋面管道的泛水高度及附加层铺设	符合设计要求	观察和尺量检查
4		伸出屋面管道周围的找平层	应抹出高度不小于 30mm 的排水坡	观察和尺量检查
5		卷材防水层收头	应用金属箍固定，并应用密封材料封严；涂膜防水层收头应用防水涂料多遍涂刷	观察检查
1	屋面出入口	屋面出入口的防水构造	符合设计要求【W点】	观察检查
2		屋面出入口	不得有渗漏和积水现象【W点】	雨后观察或淋水试验
3		屋面垂直出入口防水层	收头应压在压顶圈下，附加层铺设应符合设计要求	观察检查
4		屋面水平出入口防水层	收头应压在混凝土踏步下，附加层铺设和护墙应符合设计要求	观察检查
5		屋面出入口的泛水高度	不应小于 250mm	观察和尺量检查
1	反梁过水孔	反梁过水孔的防水构造	符合设计要求【W点】	观察检查
2		反梁过水孔	不得有渗漏和积水现象【W点】	雨后观察或淋水试验

序号	工序	检查（验）项目	检查要点及质量标准	检验方法及器具
细部构造工程				
3	反梁过水孔	反梁过水孔的孔底标高、孔洞尺寸或预埋管管径	符合设计要求	尺量检查
4		反梁过水孔的孔洞	四周应涂刷防水涂料；预埋管道两端周围与混凝土接触处应留凹槽，并应用密封材料封严	观察检查
1	设施基座	设施基座的防水构造	符合设计要求【W点】	观察检查
2		设施基座	不得有渗漏和积水现象【W点】	雨后观察或淋水试验
3		设施基座与结构层连接	防水层应包裹设施基座的上部，并应在地脚螺栓周围做密封处理	观察检查
4		设施基座直接放置在防水层上时	设施基座下部应增设附加层，必要时应在其上浇筑细石混凝土，其厚度不应小于50mm	观察检查
5		需经常维护的设施基座周围和屋面出入口至设施之间的人行道	应铺设块体材料或细石混凝土保护层	观察检查
1	屋脊	屋脊的防水构造	符合设计要求【W点】	观察检查
2		屋脊处	不得有渗漏现象【W点】	雨后观察或淋水试验
3		平脊和斜脊铺设	应顺直，应无起伏现象	观察检查
4		脊瓦	搭盖正确，间距应均匀，封固应严密	观察和手扳检查
1	屋顶窗	屋顶窗的防水构造	符合设计要求【W点】	观察检查
2		顶窗及其周围	不得有渗漏现象【W点】	雨后观察或淋水试验
3		屋顶窗	用金属排水板、窗框固定铁脚应与屋面连接牢固	观察检查
4		屋顶窗用窗口防水卷材	应铺贴平整，黏结应牢固	观察检查

（9）给排水工程。质量控制要点：管道安装、水压试验、通水试验、系统调试、试运行、安全阀、消防设施、报警装置联动系统测试。

建筑给水排水工程质量控制表见表 4-10。

表 4-10 建筑给水排水工程质量控制表

序号	工序	检查（验）项目	检查要点及质量标准	检验方法及器具
室内给水系统安装				
1	给水管道及配件安装	室内给水管道的水压试验	符合设计要求，当设计未注明时，各种材质的给水管道系统试验压力均为工作压力的1.5倍，但不得小于0.6MPa【H点】	金属及复合管给水管道系统在试验压力下观测10min，压力降不应大于0.02MPa，然后降到工作压力进行检查，应不渗不漏；塑料管给水系统应在试验压力下稳压1h，压力降不得超过0.05MPa，然后在工作压力的1.15倍状态下稳压2h，压力降不得超过0.03MPa，同时检查各连接处不得渗漏
2		给水系统交付	交付使用前必须进行通水试验，并做好记录【H点】	观察和开启阀门、水嘴等放水
3		生产给水系统管道交付	交付使用前必须冲洗和消毒，并经有关部门取样检验，符合国家《生活饮用水卫生标准》（GB 5749—2022）方可使用【H点】	检查有关部门提供的检测报告
4		室内直埋给水管道（塑料管道和复合管道除外）防腐处理	防腐层材质和结构应符合设计要求【W点】	观察或局部解剖检查
5		给水引入管与排水排出管的水平净距	不得小于1m，室内给水与排水管道平行敷设时，两管间的最小水平净距不得小于0.5m；交叉铺设时，垂直净距不得小于0.15m。给水管应铺在排水管上面，若给水管必须铺在排水管的下面时，给水管应加套管，其长度不得小于排水管管径的3倍	尺量检查
6		管道及管件焊接的焊缝表面质量	（1）焊缝外形尺寸应符合图纸和工艺文件的规定，焊缝高度不得低于母材表面，焊缝与母材应圆滑过渡。 （2）焊缝及热影响区表面应无裂纹、未熔合、未焊透、夹渣、弧坑和气孔等缺陷	观察检查

序号	工序	检查（验）项目			检查要点及质量标准	检验方法及器具
		室内给水系统安装				
7	给水管道及配件安装	给水水平管道			应有2%～5%的坡度坡向泄水装置	水平尺和尺量检查
8		管道的支、吊架安装			应平整牢固，其间距应符合规范要求【W点】	观察、尺量及手扳检查
9		水表安装			应安装在便于检修、不受曝晒、污染和冻结的地方。安装螺翼式水表，表前与阀门应有不小于8倍水表接口直径的直线管段。表外壳距墙表面净距为10～30mm；水表进水口中心标高按设计要求，允许偏差为±10mm	观察和尺量检查
1	管道和阀门安装的允许偏差	水平管道纵横方向弯曲	钢管		每米：1mm 全长25m以上：≤25mm	用水平尺、直尺、拉线和尺量检查
			塑料管复合管		每米：1.5mm 全长25m以上：≤25mm	
			铸铁管		每米：2mm 全长25m以上：≤25mm	
2		立管垂直度	钢管		每米：3mm 全长25m以上：≤8mm	吊线和尺量检查
			塑料管复合管		每米：2mm 全长25m以上：≤8mm	
			铸铁管		每米：3mm 全长25m以上：≤10mm	
3		成排管段和成排阀门	在同一平面上间距		3mm	尺量检查
1	室内消火栓系统安装	试射试验			室内消火栓系统安装完成后应取屋顶层（或水箱间内）试验消火栓和首层取二处消火栓做试射试验，达到设计要求为合格【H点】	实地试射检查
2		消火栓水龙带			水龙带与水枪和快速接头绑扎好后，应根据箱内构造将水龙带挂放在箱内的挂钉、托盘或支架上	观察检查

序号	工序	检查（验）项目			检查要点及质量标准	检验方法及器具
				室内给水系统安装		
3	室内消火栓系统安装	箱式消火栓的安装	栓口		朝外，并不应安装在门轴侧	观察和尺量检查
			栓口中心距地面		1.1m，允许偏差为±20mm	
			阀门中心距箱侧面		140mm，距箱后内表面为100mm，允许偏差为±5mm	
			箱体的垂直度		允许偏差为3mm	
1	给水设备安装	水泵就位前的基础混凝土强度、坐标、标高、尺寸和螺栓孔位置			符合设计规定【W点】	对照图纸用仪器和尺量检查
2		水泵试运转的轴承温升			符合设备说明书的规定	温度计实测检查
3		敞口水箱的满水试验和密闭水箱（罐）的水压试验			符合设计与规范的规定【W点】	满水试验静置24h观察，不渗不漏；水压试验在试验压力下10min压力不降，不渗不漏
4		水箱支架或底座安装			尺寸及位置应符合设计规定，埋设平整、牢固	对照图纸，尺量检查
5		水箱溢流管和泄放管			应设置在排水地点附近但不得与排水管直接连接	观察检查
6		立式水泵的减振装置			不应采用弹簧减振器	观察检查
7		静置设备	坐标		15mm【W点】	经纬仪或拉线、尺量
			标高		±5mm【W点】	用水准仪、拉线和尺量检查
			垂直度（每米）		5mm【W点】	吊线和尺量检查
8		离心式水泵	立式泵体垂直度（每米）		0.1mm【W点】	水平尺和塞尺检查

序号	工序	检查（验）项目		检查要点及质量标准		检验方法及器具
		室内给水系统安装				
8	给水设备安装	离心式水泵	卧式泵体水平度（每米）	0.1mm【W点】		水平尺和塞尺检查
			联轴器同心度	轴向倾斜（每米）	0.8mm【W点】	在联轴器互相垂直的4个位置上用水准仪、百分表或测微螺钉和塞尺检查
				径向位移	0.1mm【W点】	
		室内排水系统安装				
1	排水管道及配件安装	隐蔽或埋地的排水管道		隐蔽前必须做灌水试验，其灌水高度应不低于底层卫生器具的上边缘或底层地面高度【H点】		满水15min水面下降后，再灌满观察5min，液面不降，管道及接口无渗漏为合格
2		生活污水管道的坡度		符合设计或规范要求【W点】		水平尺、拉线尺量检查
3		排水塑料管		必须按设计要求及位置装设伸缩节。如设计无要求时，伸缩节间距不得大于4m		观察检查
4		高层建筑中明设排水塑料管		按设计要求设置阻火圈或防火套管		
5		排水主立管及水平干管		均应做通球试验，通球球径不小于排水管道管径的2/3，通球率必须达到100%		通球检查
6		在生活污水管道上设置的检查口或清扫口		符合设计要求，设计无规定时符合下列要求： （1）在立管上应每隔一层设置一个检查口，但在最底层和有卫生器具的最高层必须设置。如为两层建筑时，可仅在底层设置立管检查口；如有乙字弯管时，则在该层乙字弯管的上部设置检查口。检查口中心高度距操作地面一般为 1m，允许偏差为±20mm；检查口的朝向应便于检修。暗装立管，在检查口处应安装检修门。		观察和尺量检查

序号	工序	检查（验）项目	检查要点及质量标准	检验方法及器具
		室内排水系统安装		
6	排水管道及配件安装	在生活污水管道上设置的检查口或清扫口	（2）在连接 2 个及 2 个以上大便器或 3 个及 3 个以上卫生器具的污水横管上应设置清扫口。当污水管在楼板下悬吊敷设时，可将清扫口设在上一层楼地面上，污水管起点的清扫口与管道相垂直的墙面距离不得小于 200mm；若污水管起点设置堵头代替清扫口时，与墙面距离不得小于 400mm。 （3）在转角小于 135° 的污水横管上，应设置检查口或清扫口。 （4）污水横管的直线管段，应按设计要求的距离设置检查口或清扫口	观察和尺量检查
7		埋在地下或地板下的排水管道的检查口	应设在检查井内。井底表面标高与检查口的法兰相平，井底表面应有 5% 坡度，坡向检查口	观察和尺量检查
8		金属排水管道上的吊钩或卡箍	应固定在承重结构上。固定件间距：横管不大于 2m；立管不大于 3m。楼层高度小于或等于 4m，立管可安装 1 个固定件。立管底部的弯管处应设支墩或采取固定措施	观察和尺量检查
9		排水塑料管道支、吊架间距	符合设计与《建筑给水排水及采暖工程施工质量验收规范》（GB 50242）的相关规定	观察和尺量检查
		室外给水管网安装		
1	给水管道安装	敷设	（1）给水管道在埋地敷设时，应在当地的冰冻线以下，如必须在冰冻线以上铺设时，应做可靠的保温防潮措施。在无冰冻地区，埋地敷设时，管顶的覆土埋深不得小于 500mm，穿越道路部位的埋深不得小于 700mm。 （2）给水管道不得直接穿越污水井、化粪池、公共厕所等污染源	现场观察检查
2		管道接口法兰、卡扣、卡箍安装	应安装在检查井或地沟内，不应埋在土壤中【W 点】	观察检查
3		给水系统各种井室内的管道安装	符合设计要求，如设计无要求，井壁距法兰或承口的距离：管径小于或等于 450mm 时，不得小于 250mm；管径大于 450mm 时，不得小于 350mm	尺量检查

序号	工序	检查（验）项目	检查要点及质量标准	检验方法及器具
		室外给水管网安装		
4	给水管道安装	水压试验	管网必须进行水压试验，试验压力为工作压力的1.5倍，但不得小于0.6MPa【H点】	管材为钢管、铸铁管时，试验压力10min内压力降不应大于0.05MPa，然后降至工作压力进行检查，压力应保持不变，不渗不漏；管材为塑料管时，试验压力下，稳压1h压力降不大于0.05MPa，然后降至工作压力进行检查，压力应保持不变，不渗不漏
5		镀锌钢管、钢管的埋地防腐	符合设计要求，如设计无规定时，可按国家标准的相关规定执行。卷材与管材间应粘贴牢固，无空鼓、滑移、接口不严等【W点】	观察和切开防腐层检查
6		冲洗	给水管道在竣工后，必须对管道进行冲洗，饮用水管道还要在冲洗后进行消毒，满足饮用水卫生要求【H点】	观察冲洗水的浊度，查看有关部门提供的检验报告
7		管道的坐标、标高、坡度	符合设计要求，设计无要求时符合室外给水管道安装的允许偏差【W点】	水准仪或全站仪等测量
8		管道和金属支架的涂漆	附着良好，无脱皮、起泡、流淌和漏涂等缺陷	现场观察检查
9		管道连接	符合工艺要求，阀门、水表等安装位置应正确。塑料给水管道上的水表、阀门等设施其重量或启闭装置的扭矩不得作用于管道上，当管径≥50mm时必须设独立的支承装置【W点】	现场观察检查
10		给水管道与污水管道在不同标高平行敷设	垂直间距在500mm以内时，给水管管径小于或等于200mm的，管壁水平间距不得小于1.5m；管径大于200mm的，不得小于3m	观察和尺量检查
11		铸铁管承插捻口连接	对口间隙应不小于3mm，最大间隙不得大于《通风与空调工程施工质量验收规范》（GB 50243—2016）表9.2.12的规定	尺量检查

序号	工序	检查（验）项目		检查要点及质量标准	检验方法及器具
室外给水管网安装					
12	给水管道安装	铸铁管敷设		铸铁管沿直线敷设，承插捻口连接的环形间隙应符合《通风与空调工程施工质量验收规范》（GB 50243—2016）表 9.2.13 的规定；沿曲线敷设，每个接口允许有 2° 转角	尺量检查
13		捻口用的油麻填料		必须清洁，填塞后应捻实，其深度应占整个环型间隙深度的 1/3	观察和尺量检查
14		捻口用水泥		强度应不低于 32.5MPa，接口水泥应密实饱满，其接口水泥面凹入承口边缘的深度不得大于 2mm	观察和尺量检查
15		采用水泥捻口的给水铸铁管		在安装地点有侵蚀性的地下水时，应在接口处涂抹沥青防腐层	观察检查
16		采用橡胶圈接口的埋地给水管道		在土壤或地下水对橡胶圈有腐蚀的地段，在回填土前应用沥青胶泥、沥青麻丝或沥青锯末等材料封闭橡胶圈接口。橡胶圈接口的管道，每个接口的最大偏转角不得超过《通风与空调工程施工质量验收规范》（GB 50243—2016）表 9.2.17 的规定	观察和尺量检查
17		坐标	铸铁管	埋地：100mm【W 点】 敷设在沟槽内：50mm【W 点】	拉线和尺量检查
			钢管、塑料管、复合管	埋地：100mm【W 点】 敷设在沟槽内：40mm【W 点】	
18		标高	铸铁管	埋地：±50mm【W 点】 敷设在沟槽内：±30mm【W 点】	拉线和尺量检查
			钢管、塑料管、复合管	埋地：±50mm【W 点】 敷设在沟槽内：±30mm【W 点】	
19		水平管纵横向弯曲	铸铁管	直段（25m 以上）起点至终点：40mm	拉线和尺量检查
20			钢管、塑料管、复合管	直段（25m 以上）起点至终点：30mm	

序号	工序	检查（验）项目	检查要点及质量标准	检验方法及器具
室外给水管网安装				
1	消防水泵接合器及室外消火栓安装	水压试验	系统必须进行水压试验，试验压力为工作压力的1.5倍，但不得小于0.6MPa【H点】	试验压力下，10min内压力降不大于0.05MPa，然后降至工作压力进行检查，压力保持不变，不渗不漏
2		冲洗	消防管道在竣工前，必须对管道进行冲洗【H点】	观察冲洗出水的浊度
3		消防水泵接合器和消火栓的位置标志	位置标志应明显，栓口的位置应方便操作。消防水泵接合器和室外消火栓当采用墙壁式时，如设计未要求，进、出水栓口的中心安装高度距地面应为 1.10m，其上方应设有防坠落物打击的措施【W点】	观察和尺量检查
4		室外消火栓和消防水泵接合器的各项安装尺寸	符合设计要求，栓口安装高度允许偏差为±20mm【W点】	尺量检查
5		进、出水口	地下式消防水泵接合器顶部进水口或地下式消火栓的顶部出水口与消防井盖底面的距离不得大于400mm，井内应有足够的操作空间，并设爬梯。寒冷地区井内应做防冻保护	观察和尺量检查
6		消防水泵接合器的安全阀及止回阀安装	位置和方向正确，阀门启闭应灵活【W点】	现场观察和手扳检查
1	管沟及井室	管沟的基层处理和井室的地基	符合设计要求【W点】	现场观察检查
2		各类井室的井盖	符合设计要求，应有明显的文字标识，各种井盖不得混用	现场观察检查
3		设在通车路面下或小区道路下的各种井室	必须使用重型井圈和井盖，井盖上表面应与路面相平，允许偏差为±5mm。绿化带上和不通车的地方可采用轻型井圈和井盖，井盖的上表面应高出地坪 50mm，并在井口周围以 2%的坡度向外做水泥砂浆护坡	观察和尺量检查
4		重型铸铁或混凝土井圈	不得直接放在井室的砖墙上，砖墙上应做不少于 80mm 厚的细石混凝土垫层	观察和尺量检查

序号	工序	检查（验）项目	检查要点及质量标准	检验方法及器具
室外给水管网安装				
5	管沟及井室	管沟的坐标、位置、沟底标高	符合设计要求【W点】	观察、尺量检查
6		管沟的沟底层	应是原土层或是夯实的回填土，沟底应平整，坡度应顺畅，不得有尖硬的物体、块石等	观察检查
7		如沟基为岩石、不易清除的块石或为砾石层时	沟底应下挖 100～200mm，填铺细砂或粒径不大于 5mm 的细土，夯实到沟底标高后，方可进行管道敷设	观察和尺量检查
8		管沟回填土	管顶上部 200mm 以内应用砂子或无块石及冻土块的土，并不得用机械回填；管顶上部 500mm 以内不得回填直径大于 100mm 的块石和冻土块；500mm 以上部分回填土中的块石或冻土块不得集中。上部用机械回填时，机械不得在管沟上行走【W点】	观察和尺量检查
9		井室的砌筑	应按设计或给定的标准图施工。井室的底标高在地下水位以上时，基层应为素土夯实；在地下水位以下时，基层应打 100mm 厚的混凝土底板。砌筑应采用水泥砂浆，内表面抹灰后应严密不透水	观察和尺量检查
10		管道穿过井壁处	应用水泥砂浆分两次填塞严密、抹平，不得渗漏【W点】	观察检查
室外排水管网安装				
1	排水管道安装	坡度	符合设计要求，严禁无坡或倒坡	用水准仪、拉线和尺量检查
2		灌水试验和通水试验	管道埋设前必须做灌水试验和通水试验，排水应畅通、无堵塞，管接口无渗漏【H点】	按排水检查井分段试验，试验水头应以试验段上游管顶加 1m，时间不少于 30min，逐段观察
3		管道的坐标和标高	符合设计要求，安装的允许偏差应符合室外排水管网安装的允许偏差【W点】	—
4		排水铸铁管采用水泥捻口	油麻填塞应密实，接口水泥应密实饱满，其接口面凹入承口边缘且深度不得大于 2mm	观察和尺量检查

序号	工序	检查（验）项目		检查要点及质量标准	检验方法及器具
		室外排水管网安装			
5	排水管道安装	排水铸铁管外壁		安装前应除锈，涂两遍石油沥青漆	观察检查
6		承插接口的排水管道		管道和管件的承口应与水流方向相反	观察检查
7		混凝土管或钢筋混凝土管采用抹带接口		（1）抹带前应将管口的外壁凿毛、扫净，当管径小于或等于500mm时，抹带可一次完成；当管径大于500mm时，应分二次抹成，抹带不得有裂纹。 （2）钢丝网应在管道就位前放入下方，抹压砂浆时应将钢丝网抹压牢固，钢丝网不得外露。 （3）抹带厚度不得小于管壁的厚度，宽度宜为80～100mm	观察和尺量检查
8		坐标	埋地	100mm【W点】	拉线尺量
			敷设在沟槽内	50mm【W点】	
9		标高	埋地	±20mm【W点】	用水平仪、拉线和尺量
			敷设在沟槽内	±20mm【W点】	
10		水平管道纵横向弯曲	每5m长	10mm	拉线尺量
			全长（两井间）	30mm	
1	排水管沟及井池	沟基的处理和井池的底板强度		符合设计要求【W点】	现场观察和尺量检查，检查混凝土强度报告
2		排水检查井、化粪池的底板及进、出水管的标高		符合设计，其允许偏差为±15mm【W点】	用水准仪及尺量检查
3		井、池的规格、尺寸和位置		规格、尺寸和位置正确，砌筑和抹灰符合要求【W点】	观察及尺量检查
4		井盖		井盖选用应正确，标志应明显，标高应符合设计要求	观察、尺量检查

（10）通风与空调工程。质量控制要点：空调水管道系统水压试验，通风管道严密性，风口尺寸偏差，风口安装水平度、垂直度，防火阀、排烟阀（口）与墙面的距离，试运转与调试。

通风与空调质量控制表见表 4-11。

表 4-11 通风与空调质量控制表

序号	工序	检查（验）项目	检查要点及质量标准	检验方法及器具
风管与配件				
1	风管制作	所用的板材、型材以及其他主要材料	符合设计要求及国家现行标准的有关规定【R 点】	查验材料质量合格证明文件、性能检测报告
2		风管加工质量	风管加工质量应通过工艺性的检测或验证，强度和严密性要求应符合设计或《通风与空调工程施工质量验收规范》（GB 50243—2016）规定	观察、严密性测试
3		严密性测试	在工作压力下的风管允许漏风量应符合《通风与空调工程施工质量验收规范》（GB 50243—2016）的相关要求【W 点】。 试验压力应符合下列规定： （1）低压风管应为 1.5 倍的工作压力。 （2）中压风管应为 1.2 倍的工作压力，且不低于 750Pa。 （3）高压风管应为 1.2 倍的工作压力	风管在试验压力保持 5min 及以上时，接缝处应无开裂，整体结构应无永久性的变形及损伤
4		防火风管的本体、框架与固定材料、密封垫料等	必须采用不燃材料，防火风管的耐火极限时间应符合系统防火设计的规定	查阅材料质量合格证明文件和性能检测报告，观察检查与点燃试验
1	金属风管	材料品种、规格、性能与厚度	应符合设计要求。当风管厚度设计无要求时，应按《通风与空调工程施工质量验收规范》（GB 50243—2016）执行。风管板材厚度应符合《通风与空调工程施工质量验收规范》（GB 50243—2016）中表 4.2.3【R 点】	尺量、观察检查
2		金属风管的连接	（1）风管板材拼接的接缝应错开，不得有十字形拼接缝。 （2）金属圆形风管法兰及螺栓规格应符合《通风与空调工程施工质量验收规范》（GB 50243—2016）中表 4.2.3-4 的规定，金属矩形风管法兰及螺栓规格应符合《通风与空调工程施工质量验收规范》（GB 50243—2016）中表 4.2.3-5 的规定。微压、低压与中压系统风管法兰的螺栓及铆钉孔的孔距不得大于 150mm；高压系统风管不得大于 100mm。矩形风管法兰的四角部位应设有螺孔。	尺量、观察检查

序号	工序	检查（验）项目	检查要点及质量标准	检验方法及器具
风管与配件				
2	金属风管	金属风管的连接	（3）用于中压及以下压力系统风管的薄钢板法兰矩形风管的法兰高度，应大于或等于相同金属法兰风管的法兰高度。薄钢板法兰矩形风管不得用于高压风管	尺量、观察检查
3		金属风管的加固	（1）直咬缝圆形风管直径大于或等于800mm，且管段长度大于1250mm或总表面积大于4m² 时，均应采取加固措施。用于高压系统的螺旋风管，直径大于2000mm时应采取加固措施。 （2）矩形风管的边长大于630mm或矩形保温风管边长大于800mm、管段长度大于1250mm；或低压风管单边平面面积大于1.2m²，中、高压风管大于1.0m²，均应有加固措施。 （3）非规则椭圆形风管的加固应按（2）的规定执行	尺量、观察检查
1	非金属风管	材料品种、规格、性能与厚度等	应符合设计要求。当设计无厚度规定时，应按本规范执行【R点】	观察检查、尺量、查验材料质量证明书、产品合格证
2		硬聚氯乙烯风管的制作	（1）硬聚氯乙烯圆形风管板材厚度应符合《通风与空调工程施工质量验收规范》（GB 50243—2016）中表4.2.4-1的规定，硬聚氯乙烯矩形风管板材厚度应符合《通风与空调工程施工质量验收规范》（GB 50243—2016）中表4.2.4-2的规定。 （2）硬聚氯乙烯圆形风管法兰规格应符合《通风与空调工程施工质量验收规范》（GB 50243—2016）中表4.2.4-3的规定，硬聚氯乙烯矩形风管法兰规格应符合《通风与空调工程施工质量验收规范》（GB 50243—2016）中表4.2.4-4的规定。法兰螺孔的间距不得大于120mm。矩形风管法兰的四角处，应设有螺孔。 （3）当风管的直径或边长大于500mm时，风管与法兰的连接处应设加强板，且间距不得大于450mm	观察检查、尺量、查验材料质量证明书、产品合格证

续表

序号	工序	检查（验）项目	检查要点及质量标准	检验方法及器具
			风管与配件	
3	非金属风管	玻璃钢风管的制作	（1）微压、低压及中压系统有机玻璃钢风管板材厚度应符合《通风与空调工程施工质量验收规范》（GB 50243—2016）中表 4.2.4-5 的规定；无机玻璃钢（氯氧镁水泥）风管板材厚度应符合《通风与空调工程施工质量验收规范》（GB 50243—2016）中表 4.2.4-6 的规定；风管玻璃纤维布厚度与层数应符合《通风与空调工程施工质量验收规范》（GB 50243—2016）中表 4.2.4-7 的规定，且不得采用高碱玻璃纤维布。风管表面不得出现泛卤及严重泛霜。 （2）玻璃钢风管法兰的规格应符合《通风与空调工程施工质量验收规范》（GB 50243—2016）中表 4.2.4-8 的规定，螺栓孔的间距不得大于 120mm。矩形风管法兰的四角处应设有螺孔。 （3）当采用套管连接时，套管厚度不得小于风管板材厚度。 （4）玻璃钢风管的加固应为本体材料或防腐性能相同的材料，加固件应与风管成为整体	观察检查、尺量、查验材料质量证明书、产品合格证
4		砖、混凝土建筑风道的伸缩缝	应符合设计要求，不应有渗水和漏风	观察检查、尺量、查验材料质量证明书、产品合格证
5		织物布风管	应具有相应符合国家现行标准的规定，并应符合卫生与消防的要求	观察检查、尺量、查验材料质量证明书、产品合格证
			风管部件	
1	风管部件材料	材料的品种、规格和性能	符合设计要求【R 点】	观察、尺量、检查产品合格证明文件
2		外购风管部件成品的性能参数	符合设计及相关技术文件的要求【R 点】	观察检查、检查产品技术文件
3		成品风阀	（1）风阀应设有开度指示装置，并应能准确反映阀片开度。 （2）手动风量调节阀的手轮或手柄应以顺时针方向转动为关闭。	观察、尺量、手动操作、查阅测试报告

序号	工序	检查（验）项目	检查要点及质量标准	检验方法及器具
		风管部件		
3		成品风阀	（3）电动、气动调节阀的驱动执行装置，动作应可靠，且在最大工作压力下工作应正常。 （4）净化空调系统的风阀，活动件、固定件以及紧固件均应采取防腐措施，风阀叶片主轴与阀体轴套配合应严密，且应采取密封措施。 （5）工作压力大于 1000Pa 的调节风阀，生产厂应提供在 1.5 倍工作压力下能自由开关的强度测试合格的证书或试验报告。 （6）密闭阀应能严密关闭，漏风量应符合设计要求	观察、尺量、手动操作、查阅测试报告
4	风管部件材料	防火阀、排烟阀或排烟口	符合《建筑通风和排烟系统用防火阀门》（GB 15930—2017）的有关规定，并应具有相应的产品合格证明文件	观察、尺量、手动操作，查阅产品质量证明文件
		防爆系统风阀	制作材料应符合设计要求，不得替换	观察检查、尺量检查、检查材料质量证明文件
5		消声器、消声弯管	（1）消声器的类别、消声性能及空气阻力应符合设计要求和产品技术文件的规定。 （2）矩形消声弯管平面边长大于800mm 时，应设置吸声导流片。 （3）消声器内消声材料的织物覆面层应平整，不应有破损，并应顺气流方向进行搭接。 （4）消声器内的织物覆面层应有保护层，保护层应采用不易锈蚀的材料，不得使用普通铁丝网。当使用穿孔板保护层时，穿孔率应大于20%。 （5）净化空调系统消声器内的覆面材料应采用尼龙布等不易产尘的材料。 （6）微穿孔（缝）消声器的孔径或孔缝、穿孔率及板材厚度应符合产品设计要求，综合消声量应符合产品技术文件要求	观察、尺量、查阅性能检测报告和产品质量合格证
6		防排烟系统的柔性短管	必须采用不燃材料	观察检查、检查材料燃烧性能检测报告
1	风管部件制作	风管部件活动机构	动作应灵活，制动和定位装置动作应可靠，法兰规格应与相连风管法兰相匹配	观察检查、手动操作、尺量检查

序号	工序	检查（验）项目	检查要点及质量标准	检验方法及器具
			风管部件	
2	风管部件制作	风阀的制作	（1）单叶风阀的结构应牢固，启闭应灵活，关闭应严密，与阀体的间隙应小于2mm。多叶风阀开启时，不应有明显的松动现象；关闭时，叶片的搭接应贴合一致。截面积大于1.2m²的多叶风阀应实施分组调节。 （2）止回阀阀片的转轴、铰链采用耐锈蚀材料。阀片在最大负荷压力下不应弯曲变形，启闭应灵活，关闭应严密。水平安装的止回阀应有平衡调节机构。 （3）三通调节风阀的手柄转轴或拉杆与风管（阀体）的结合处应严密，阀板不得与风管相碰擦，调节应方便，手柄与阀片应处于同一转角位置，拉杆可在操控范围内作定位固定。 （4）插板风阀的阀体应严密，内壁应做防腐处理。插板应平整，启闭应灵活，并应有定位固定装置。斜插板风阀阀体的上、下接管应成直线。 （5）定风量风阀的风量恒定范围和精度应符合工程设计及产品技术文件要求。 （6）风阀法兰尺寸允许偏差应符合《通风与空调工程施工质量验收规范》（GB 50243—2016）中表5.3.2的规定	观察检查、手动操作、尺量检查
3		风罩的制作	（1）风罩的结构应牢固，形状应规则，表面应平整、光滑，转角处弧度应均匀，外壳不得有尖锐的边角。 （2）与风管连接的法兰应与风管法兰相匹配。 （3）厨房排烟罩下部集水槽应严密不漏水，并应坡向排放口。罩内安装的过滤器应便于拆卸和清洗。 （4）槽边侧吸罩、条缝抽风罩的尺寸应正确，吸口应平整。罩口加强板间距应均匀	观察检查、手动操作、尺量检查
4		风帽的制作	（1）风帽的结构应牢固，形状应规则，表面应平整。 （2）与风管连接的法兰应与风管法兰相匹配。	观察检查、手动操作、尺量检查

序号	工序	检查（验）项目	检查要点及质量标准	检验方法及器具
			风管部件	
4		风帽的制作	（3）伞形风帽伞盖的边缘应采取加固措施，各支撑的高度尺寸应一致。 （4）锥形风帽内外锥体的中心应同心，锥体组合的连接缝应顺水，下部排水口应畅通。 （5）筒形风帽外筒体的上下沿口应采取加固措施，不圆度不应大于直径的2%。伞盖边缘与外筒体的距离应一致，挡风圈的位置应准确。 （6）旋流型屋顶自然通风器的外形应规整，转动应平稳、流畅，且不应有碰擦声。	观察检查、手动操作、尺量检查
5	风管部件制作	风口的制作	（1）风口的结构应牢固，形状应规则，外表装饰面应平整。 （2）风口的叶片或扩散环的分布应匀称。 （3）风口各部位的颜色应一致，不应有明显的划伤和压痕。调节机构应转动灵活、定位可靠。 （4）风口应以颈部的外径或外边长尺寸为准，风口颈部尺寸允许偏差应符合《通风与空调工程施工质量验收规范》（GB 50243—2016）中表5.3.5的规定	观察检查、手动操作、尺量检查
6		消声器和消声静压箱的制作	（1）消声材料的材质应符合工程设计的规定，外壳应牢固严密，不得漏风。 （2）阻性消声器充填的消声材料，体积密度应符合设计要求，铺设应均匀，并应采取防止下沉的措施。片式阻性消声器消声片的材质、厚度及片距，应符合产品技术文件要求。 （3）现场组装的消声室（段），消声片的结构、数量、片距及固定应符合设计要求。 （4）阻抗复式、微穿孔（缝）板式消声器的隔板与壁板的结合处应紧贴严密；板面应平整、无毛刺，孔径（缝宽）和穿孔（开缝）率和共振腔的尺寸应符合国家现行标准的有关规定。 （5）消声器与消声静压箱接口应与相连接的风管相匹配，尺寸的允许偏差应符合本规范《通风与空调工程施工质量验收规范》（GB 50243—2016）中表5.3.2的规定	观察检查、尺量检查、查验材质证明书

序号	工序	检查（验）项目	检查要点及质量标准	检验方法及器具
		风管部件		
7	风管部件制作	柔性短管的制作	（1）外径或外边长应与风管尺寸相匹配。 （2）应采用抗腐、防潮、不透气及不易霉变的柔性材料。 （3）用于净化空调系统的还应是内壁光滑、不易产生尘埃的材料。 （4）柔性短管的长度宜为 150～250mm，接缝的缝制或粘接应牢固、可靠，不应有开裂；成型短管应平整，无扭曲等现象。 （5）柔性短管不应为异径连接管，矩形柔性短管与风管连接不得采用抱箍固定的形式。 （6）柔性短管与法兰组装宜采用压板铆接连接，铆钉间距宜为 60～80mm	观察检查、尺量检查
8		过滤器的过滤材料与框架连接	应紧密牢固，安装方向应正确	观察检查、手动操作
9		风管内电加热器的加热管与外框及管壁的连接	应牢固可靠，绝缘良好，金属外壳应与 PE 线可靠连接	观察检查、手动操作
10		检查门	检查门应平整，启闭应灵活，关闭应严密，与风管或空气处理室的连接处应采取密封措施，且不应有可察觉渗漏点。净化空调系统风管检查门的密封垫料，应采用成型密封胶带或软橡胶条	观察检查、手动操作
		风管系统安装		
1	风管系统安装	严密性检验	风管系统安装后应进行严密性检验，合格后方能交付下道工序。风管系统严密性检验应以主、干管为主，并应符合《通风与空调工程施工质量验收规范》（GB 50243—2016）中附录 C 的规定【H 点】	现场试验
2		风管系统支、吊架	（1）预埋件位置应正确、牢固可靠，埋入部分应去除油污，且不得涂漆。 （2）风管系统支、吊架的形式和规格应按工程实际情况选用。 （3）风管直径大于 2000mm 或边长大于 2500mm 风管的支、吊架的安装要求，应按设计要求执行	查看设计图、尺量、观察检查
3		当风管穿过需要封闭的防火、防爆的墙体或楼板时	必须设置厚度不小于 1.6mm 的钢制防护套管，风管与防护套管之间应采用不燃柔性材料封堵严密	尺量、观察检查

续表

序号	工序	检查（验）项目	检查要点及质量标准	检验方法及器具
		风管系统安装		
4	风管系统安装	风管安装	（1）风管内严禁其他管线穿越。 （2）输送含有易燃、易爆气体或安装在易燃、易爆环境的风管系统必须设置可靠的防静电接地装置。 （3）输送含有易燃、易爆气体的风管系统通过生活区或其他辅助生产房间时不得设置接口。 （4）室外风管系统的拉索等金属固定件严禁与避雷针或避雷网连接	尺量、观察检查
5		净化空调系统风管的安装	（1）在安装前风管、静压箱及其他部件的内表面应擦拭干净，且应无油污和浮尘。当施工停顿或完毕时，端口应封堵。 （2）法兰垫料应采用不产尘、不易老化，且具有强度和弹性的材料，厚度应为5~8mm，不得采用乳胶海绵。法兰垫片宜减少拼接，且不得采用直缝对接连接，不得在垫料表面涂刷涂料。 （3）风管穿过洁净室（区）吊顶、隔墙等围护结构时，应采取可靠的密封措施	观察、用白绸布擦拭
6		集中式真空吸尘系统的安装	（1）安装在洁净室（区）内真空吸尘系统所采用的材料应与所在洁净室（区）具有相容性。 （2）真空吸尘系统的接口应牢固装设在墙或地板上，并应设有盖帽。 （3）真空吸尘系统弯管的曲率半径不应小于4倍管径，且不得采用褶皱弯管。 （4）真空吸尘系统三通的夹角不得大于45°，支管不得采用四通连接。 （5）集中式真空吸尘机组的安装，应符合《机械设备安装工程施工及验收通用规范》（GB 50231）的有关规定	尺量、观察检查
7		风管部件的安装	（1）风管部件及操动机构的安装应便于操作。 （2）斜插板风阀安装时，阀板应顺气流方向插入；水平安装时，阀板应向上开启。 （3）止回阀、定风量阀的安装方向应正确。	吊垂、手扳、尺量、观察检查

续表

序号	工序	检查（验）项目	检查要点及质量标准	检验方法及器具
风管系统安装				
7	风管系统安装	风管部件的安装	（4）防爆波活门、防爆超压排气活门安装时，穿墙管的法兰和在轴线视线上的杠杆应铅垂，活门开启应朝向排气方向，在设计的超压下能自动启闭。关闭后，阀盘与密封圈贴合应严密。 （5）防火阀、排烟阀（口）的安装位置、方向应正确。位于防火分区隔墙两侧的防火阀，距墙表面不应大于200mm	吊垂、手扳、尺量、观察检查
8		风口的安装位置	符合设计要求，风口或结构风口与风管的连接应严密牢固，不应存在可察觉的漏风点或部位，风口与装饰面贴合应紧密。X射线发射房间的送、排风口应采取防止射线外泄的措施【W点】	观察检查
风机与空气处理设备安装				
1	风机与空气处理设备	出厂资料	应附带装箱清单、设备说明书、产品质量合格证书和性能检测报告等随机文件，进口设备还应具有商检合格的证明文件。【R点】	查验资料
2	通风机安装	叶轮转子	叶轮转子与机壳的组装位置应正确。叶轮进风口插入风机机壳进风口或密封圈的深度应符合设备技术文件要求或应为叶轮直径的1/100	尺量、观察或查阅施工记录
3		轴流风机	轴流风机的叶轮与筒体之间的间隙应均匀，安装水平偏差和垂直度偏差均不应大于1‰	
4		减振器	安装位置应正确，各组或各个减振器承受荷载的压缩量应均匀一致，偏差应小于2mm	
5		风机的减振钢支、吊架	结构形式和外形尺寸应符合设计或设备技术文件的要求。焊接应牢固，焊缝外部质量应符合《通风与空调工程施工质量验收规范》（GB 50243—2016）的相关规定	
6		风机的进、出口	不得承受外加的重量，相连接的风管、阀件应设置独立的支、吊架	
7		通风机传动装置	外露部位以及直通大气的进、出风口，必须装设防护罩、防护网或采取其他安全防护措施	依据设计图纸核对，观察检查

序号	工序	检查（验）项目	检查要点及质量标准	检验方法及器具
风机与空气处理设备安装				
1	通风机安装允许偏差	中心线的平面位移	10mm	经纬仪或拉线和尺量检查
2		标高	±10mm	水准仪或水平仪、直尺、拉线和尺量检查面拉线和尺量检查
3		皮带轮轮宽中心平面偏移	1mm	在主、从动皮带轮端
4		传动轴水平度	纵向 0.2‰；横向 0.3‰	在轴或皮带轮 0°和 180°的两个位置上，用水平仪检查
5		联轴器	两轴芯径向位移：0.05mm	采用百分表圆周法或塞尺四点法检查验证
			两轴线倾斜：0.2‰	
1	风机及风机箱的安装	产品的性能、技术参数	应符合设计要求，出口方向应正确【R 点】	依据设计图纸核对、盘动、观察检查
2		叶轮	旋转应平稳，每次停转后不应停留在同一位置上	
3		设备固定	固定设备的地脚螺栓应紧固，并应采取防松动措施	
4		落地安装时	应按设计要求设置减振装置，并应采取防止设备水平位移的措施	
5		悬挂安装时	吊架及减振装置应符合设计及产品技术文件的要求	
1	单元式与组合式空气处理设备的安装	产品的性能、技术参数和接口方向	符合设计要求【R 点】	依据设计图纸核对、查阅测试记录
2		现场组装的组合式空调机组	应按《组合式空调机组》（GB/T 14294—2008）的有关规定进行漏风量的检测。通用机组在 700Pa 静压下，漏风率不应大于 2%；净化空调系统机组在 1000Pa 静压下，漏风率不应大于 1%	
3		减振支座或支、吊架	应按设计要求设置减振支座或支、吊架，承重量应符合设计及产品技术文件的要求	

序号	工序	检查（验）项目	检查要点及质量标准	检验方法及器具
		空调用冷（热）源与辅助设备安装		
1	制冷机组及附属设备的安装	产品的性能及技术参数	应符合设计要求，并应具有产品合格证书、产品性能检验报告【R点】	观察、核对设备型号、规格；查阅产品质量合格证书、性能检验报告和施工记录
2		基础	设备的混凝土基础应进行质量交接验收，且应验收合格【W点】	
3		设备安装的位置、标高和管口方向	应符合设计要求，采用地脚螺栓固定的制冷设备或附属设备、垫铁的放置位置应正确，接触应紧密，每组垫铁不应超过3块；螺栓应紧固，并应采取防松动措施【W点】	
4		制冷剂管道系统	应按设计要求或产品要求进行强度、气密性及真空试验，且应试验合格	观察、旁站、查阅试验记录
5		直接膨胀蒸发式冷却器	表面应保持清洁、完整，空气与制冷剂应呈逆向流动；冷却器四周的缝隙应堵严，冷凝水排放应畅通	观察检查
6		燃油管道系统	必须设置可靠的防静电接地装置	观察、查阅试验记录
7		燃气管道的安装	（1）燃气系统管道与机组的连接不得使用非金属软管。 （2）当燃气供气管道压力大于5kPa时，焊缝无损检测应按设计要求执行；当设计无规定时，应对全部焊缝进行无损检测并合格。 （3）燃气管道吹扫和压力试验的介质应采用空气或氮气，严禁采用水	观察、查阅压力试验与无损检测报告
8		燃油系统油泵和蓄冷系统载冷剂泵	纵、横向水平度允许偏差应为1%，联轴器两轴芯轴向倾斜允许偏差应为0.2‰，径向允许位移不应大于0.05mm	尺量、观察检查
9		组装式的制冷机组和现场充注制冷剂的机组	应进行系统管路吹污、气密性试验、真空试验和充注制冷剂检漏试验，技术数据应符合产品技术文件和国家现行标准的有关规定	旁站观察，查阅试验及试运行记录
1	设备与附属设备安装允许偏差	平面位置	10mm	经纬仪或拉线或尺量检查
2		标高	±10mm	水准仪或经纬仪、拉线和尺量检查
3		水平度或垂直度	1‰	水准仪、经纬仪、拉线和尺量检查，查阅安装记录
4		减振器的压缩量	应均匀一致，且偏差不应大于2mm	

序号	工序	检查（验）项目	检查要点及质量标准	检验方法及器具
空调用冷（热）源与辅助设备安装				
5	设备与附属设备安装允许偏差	冷热源与辅助设备的安装位置	满足设备操作及维修的空间要求，四周应有排水设施	水准仪、经纬仪、拉线和尺量检查，查阅安装记录
1	蒸汽压缩式制冷系统管道、管件和阀门的安装	管道、管件和阀门的类别、材质、管径、壁厚及工作压力等	符合设计要求，并应具有产品合格证书、产品性能检验报告【R点】	核查合格证明文件，观察、尺量，查阅测量、调试校核记录
2		密封材料	法兰、螺纹等处的密封材料应与管内的介质性能相适应	
3		制冷循环系统的液管	不得向上装成"Ω"形；除特殊回油管外，气管不得向下装成"V"形；液体支管引出时，必须从干管底部或侧面接出；气体支管引出时，应从干管顶部或侧面接出；有两根以上的支管从干管引出时，连接部位应错开，间距不应小于2倍支管直径，且不应小于200mm	
4		管道与机组连接	应在管道吹扫、清洁合格后进行。与机组连接的管路上应按设计要求及产品技术文件的要求安装过滤器、阀门、部件、仪表等，位置应正确，排列应规整；管道应设独立的支吊架；压力表距阀门位置不宜小于200mm	
5		制冷设备与附属设备之间制冷剂管道的连接	制冷剂管道坡度、坡向应符合设计及设备技术文件的要求。当设计无要求时，应符合《通风与空调工程施工质量验收规范》（GB 50243—2016）中表8.2.7的规定	
6		安全阀校核	运行前，应对安全阀进行调试校核，开启和回座压力应符合设备技术文件要求	
7		系统多余的制冷剂	不得向大气直接排放，应采用回收装置进行回收	
1	制冷剂管道、管件的安装	管道、管件	内外壁应清洁、干燥，连接制冷机的吸、排气管道应设独立支架；管径小于或等于40mm的铜管道，在与阀门连接处应设置支架。水平管道支架的间距不应大于1.5m，垂直管道不应大于2.0m；管道上、下平行敷设时，吸气管应在下方	尺量、观察检查

序号	工序	检查（验）项目	检查要点及质量标准	检验方法及器具
		空调用冷（热）源与辅助设备安装		
2	制冷剂管道、管件的安装	弯管的弯曲半径	弯曲半径不应小于 3.5 倍管道直径，最大外径与最小外径之差不应大于 8% 的管道直径，且不应使用焊接弯管及皱褶弯管	尺量、观察检查
3		分支管	应按介质流向弯成 90°与主管连接，不宜使用弯曲半径小于 1.5 倍管道直径的压制弯管	
4		铜管切口	应平整，不得有毛刺、凹凸等缺陷，切口允许倾斜偏差应为管径的 1%；管扩口应保持同心，不得有开裂及皱褶，并应有良好的密封面	
5		铜管连接	采用承插钎焊焊接连接时，承插口深度应符合《通风与空调工程施工质量验收规范》（GB 50243—2016）中表 8.3.3 的规定，承口应迎着介质流动方向。当采用套管钎焊焊接连接时，插接深度不应小于《通风与空调工程施工质量验收规范》（GB 50243—2016）中表 8.3.3 中最小承插连接的规定；当采用对接焊接时，管道内壁应齐平，错边量不应大于 10%的壁厚，且不大于 1mm	
6		管道穿越墙体或楼板时	应加装套管；管道的支吊架和钢管的焊接应按本《通风与空调工程施工质量验收规范》（GB 50243—2016）中第 9 章的规定执行	
1	制冷剂系统阀门	阀门强度和严密性试验	强度试验压力应为阀门公称压力的 1.5 倍，时间不得少于 5min；严密性试验压力应为阀门公称压力的 1.1 倍，持续时间 30s 不漏为合格	尺量、观察检查、旁站或查阅试验记录
2		安装位置、方向和高度	阀体应清洁、干燥，不得有锈蚀，安装位置、方向和高度应符合设计要求【W 点】	
3		阀门手柄	水平管道上阀门的手柄不应向下，垂直管道上阀门的手柄应便于操作	
4		自控阀门安装的位置	应符合设计要求。电磁阀、调节阀、热力膨胀阀、升降式止回阀等的阀头均应向上；热力膨胀阀的安装位置应高于感温包，感温包应装在蒸发器出口处的回气管上，与管道应接触良好、绑扎紧密	

序号	工序	检查（验）项目	检查要点及质量标准	检验方法及器具
空调用冷（热）源与辅助设备安装				
5	制冷剂系统阀门	安全阀	应垂直安装在便于检修的位置，排气管的出口应朝向安全地带，排液管应装在泄水管上	尺量、观察检查、旁站或查阅试验记录
6		制冷系统的吹扫排污	采用压力为 0.5～0.6MPa（表压）的干燥压缩空气或氮气，应以白色（布）标识靶检查 5min，目测无污物为合格。系统吹扫干净后，系统中阀门的阀芯拆下清洗应干净	
1	多联机空调系统的安装	性能、技术参数	符合设计要求，并应具有出厂合格证、产品性能检验报告【R点】	旁站、观察检查和查阅试验记录
2		安装位置、高度	应符合设计及产品技术的要求，固定应可靠。室外机的通风条件应良好	
3		制冷剂	应根据工程管路系统的实际情况，通过计算后进行充注	
4		接地	安装在户外的室外机组应可靠接地，并应采取防雷保护措施	
5		室外机的通风	通风应通畅，不应有短路现象，运行时不应有异常噪声。当多台机组集中安装时，不应影响相邻机组的正常运行	尺量、观察检查
6		室外机安装	应安装在设计专用平台上，并应采取减振与防止紧固螺栓松动的措施	
7		风管式室内机的送、回风口之间	不应形成气流短路，风口安装应平整，且应与装饰线条相一致	
8		室内外机组间冷媒管道的布置	应采用合理的短捷路线，并应排列整齐	
1	空气源热泵机组的安装	性能、技术参数	符合设计要求，并应具有出厂合格证、产品性能检验报告【R点】	旁站、观察和查阅产品性能检验报告
2		接地和防雷措施	机组应有可靠的接地和防雷措施，与基础间的减振应符合设计要求	
3		水力开关	机组的进水侧应安装水力开关，并应与制冷机的启动开关联锁	
4		机组安装的位置	符合设计要求，同规格设备成排就位时，目测排列应整齐，允许偏差不应大于 10mm。水力开关的前端宜有 4 倍管径及以上的直管段【W点】	尺量、观察检查、旁站或查阅试验记录

续表

序号	工序	检查（验）项目	检查要点及质量标准	检验方法及器具
	空调用冷（热）源与辅助设备安装			
5	空气源热泵机组的安装	机组四周	应按设备技术文件要求，留有设备维修空间。设备进风通道的宽度不应小于1.2倍的进风口高度；当两个及以上机组进风口共用一个通道时，间距宽度不应小于2倍的进风口高度	尺量、观察检查、旁站或查阅试验记录
6		机组设有结构围挡和隔声屏障时	不得影响机组正常运行的通风要求	
1	吸收式制冷机组的安装	产品的性能、技术参数	符合设计要求【R点】	旁站、观察、查阅产品性能检验报告和施工记录
2		冲洗	吸收式机组安装后，设备内部应冲洗干净	
3		真空试验	机组的真空试验应合格	
4		排烟管	直燃型吸收式制冷机组排烟管的出口应设置防雨帽、防风罩和避雷针，燃油油箱上不得采用玻璃管式油位计	
5		吸收式分体机组	运至施工现场后，应及时运入机房进行组装，并应清洗、抽真空	
6		机组的真空泵	到达指定安装位置后，应进行找正、找平。抽气连接管应采用直径与真空泵进口直径相同的金属管，当采用橡胶管时，应采用真空用的胶管，并应对管接头处采取密封措施	观察检查、查阅泵安装和真空测试记录
7		机组的屏蔽泵	到达指定安装位置后，应进行找正、找平，电线接头处应采取防水密封措施	
8		机组的水平度允许偏差	2‰	
	空调水系统管道与设备安装			
1	空调水系统管道的安装	设备与附属设备的性能、技术参数，管道、管配件及阀门的类型、材质及连接形式	应符合设计要求，镀锌钢管及带有防腐涂层的钢管不得采用焊接连接，应采用螺纹连接。当管径大于DN100时，可采用卡箍或法兰连接【R点】	观察检查、查阅产品质量证明文件和材料进场验收记录
2		隐蔽工程	隐蔽安装部位的管道安装完成后，应在水压试验，合格后方能交付隐蔽工程的施工	尺量、观察检查、旁站或查阅试验记录
3		并联水泵的出口管道	并联水泵的出口管道进入总管应采用顺水流斜向插接的连接形式，夹角不应大于60°	

序号	工序	检查（验）项目	检查要点及质量标准	检验方法及器具
		空调水系统管道与设备安装		
4	空调水系统管道的安装	系统管道与设备的连接	应在设备安装完毕后进行，管道与水泵、制冷机组的接口应为柔性接管，且不得强行对口连接。与其连接的管道应设置独立支架	尺量、观察检查、旁站或查阅试验记录
5		空调水系统管路冲洗、排污合格的条件	目测排出口的水色和透明度与入口的水对比应相近，且无可见杂物。当系统继续运行 2h 以上，水质量保证持稳定后，方可与设备相贯通	
6		管道支、吊架	固定在建筑结构上的管道支、吊架，不得影响结构体的安全	
7		管道穿越墙体或楼板处	应设钢制套管，管道接口不得置于套管内，钢制套管应与墙体饰面或楼板底部平齐，上部应高出楼层地面 20～50mm，且不得将套管作为管道支撑。当穿越防火分区时，应采用不燃材料进行防火封堵；保温管道与套管四周的缝隙应使用不燃绝热材料填塞紧密	
8		水压试验	（1）冷（热）水、冷却水与蓄能（冷、热）系统的试验压力，当工作压力小于或等于 1.0MPa 时，应为 1.5 倍工作压力，最低不应小于 0.6MPa；当工作压力大于 1.0MPa 时，应为工作压力加 0.5MPa。 （2）系统最低点压力升至试验压力后，应稳压 10min，压力下降不应大于 0.02MPa，然后将系统压力降至工作压力，外观检查无渗漏为合格。对于大型、高层建筑等垂直位差较大的冷（热）水、冷却水管道系统，当采用分区、分层试压时，在该部位的试验压力下，应稳压 10min，压力不得下降，再将系统压力降至该部位的工作压力，在 60min 内压力无下降、外观检查无渗漏为合格。 （3）各类耐压塑料管的强度试验压力（冷水）应为 1.5 倍工作压力，且不应小于 0.9MPa；严密性试验压力应为 1.15 倍的设计工作压力。 （4）凝结水系统采用通水试验，应以不渗漏，排水畅通为合格【H 点】	旁站观察或查阅试验记录

序号	工序	检查（验）项目	检查要点及质量标准	检验方法及器具
			空调水系统管道与设备安装	
1	阀门的安装	外观检查	阀门的铭牌应符合《工业阀门 标志》（GB/T 12220—2015）的有关规定。工作压力大于1.0MPa及在主干管上起到切断作用和系统冷、热水运行转换调节功能的阀门和止回阀，应进行壳体强度和阀瓣密封性能的试验，且应试验合格。其他阀门可不单独进行试验。壳体强度试验压力应为常温条件下公称压力的1.5倍，持续时间不应少于5min，阀门的壳体、填料应无渗漏。严密性试验压力应为公称压力的1.1倍，在试验持续的时间内应保持压力不变，阀门压力试验持续时间与允许泄漏量应符合《通风与空调工程施工质量验收规范》（GB 50243—2016）中表9.2.4的规定	按设计图核对、观察检查，旁站或查阅试验记录
2		阀门的安装位置、高度、进出口方向	应符合设计要求，连接应牢固、紧密	
3		手动阀门的手柄	安装在保温管道上的手动阀门的手柄不得朝向下	
4		动态与静态平衡阀	工作压力应符合设计要求，安装方向应正确。阀门在系统运行时，应按参数设计要求进行校核、调整	
5		电动阀门的执行机构	应能全程控制阀门的开启与关闭	
1	补偿器的安装	补偿器的补偿量和安装位置	符合设计文件的要求，并应根据设计计算的补偿量进行预拉伸或预压缩	观察检查、旁站或查阅补偿器的预拉伸或预压缩记录
2		波纹管膨胀节或补偿器	波纹管膨胀节或补偿器内套有焊缝的一端，水平管路上应安装在水流的流入端，垂直管路上应安装在上端	
3		填料式补偿器	应与管道保持同心，不得歪斜	
4		固定支架	补偿器一端的管道应设置固定支架，结构形式和固定位置应符合设计要求，并应在补偿器的预拉伸（或预压缩）前固定	
5		滑动导向支架	设置的位置应符合设计与产品技术文件的要求，管道滑动轴心应与补偿器轴心相一致	

序号	工序	检查（验）项目	检查要点及质量标准	检验方法及器具
空调水系统管道与设备安装				
6	补偿器的安装	波纹补偿器、膨胀节	波纹补偿器、膨胀节应与管道保持同心，不得偏斜和周向扭转	尺量、观察检查、旁站或查阅试验记录
7		填料式补偿器	应按设计文件要求的安装长度及温度变化，留有 5mm 剩余的收缩量。两侧的导向支座应保证运行时补偿器自由伸缩，不得偏离中心，允许偏差应为管道公称直径的 5‰	
1	金属管道与设备的现场焊接	焊接材料的品种、规格、性能	符合设计要求【R 点】	焊缝检查尺、尺量、观察检查
2		对口平直度	允许偏差为 1%，全长不应大于 10mm	
3		管道焊接坡口形式和尺寸	符合《通风与空调工程施工质量验收规范》（GB 50243—2016）中表 9.3.2-1 的规定	
4		固定焊口	管道与设备的固定焊口应远离设备，且不宜与设备接口中心线相重合	
5		对接焊缝与支、吊架的距离	应大于 50mm	
6		管道焊缝外观质量	符合《通风与空调工程施工质量验收规范》（GB 50243—2016）中表 9.3.2-2 的规定	
7		管道焊缝余高和根部凸出	符合《通风与空调工程施工质量验收规范》（GB 50243—2016）中表 9.3.2-3 的规定	
8		设备现场焊缝外部质量	符合《通风与空调工程施工质量验收规范》（GB 50243—2016）中表 9.3.2-4 的规定	
9		设备焊缝余高和根部凸出	符合《通风与空调工程施工质量验收规范》（GB 50243—2016）中表 9.3.2-5 的规定	
1	管道连接	螺纹连接管道	螺纹应清洁规整，断丝或缺丝不应大于螺纹全扣数的 10%。管道的连接应牢固，接口处的外露螺纹应为 2～3 扣，不应有外露填料。镀锌管道的镀锌层应保护完好，局部破损处应进行防腐处理	尺量、观察检查

序号	工序	检查（验）项目		检查要点及质量标准	检验方法及器具
				空调水系统管道与设备安装	
2	管道连接	法兰连接管道		法兰面应与管道中心线垂直，且应同心。法兰对接应平行，偏差不应大于管道外径的1.5%，且不得大于2mm。连接螺栓长度应一致，螺母应在同一侧，并应均匀拧紧。紧固后的螺母应与螺栓端部平齐或略低于螺栓。法兰衬垫的材料、规格与厚度应符合设计要求	尺量、观察检查
1	钢制管道的安装	内部清洁		管道和管件安装前，应将其内、外壁的污物和锈蚀清除干净。管道安装后应保持管内清洁	尺量、观察检查
2		弯曲半径		热弯时，弯制弯管的弯曲半径不应小于管道外径的3.5倍；冷弯时，不应小于管道外径的4倍。焊接弯不应小于管道外径的1.5倍；冲压弯不应小于管道外径的1倍。弯管的最大外径与最小外径之差，不应大于管道外径的8%，管壁减薄率不应大于15%	
3		支、吊架		冷（热）水管道与支、吊架之间，应设置衬垫。衬垫的承压强度应满足管道全重，且应采用不燃与难燃硬质绝热材料或经防腐处理的木衬垫。衬垫的厚度不应小于绝热层厚度，宽度应大于或等于支、吊架支承面的宽度。衬垫的表面应平整、上下两衬垫接合面的空隙应填实	
4		安装在吊顶内等暗装区域的管道		位置应正确，且不应有侵占其他管线安装位置的现象	
1	管道安装允许偏差	坐标	架空及地沟	室外：25mm【W点】 室内：15mm【W点】	按系统检查管道的起点、终点、分支点和变向点及各点之间的直管。用经纬仪、水准仪、液体连通器、水平仪、拉线和尺量度
			埋地	60mm【W点】	
2		标高	架空及地沟	室外：±20mm【W点】 室内：±15mm【W点】	
			埋地	±25mm【W点】	
3		水平管道平直度	DN≤100mm	2L‰（L代表管道的水平或竖向长度），最大40mm	用直尺、拉线和尺量检查
			DN>100mm	3L‰，最大60mm	
4		立管垂直度		5L‰，最大25mm【W点】	用直尺、线锤、拉线和尺量检查

序号	工序	检查（验）项目	检查要点及质量标准	检验方法及器具
			空调水系统管道与设备安装	
5		成排管段间距	15mm	用直尺尺量检查
6	管道安装允许偏差	成排管段或成排阀门在同一平面上	3mm	用直尺、拉线和尺量检查
7		交叉管的外壁或绝热层的最小间距	20mm	用直尺、拉线和尺量检查
1	金属管道的支、吊架	形式、位置、间距、标高	应符合设计要求。当设计无要求时，应符合下列规定： （1）支、吊架的安装应平整、牢固，与管道接触应紧密，管道与设备连接处应设置独立支、吊架。当设备安装在减振基座上时，独立支架的固定点应为减振基座。 （2）冷（热）媒水、冷却水系统管道机房内总、干管的支、吊架，应采用承重防晃管架，与设备连接的管道管架宜采取减振措施。当水平支管的管架采用单杆吊架时，应在系统管道的起始点、阀门、三通、弯头处及长度每隔15m处设置承重防晃支、吊架。 （3）无热位移的管道吊架的吊杆应垂直安装，有热位移的管道吊架的吊杆应向热膨胀（或冷收缩）的反方向偏移安装。偏移量应按计算位移量确定。 （4）滑动支架的滑动面应清洁、平整，安装位置应满足管道要求，支承面中心应向反方向偏移 1/2 位移量或符合设计文件要求。 （5）竖井内的立管应每两层或三层设置滑动支架。建筑结构负重允许时，水平安装管道支、吊架的最大间距应符合《通风与空调工程施工质量验收规范》（GB 50243—2016）中表 9.3.8 的规定，弯管或近处应设置支、吊架。 （6）管道支、吊架的焊接应符合《通风与空调工程施工质量验收规范》（GB 50243—2016）中第 9.3.2-3 的规定。固定支架与管道焊接时，管道侧的咬边量应小于10%的管壁厚度，且小于 1mm	尺量、观察检查

序号	工序	检查（验）项目	检查要点及质量标准	检验方法及器具
空调水系统管道与设备安装				
2	金属管道的支、吊架	采用聚丙烯（PP-R）管道时	管道与金属支、吊架之间应采取隔绝措施，不宜直接接触，支、吊架的间距应符合设计要求。当设计无要求时，聚丙烯（PP-R）冷水管支、吊架的间距应符合《通风与空调工程施工质量验收规范》（GB 50243—2016）中表 9.3.9 的规定，使用温度大于或等于 60℃热水管道应加宽支承面积	观察检查
防腐与绝热				
1	防腐	防腐涂料的品种及涂层层数	符合设计要求，涂料的底漆和面漆应配套【W 点】	按面积抽查，查对施工图纸和观察检查
2		涂层	均匀，不应有堆积、漏涂、皱纹、气泡、掺杂及混色等缺陷	按面积或件数抽查，观察检查
3		设备、部件、阀门防腐涂层	不得遮盖铭牌标志和影响部件、阀门的操作功能，经常操作的部位应采用能单独拆卸的绝热结构	观察检查
1	绝热	绝热层、绝热防潮层和保护层	应采用不燃或难燃材料，材质、密度、规格与厚度应符合设计要求【W 点】	查对施工图纸、合格证和做燃烧试验
2		绝热材料进场	按《建筑节能工程施工质量验收标准》（GB 50411—2019）的规定进行验收	按 GB 50411—2019 的有关规定执行
3		洁净室（区）内的风管和管道的绝热层	不应采用易产尘的玻璃纤维和短纤维矿棉等材料	观察检查
4		设备、部件、阀门绝热层	不得遮盖铭牌标志和影响部件、阀门的操作功能，经常操作的部位应采用能单独拆卸的绝热结构	观察检查
5		绝热层	绝热层应满铺，表面应平整，不应有裂缝、空隙等缺陷，当采用卷材或板材时，允许偏差应为 5mm；当采用涂抹或其他方式时，允许偏差应为 10mm	观察检查
1	风管绝热材料	保温钉与风管、部件及设备表面的连接	应采用黏结或焊接，结合应牢固，不应脱落；不得采用抽芯铆钉或自攻螺钉等破坏风管严密性的固定方法	观察检查

续表

序号	工序	检查（验）项目	检查要点及质量标准	检验方法及器具
防腐与绝热				
2	风管绝热材料	矩形风管及设备表面的保温钉布置	保温钉应均布，风管保温钉数量应符合《通风与空调工程施工质量验收规范》（GB 50243—2016）中表 10.3.5 的规定。首行保温钉距绝热材料边沿的距离应小于 120mm，保温钉的固定压片应松紧适度、均匀压紧	观察检查
3		绝热材料纵向接缝	不宜设在风管底面	
4		管道采用玻璃棉或岩棉管壳保温时	管壳规格与管道外径应相匹配，管壳的纵向接缝应错开，管壳应采用金属丝、黏结带等捆扎，间距应为 300～350mm，且每节至少应捆扎两道	观察检查
5		风管及管道的绝热防潮层（包括绝热层的端部）	应完整，并应封闭良好。立管的防潮层环向搭接缝口应顺水流方向设置；水平管的纵向缝应位于管道的侧面，并应顺水流方向设置；带有防潮层绝热材料的拼接缝应采用粘胶带封严，缝两侧粘胶带黏结的宽度不应小于 20mm。胶带应牢固地粘贴在防潮层面上，不得有胀裂和脱落	尺量和观察检查
6		绝热涂抹材料作绝热层时	应分层涂抹，厚度应均匀，不得有气泡和漏涂等缺陷，表面固化层应光滑、牢固，不应有缝隙	观察检查
系统调试				
1	设备单机试运转及调试	通风机、空气处理机组	通风机、空气处理机组中的风机，叶轮旋转方向应正确、运转应平稳、应无异常振动与声响，电动机运行功率应符合设备技术文件要求。在额定转速下连续运转 2h 后，滑动轴承外壳最高温度不得大于 70℃，滚动轴承不得大于 80℃【W 点】	调整控制模式，旁站、观察、查阅调试记录
2		水泵	（1）水泵叶轮旋转方向应正确，应无异常振动和声响，紧固连接部位应无松动，电动机运行功率应符合设备技术文件要求。水泵连续运转 2h 滑动轴承外壳最高温度不得超过 70℃，滚动轴承不得超过 75℃。 （2）运行时壳体密封处不得渗漏，紧固连接部位不应松动，轴封的温升应正常，普通填料密封的泄漏水量不应大于 60mL/h，机械密封的泄漏水量不应大于 5mL/h【W 点】	

序号	工序	检查（验）项目	检查要点及质量标准	检验方法及器具
			系统调试	
3	设备单机试运转及调试	冷却塔风机与冷却水系统	（1）循环试运行不应小于 2h，运行应无异常。冷却塔本体应稳固、无异常振动。冷却塔中风机的试运转尚应符合《通风与空调工程施工质量验收规范》（GB 50243—2016）的规定。 （2）运行产生的噪声不应大于设计及设备技术文件的规定值，水流量应符合设计要求。冷却塔的自动补水阀应动作灵活，试运转工作结束后，集水盘应清洗干净【W 点】	调整控制模式，旁站、观察、查阅调试记录
4		制冷机组	试运转除应符合设备技术文件和《制冷设备、空气分离设备安装工程施工及验收规范》（GB 50274—2010）的有关规定外，尚应符合下列规定： （1）机组运应平稳、应无异常振动与声响。 （2）各连接和密封部位不应有松动、漏气、漏油等现象。 （3）吸、排气的压力和温度应在正常工作范围内。 （4）能量调节装置及各保护继电器、安全装置的动作应正确、灵敏、可靠。 （5）正常运转不应少于 8h【W 点】	
5		多联式空调（热泵）机组	应在充灌定量制冷剂后，进行系统的试运转，并应符合下列规定。 （1）系统应能正常输出冷风或热风，在常温条件下可进行冷热的切换与调控。 （2）室外机的试运转应符合《通风与空调工程施工质量验收规范》（GB 50243—2016）中 11.2 的规定。 （3）室内机的试运转不应有异常振动与声响，百叶板动作应正常，不应有渗漏水现象，运行噪声应符合设备技术文件要求。 （4）具有可同时供冷、热的系统，应在满足当季工况运行条件下，实现局部空调内机反向工况的运行【W 点】	
6		电动调节阀、电动防火阀、防排烟风阀	手动、电动操作应灵活可靠，信号输出应正确【W 点】	
7		变风量末端装置	单机试运转及调试应符合下列规定。 （1）控制单元单体供电测试过程中，信号及反馈应正确，不应有故障显示。	

序号	工序	检查（验）项目	检查要点及质量标准	检验方法及器具
			系统调试	
7	设备单机试运转及调试	变风量末端装置	（2）启动送风系统，按控制模式进行模拟测试，装置的一次风阀动作应灵敏可靠。 （3）带风机的变风量末端装置，风机应能根据信号要求运转，叶轮旋转方向应正确，运转应平稳，不应有异常振动与声响。 （4）带再热的末端装置应能根据室内温度实现自动开启与关闭【W点】	调整控制模式，旁站、观察、查阅调试记录
8		蓄能设备（能源塔）	应按设计要求正常运行【W点】	
9		风机盘管机组	调速、温控阀的动作应正确，并应与机组运行状态一一对应，中挡风量的实测值应符合设计要求【W点】	观察、旁站、查阅调试记录，按《通风与空调工程施工质量验收规范》（GB 50243—2016）附录E进行测试校核
10		风机、空气处理机组、风机盘管机组、多联式空调（热泵）机组	设备运行时，产生的噪声不应大于设计及设备技术文件的要求【W点】	
1	系统非设计满负荷条件下的联合试运转及调试	系统总风量调试	系统总风量调试结果与设计风量的允许偏差应为−5%～+10%，建筑内各区域的压差应符合设计要求【W点】	调整控制模式，旁站、观察、查阅调试记录
2		变风量空调系统联合调试	（1）系统空气处理机组应在设计参数范围内对风机实现变频调速。 （2）空气处理机组在设计机外余压条件下，系统总风量应满足（1）的要求，新风量的允许偏差应为0～+10%。 （3）变风量末端装置的最大风量调试结果与设计风量的允许偏差应为0～+15%。 （4）改变各空调区域运行工况或室内温度设定参数时，该区域变风量末端装置的风阀（风机）动作（运行）应正确。 （5）改变室内温度设定参数或关闭部分房间空调末端装置时，空气处理机组应自动正确地改变风量。 （6）应正确显示系统的状态参数【W点】	
3		空调冷（热）水系统、冷却水系统	总流量与设计流量的偏差不应大于10%【W点】	

序号	工序	检查（验）项目	检查要点及质量标准	检验方法及器具
		系统调试		
4	系统非设计满负荷条件下的联合试运转及调试	制冷（热泵）机组	进出口处的水温应符合设计要求【W点】	调整控制模式，旁站、观察、查阅调试记录
5		地源（水源）热泵换热器	水温与流量应符合设计要求【W点】	
6		舒适空调与恒温、恒湿空调	室内的空气温度、相对湿度及波动范围应符合或优于设计要求【W点】	
7		空调制冷系统、空调水系统与空调风系统	正常运转不应少于 8h，除尘系统不应少于2h【W点】	观察、旁站、查阅调试记录
8		通风系统	（1）系统经过风量平衡调整，各风口及吸风罩的风量与设计风量的允许偏差不应大于 15%。 （2）设备及系统主要部件的联动应符合设计要求，动作应协调正确，不应有异常现象。 （3）湿式除尘与淋洗设备的供、排水系统运行应正常【W点】	按《通风与空调工程施工质量验收规范》（GB 50243—2016）附录 E 进行测试，校核检查、查验调试记录
9		空调系统	（1）空调水系统应排除管道系统中的空气，系统连续运行应正常平稳，水泵的流量、压差和水泵电动机的电流不应出现10%以上的波动。 （2）水系统平衡调整后，定流量系统的各空气处理机组的水流量应符合设计要求，允许偏差应为 15%；变流量系统的各空气处理机组的水流量应符合设计要求，允许偏差应为 10%。 （3）冷水机组的供回水温度和冷却塔的出水温度应符合设计要求；多台制冷机或冷却塔并联运行时，各台制冷机及冷却塔的水流量与设计流量的偏差不应大于10%。 （4）舒适性空调的室内温度应优于或等于设计要求，恒温恒湿和净化空调的室内温、湿度应符合设计要求。 （5）室内（包括净化区域）噪声应符合设计要求，测定结果可采用 NC 或 dB（A）的表达方式。 （6）环境噪声有要求的场所，制冷、空调设备机组应按《采暖通风与空气调节设备噪声声功率级的测定 工程法》（GB/T 9068—1988）的有关规定进行测定。	观察、旁站、用仪器测定、查阅调试记录

续表

序号	工序	检查（验）项目	检查要点及质量标准	检验方法及器具
			系统调试	
9	系统非设计满负荷条件下的联合试运转及调试	空调系统	（7）压差有要求的房间、厅堂与其他相邻房间之间的气流流向应正确【W点】	观察、旁站、用仪器测定、查阅调试记录
1	联合试运行与调试	防排烟系统	符合设计要求及国家现行标准的有关规定【W点】	观察、旁站、查阅调试记录
2		净化空调	除应符合《通风与空调工程施工质量验收规范》（GB 50243—2016）中11.2.3的规定外，尚应符合下列规定。 （1）单向流洁净室系统的系统总风量允许偏差应为 0～+10%，室内各风口风量的允许偏差应为 0～+15%。 （2）单向流洁净室系统的室内截面平均风速的允许偏差应为 0～+10%，且截面风速不均匀度不应大于 0.25。 （3）相邻不同级别洁净室之间和洁净室与非洁净室之间的静压差不应小于5Pa，洁净室与室外的静压差不应小于10Pa。 （4）室内空气洁净度等级应符合设计要求或为商定验收状态下的等级要求。 （5）各类通风、化学实验柜、生物安全柜在符合或优于设计要求的负压下运行应正常【W点】	检查、验证调试记录，按《通风与空调工程施工质量验收规范》（GB 50243—2016）附录E进行测试校核
3		蓄能空调系统	（1）系统中载冷剂的种类及浓度应符合设计要求。 （2）在各种运行模式下系统运行应正常平稳；运行模式转换时，动作应灵敏、正确。 （3）系统各项保护措施反应应灵敏，动作可靠。 （4）蓄能系统在设计最大负荷工况下运行应正常。 （5）系统正常运转不应少于一个完整的蓄冷-释冷周期。 （6）单体设备及主要部件联动应符合设计要求，动作应协调正确，不应有异常。 （7）系统运行的充冷时间、蓄冷量、冷水温度、放冷时间等应满足相应工况的设计要求。	观察、旁站、查阅调试记录

序号	工序	检查（验）项目	检查要点及质量标准	检验方法及器具
			系统调试		
3	联合试运行与调试	蓄能空调系统	（8）系统运行过程中管路不应产生凝结水等现象。 （9）自控计量检测元件及执行机构工作应正常，系统各项参数的反馈及动作应正确、及时【W点】	观察、旁站、查阅调试记录
1	通风与空调工程	系统调试后	监控设备与系统中的检测元件和执行机构应正常沟通，应正确显示系统运行的状态，并应完成设备的联锁、自动调节和保护等功能【W点】	旁站观察，查阅调试记录

（11）电梯工程。质量控制要点：井道的位置坐标和高程，电梯样板架的制作和安装、测量放线，导轨的架设，安全部件安装，电气系统安装、调试与试运行。

电梯质量控制表见表4-12。

表4-12　　　　　　　　　　　　电梯质量控制表

序号	工序	检查（验）项目	检查要点及质量标准	检验方法及器具
			电力驱动的曳引式或强制式电梯安装工程		
1	设备进场验收	随机资料	（1）随机文件必须包括下列资料： 1）土建布置图； 2）产品出厂合格证； 3）门锁装置、限速器、安全钳及缓冲器的型式试验证书复印件。 （2）随机文件还应包括下列资料： 1）装箱单； 2）安装、使用维护说明书； 3）动力电路和安全电路的电气原理图【R点】	查验资料
2		外观检查	设备零部件应与装箱单内容相符，设备外观不应存在明显的损坏	观察检查
1	土建交接检验	机房（如果有）内部、井道土建（钢架）结构及布置	必须符合电梯土建布置图的要求【W点】	观察检查
2		主电源开关	主电源开关必须符合下列规定： （1）主电源开关应能够切断电梯正常使用情况下最大电流。 （2）对有机房电梯该开关应能从机房入口处方便地接近。 （3）对无机房电梯该开关应设置在井道外工作人员方便接近的地方，且应具有必要的安全防护	观察检查

序号	工序	检查（验）项目	检查要点及质量标准	检验方法及器具
电力驱动的曳引式或强制式电梯安装工程				
3	土建交接检验	井道	井道必须符合下列规定。 （1）当底坑底面下有人员能到达的空间存在，且对重（或平衡重）上未设有安全钳装置时，对重缓冲器必须能安装在（或平衡重运行区域的下边必须）一直延伸到坚固地面上的实心桩墩上。 （2）电梯安装之前，所有层门预留孔必须设有高度不小于1.2m的安全保护围封，并应保证有足够的强度。 （3）当相邻两层门地坎间的距离大于11m时，其间必须设置井道安全门，井道安全门严禁向井道内开启，且必须装有安全门处于关闭时电梯才能运行的电气安全装置。当相邻轿厢间有相互救援用轿厢安全门时，可不执行本款	观察检查
1	驱动主动机	紧急操作装置	动作必须正常。可拆卸的装置必须置于驱动主机附近易接近处，紧急救援操作说明必须贴于紧急操作时易见处【W点】	观察检查
2		驱动主机承重梁	当驱动主机承重梁需埋入承重墙时，埋入端长度应超过墙厚中心至少20mm，且支承长度不应小于75mm	尺量、观察检查
3		制动器	动作应灵活，制动间隙调整应符合产品设计要求【W点】	观察检查
4		驱动主机、驱动主机底座与承重梁的安装	符合产品设计要求	观察检查
5		驱动主机减速箱（如果有）内油量	应在油标所限定的范围内	尺量、观察检查
6		机房内钢丝绳与楼板孔洞边间隙	应为20~40mm，通向井道的孔洞四周应设置高度不小于50mm的台缘	尺量、观察检查
1	导轨	导轨安装位置	必须符合土建布置图要求【W点】	观察检查
2		两列导轨顶面间的距离偏差	轿厢导轨为0~+2mm；对重导轨为0~+3mm【W点】	尺量
3		导轨支架在井道壁上的安装	应固定可靠，预埋件应符合土建布置图要求。锚栓（如膨胀螺栓等）固定应在井道壁的混凝土构件上使用，其连接强度与承受振动的能力应满足电梯产品设计要求，混凝土构件的压缩强度应符合土建布置图要求	观察检查

序号	工序	检查（验）项目	检查要点及质量标准	检验方法及器具
电力驱动的曳引式或强制式电梯安装工程				
4	导轨	每列导轨工作面（包括侧面与顶面）与安装基准线每5m的偏差	均不应大于下列数值：轿厢导轨和设有安全钳的对重（平衡重）导轨为0.6mm；不设安全钳的对重（平衡重）导轨为1.0mm	尺量
5		轿厢导轨和设有安全钳的对重（平衡重）导轨工作面	接头处不应有连续缝隙，导轨接头处台阶不应大于0.05mm。如超过应修平，修平长度应大于150mm	尺量、观察检查
6		不设安全钳的对重（平衡重）导轨	接头处缝隙不应大于1.0mm，导轨工作面接头处台阶不应大于0.15mm	尺量
1	门系统	层门地坎至轿厢地坎之间的水平距离	偏差为0~+3mm，且最大距离严禁超过35mm	尺量
2		层门强迫关门装置	必须动作正常【W点】	观察检查
3		动力操纵的水平滑动门	在关门开始的1/3行程之后，阻止关门的力严禁超过150N	观察检查
4		层门锁钩	必须动作灵活，在证实锁紧的电气安全装置动作之前，锁紧元件的最小啮合长度为7mm	尺量、观察检查
5		门刀与层门地坎、门锁滚轮与轿厢地坎间隙	不应小于5mm	塞尺
6		层门地坎水平度	不得大于2/1000，地坎应高出装修地面2~5mm	水准仪测量、尺量检查
7		层门指示灯盒、召唤盒和消防开关盒	应安装正确，其面板与墙面贴实，横竖端正	观察检查
8		门扇与门扇、门扇与门套、门扇与门楣、门扇与门口处轿壁、门扇下端与地坎的间隙	乘客电梯不应大于6mm，载货电梯不应大于8mm	塞尺
1	轿厢	当距轿底面在1.1m以下使用玻璃轿壁时	必须在距轿底面0.9~1.1m的高度安装扶手，且扶手必须独立地固定，不得与玻璃有关	观察检查

序号	工序	检查（验）项目	检查要点及质量标准	检验方法及器具
电力驱动的曳引式或强制式电梯安装工程				
2	轿厢	反绳轮	当桥厢有反绳轮时，反绳轮应设置防护装置和挡绳装置【W点】	观察检查
3		当轿顶外侧边缘至井道壁水平方向的自由距离大于 0.3m 时	轿顶应装设防护栏及警示性标识	观察检查
1	对重（平衡重）	反绳轮	当对重（平衡重）架有反绳轮，反绳轮应设置防护装置和挡绳装置【W点】	观察检查
2		对重（平衡重）块	应可靠固定	观察检查
1	安全部件	限速器动作速度整定封记	必须完好，且无拆动痕迹【W点】	观察检查
2		安全钳	当安全钳可调节时，整定封记应完好，且无拆动痕迹	观察检查
3		限速器张紧装置与其限位开关相对位置	安装应正确【W点】	观察检查
4		安全钳与导轨的间隙	应符合产品设计要求	塞尺
5		轿厢在两端站平层位置时	轿厢、对重的缓冲器撞板与缓冲器顶面间的距离应符合土建布置图要求。轿厢、对重的缓冲器撞板中心与缓冲器中心的偏差不应大于 20mm	尺量、观察检查
6		液压缓冲器柱塞铅垂度	不应大于 0.5%，充液量应正确	尺量、观察检查
1	悬挂装置、随行电缆、补偿装置	绳头组合	绳头组合必须安全可靠，且每个绳头组合必须安装防螺母松动和脱落的装置【W点】	观察检查
2		钢丝绳	严禁有死弯【W点】	观察检查
3		当轿厢悬挂在两根钢丝绳或链条上，且其中一根钢丝绳或链条发生异常相对伸长时	为此装设的电气安全开关应动作可靠	观察检查
4		随行电缆	严禁有打结和波浪扭曲现象	观察检查

序号	工序	检查（验）项目	检查要点及质量标准	检验方法及器具
电力驱动的曳引式或强制式电梯安装工程				
5	悬挂装置、随行电缆、补偿装置	钢丝绳张力	每根钢丝绳张力与平均值偏差不应大于5%	尺量、观察检查
6		随行电缆的安装	（1）随行电缆端部应固定可靠。 （2）随行电缆在运行中应避免与井道内其他部件干涉。当轿厢完全压在缓冲器上时，随行电缆不得与底坑地面接触	观察检查
7		补偿装置	补偿绳、链、缆等补偿装置的端部应固定可靠	观察检查
8		张紧轮	对补偿绳的张紧轮，验证补偿绳张紧的电气安全开关应动作可靠。张紧轮应安装防护装置	观察检查
1	电气装置	电气设备接地	（1）所有电气设备及导管、线槽的外露可导电部分均必须可靠接地（PE）。 （2）接地支线应分别直接接至接地干线接线柱上，不得互相连接后再接地【W点】	观察检查
2		绝缘电阻	导体之间和导体对地之间的绝缘电阻必须大于 $1000\Omega/V$，且其值不得小于： （1）动力电路和电气安全装置电路：$0.5M\Omega$。 （2）其他电路（控制、照明、信号等）：$0.25M\Omega$	测量、观察检查
3		供电电路	主电源开关不应切断下列供电电路： （1）轿厢照明和通风。 （2）机房和滑轮间照明。 （3）机房、轿顶和底坑的电源插座。 （4）井道照明。 （5）报警装置【W点】	观察检查
4		机房和井道内配线	机房和井道内应按产品要求配线。软线和无护套电缆应在导管、线槽或能确保起到等效防护作用的装置中使用。护套电缆和橡胶套软电缆可明敷于井道或机房内使用，但不得明敷于地面	观察检查
5		导管、线槽的敷设	导管、线槽的敷设应整齐牢固。线槽内导线总面积不应大于线槽净面积的60%；导管内导线总面积不应大于导管内净面积的40%；软管固定间距不应大于1m，端头固定间距不应大于0.1m	观察检查
6		接地支线	应采用黄绿相间的绝缘导线	观察检查

序号	工序	检查（验）项目	检查要点及质量标准	检验方法及器具
电力驱动的曳引式或强制式电梯安装工程				
7	电气装置	控制柜（屏）的安装位置	应符合电梯土建布置图中的要求	观察检查
1	整机安装验收	安全保护验收	安全保护验收必须符合下列规定。 （1）必须检查以下安全装置或功能。 1）断相、错相保护装置或功能。当控制柜三相电源中任何一相断开或任何两相错接时，断相、错相保护装置或功能应使电梯不发生危险故障（注：当错相不影响电梯正常运行时可没有错相保护装置或功能）。 2）短路、过载保护装置。动力电路、控制电路、安全电路必须有与负载匹配的短路保护装置；动力电路必须有过载保护装置。 3）限速器。限速器上的轿厢（对重、平衡重）下行标志必须与轿厢（对重、平衡重）的实际下行方向相符。限速器铭牌上的额定速度、动作速度必须与被检电梯相符。 4）安全钳。安全钳必须与其型式试验证书相符。 5）缓冲器。缓冲器必须与其型式试验证书相符。 6）门锁装置。门锁装置必须与其型式试验证书相符。 7）上、下极限开关。上、下极限开关必须是安全触点，在端站位置进行动作试验时必须动作正常。在轿厢或对重（如果有）接触缓冲器之前必须动作，且缓冲器完全压缩时保持动作状态。 8）轿顶、机房（如果有）、滑轮间（如果有）、底坑停止装置。位于轿顶、机房（如果有）、滑轮间（如果有）、底坑的停止装置的动作必须正常。 （2）下列安全开关，必须动作可靠。 1）限速器绳张紧开关。 2）液压缓冲器复位开关。 3）有补偿张紧轮时，补偿绳张紧开关。 4）当额定速度大于 3.5m/s 时，补偿绳轮防跳开关。	观察检查

序号	工序	检查（验）项目	检查要点及质量标准	检验方法及器具
		电力驱动的曳引式或强制式电梯安装工程		
1		安全保护验收	5）轿厢安全窗（如果有）开关。 6）安全门、底坑门、检修活板门（如果有）的开关。 7）对可拆卸式紧急操作装置所需要的安全开关。 8）悬挂钢丝绳（链条）为两根时，防松动安全开关【W点】	观察检查
2		限速器安全钳联动试验	（1）限速器与安全钳电气开关在联动试验中必须动作可靠，且应使驱动主机立即制动。 （2）对瞬时式安全钳，轿厢应载有均匀分布的额定载重量；对渐进式安全钳，轿厢应载有均匀分布的125%额定载重量。当短接限速器及安全钳电气开关、轿厢以检修速度下行，人为使限速器机械动作时，安全钳应可靠动作，轿厢必须可靠制动，且轿底倾斜度不应大于5%【W点】	观察检查
3	整机安装验收	层门与轿门的试验	（1）每层层门必须能够用三角钥匙正常开启。 （2）当一个层门或轿门（在多扇门中任何一扇门）非正常打开时，电梯严禁启动或继续运行	观察检查
4		曳引式电梯的曳引能力试验	（1）轿厢在行程上部范围空载上行及行程下部范围载有25%额定载重量下行，分别停层3次以上，轿厢必须可靠地制停（空载上行工况应平层）。轿厢载有125%额定载重量以正常运行速度下行时，切断电动机与制动器供电，电梯必须可靠制动。 （2）当对重完全压在缓冲器上，且驱动主机按轿厢上行方向连续运转时，空载轿厢严禁向上提升【W点】	观察检查
5		运行试验	轿厢分别在空载、额定载荷工况下，按产品设计规定的每小时启动次数和负载持续率各运行1000次（每天不少于8h），电梯应运行平稳、制动可靠、连续运行无故障【W点】	观察检查
6		噪声检验	（1）机房噪声：对额定速度小于或等于4m/s的电梯，不应大于80dB（A）；对额定速度大于4m/s的电梯，不应大于85dB（A）。	观察检查

序号	工序	检查（验）项目	检查要点及质量标准	检验方法及器具
			电力驱动的曳引式或强制式电梯安装工程	
6		噪声检验	（2）乘客电梯和病床电梯运行中轿内噪声：对额定速度小于或等于 4m/s 的电梯，不应大于 55dB（A）；对额定速度大于 4m/s 的电梯，不应大于 60dB（A）。 （3）乘客电梯和病床电梯的开关门过程噪声不应大于 65dB（A）	观察检查
7		平层准确度检验	（1）额定速度小于或等于 0.63m/s 的交流双速电梯，应在 ±15mm 的范围内。 （2）额定速度大于 0.63m/s 且小于或等于 1.0m/s 的交流双速电梯，应在 ±30mm 的范围内。 （3）其他调速方式的电梯，应在 ±15mm 的范围内	观察检查
8	整机安装验收	运行速度检验	当电源为额定频率和额定电压、轿厢载有 50%额定载荷时，向下运行至行程中段（除去加速、加减速段）时的速度，不应大于额定速度的 105%，且不应小于额定速度的 92%	观察检查
9		观感检查	（1）轿门带动层门开、关运行，门扇与门扇、门扇与门套、门扇与门楣、门扇与门口处轿壁、门扇下端与地坎应无刮碰现象。 （2）门扇与门扇、门扇与门套、门扇与门楣、门扇与门口处轿壁、门扇下端与地坎之间各自的间隙在整个长度上应基本一致。 （3）对机房（如果有）、导轨支架、底坑、轿顶、轿内、轿门、层门及门地坎等部位应进行清理	观察检查

（12）道路工程。质量控制要点：

1）定位：测量控制网的复核、基础的位置坐标和高程。

2）路基：清表处理，压实，中线偏位、宽度、平整度、边坡坡度及平顺度、纵断高程、横坡的质量控制。

3）排水：断面尺寸，边坡坡度，边棱直顺度、平整度、稳定性，沟内清理，混凝土预制块，混凝土或砂浆配合比，砌筑工程。

4）路面：材料检验，中线平面偏位，路面宽度，纵断高程，横坡，路面结构厚度、平整度，面层质量，接缝质量，沥青摊铺和碾压温度，外观检查。

5）混凝土冬季施工：温度控制、混凝土养护。

6）防护支挡：砂浆或混凝土强度，平面位置，竖直度或坡度，断面尺寸，表面平整度，顶面及底面高程，挡墙基础，泄水孔，沉降缝及伸缩缝，位移、水位、变形等监测。

道路工程质量控制表见表4-13。

表 4-13　　　　　　　　　　道路工程质量控制表

序号	工序	检查（验）项目	检查要点及质量标准	检验方法及器具
路基				
1	土方路基	路基压实度	应符合《城镇道路工程施工与质量验收规范》（CJJ 1—2008）中表 6.3.12-2 的规定【W点】	环刀法、灌砂法或灌水法
2		弯沉值	不应大于设计规定	弯沉仪检测
3		路床	应平整、坚实，无显著轮迹、翻浆、波浪、起皮等现象，路堤边坡应密实、稳定、平顺等	观察
1	土方路基允许偏差	路床纵断高程（mm）	−20～+10【W点】	用水准仪测量
2		路床中线偏位（mm）	≤30【W点】	用经纬仪、钢尺量取最大值
3		路床平整度（mm）	≤15【W点】	用 3m 直尺和塞尺连续量两次，取较大值
4		路床宽度（mm）	不小于设计值+施工时必要的附加宽度	用钢尺量
5		路床横坡	±0.3%且不反坡【W点】	用水准仪测量
6		边坡	不陡于设计值	用坡度尺量，每侧 1 点
1	石方路基	挖石方路基（路堑）上边坡	必须稳定，严禁有松石、险石	观察
2		填石路堤	压实密度应符合试验路段确定的施工工艺，沉降差不应大于试验路段确定的沉降差【W点】	水准仪测量
3		路床	顶面应嵌缝牢固，表面均匀、平整、稳定，无推移、浮石	观察
4		边坡	应稳定、平顺，无松石	观察
1	挖石方路基允许偏差	路床纵断高程（mm）	+50～−100【W点】	用水准仪测量
2		路床中线偏位（mm）	≤30【W点】	用经纬仪、钢尺量取最大值
3		路床宽度（mm）	不小于设计规定+施工时必要的附加宽度	用钢尺量

续表

序号	工序	检查（验）项目	检查要点及质量标准	检验方法及器具
			路基	
4	挖石方路基允许偏差	边坡（%）	不陡于设计规定	用坡度尺量，每侧1点
1	填石方路基允许偏差	路床纵断高程（mm）	−20～+10【W点】	用水准仪测量
2		路床中线偏位（mm）	≤30【W点】	用经纬仪、钢尺量取最大值
3		路床平整度（mm）	≤20【W点】	用3m直尺和塞尺连续量两次，取较大值
4		路床宽度（mm）	不小于设计规定+施工时必要的附加宽度	用钢尺量
5		路床横坡	±0.3%且不反坡【W点】	用水准仪测量
6		边坡（%）	不陡于设计值	用坡度尺量，每侧1点
1	路肩	肩线	应顺畅、表面平整，不积水，不阻水	观察
2		压实度	应大于或等于90%【W点】	环刀法、灌砂法或灌水法
1	路肩允许偏差	宽度（mm）	不小于设计规定	用钢尺量，每侧1点
2		横坡	±1%且不反坡【W点】	用水准仪测量，每侧1点
			基层	
1	石灰稳定土，石灰、粉煤灰稳定砂砾（碎石），石灰、粉煤灰稳定钢渣基层及底基层	原材料质量	（1）土应符合《城镇道路工程施工与质量验收规范》（CJJ 1—2008）中第7.2.1条第1款或第7.4.1条第4款的规定。 （2）石灰应符合《城镇道路工程施工与质量验收规范》（CJJ 1—2008）中第7.2.1条第2款的规定。 （3）粉煤灰应符合《城镇道路工程施工与质量验收规范》（CJJ 1—2008）中第7.3.1条第2款的规定。 （4）砂砾应符合《城镇道路工程施工与质量验收规范》（CJJ 1—2008）中第7.3.1条第3款的规定。	查检验报告、复验

序号	工序	检查（验）项目		检查要点及质量标准	检验方法及器具
				基层	
1	石灰稳定土，石灰、粉煤灰稳定砂砾（碎石），石灰、粉煤灰稳定钢渣基层及底基层	原材料质量		（5）钢渣应符合《城镇道路工程施工与质量验收规范》（CJJ 1—2008）中第7.4.1条第3款的规定。（6）水应符合《城镇道路工程施工与质量验收规范》（CJJ 1—2008）中第7.2.1条第3款的规定【R点】	查检验报告、复验
2		基层、底基层的压实度		（1）城市快速路、主干路基层大于或等于97%，底基层大于或等于95%。（2）其他等级道路基层大于或等于95%，底基层大于或等于93%【W点】	环刀法、灌砂法或灌水法
3		基层、底基层试件7天无侧限抗压强度		应符合设计要求【W点】	现场取样试验
4		外观质量		表面应平整、坚实，无粗细骨料集中现象，无明显轮迹、推移、裂缝，接茬平顺，无贴皮、散料	观察
1	石灰稳定土类基层及底基层允许偏差	中线偏位（mm）		≤20【W点】	用经纬仪测量
2		纵断高程（mm）	基层	±15【W点】	用水准仪测量
			底基层	±20【W点】	
3		平整度（mm）	基层	≤10【W点】	用3m直尺和塞尺连续量两次，取较大值
			底基层	≤15【W点】	
4		宽度（mm）		不小于设计规定+施工时必要的附宽度	用钢尺量
5		横坡		±0.3%且不反坡	用水准仪测量
6		厚度（mm）		±10	用钢尺量
1	水泥稳定土类基层及底基层	原材料质量		（1）水泥应符合《城镇道路工程施工与质量验收规范》（CJJ 1—2008）中第7.5.1条第1款的规定。（2）土类材料应符合《城镇道路工程施工与质量验收规范》（CJJ 1—2008）中第7.5.1条第2款的规定。（3）粒料应符合《城镇道路工程施工与质量验收规范》（CJJ 1—2008）中第7.5.1条第3款的规定。	查检验报告、复验

序号	工序	检查（验）项目	检查要点及质量标准	检验方法及器具
基层				
1	水泥稳定土类基层及底基层	原材料质量	（4）水应符合《城镇道路工程施工与质量验收规范》（CJJ 1—2008）中第 7.2.1 条第 3 款的规定【R 点】	查检验报告、复验
2		基层、底基层的压实度	（1）城市快速路、主干路基层大于或等于 97%，底基层大于或等于 95%。（2）其他等级道路基层大于或等于 95%，底基层大于或等于 93%【W 点】	灌砂法或灌水法
3		基层、底基层 7 天的无侧限抗压强度	符合设计要求【W 点】	现场取样试验
4		外观质量	表面应平整、坚实、接缝平顺，无明显粗、细骨料集中现象，无推移、裂缝、贴皮、松散、浮料	观察
5		基层及底基层的偏差	符合《城镇道路工程施工与质量验收规范》（CJJ 1—2008）的相关要求	—
1	级配碎石及级配碎砾石基层和底基层	碎石与嵌缝料质量及级配	符合《城镇道路工程施工与质量验收规范》（CJJ 1—2008）中第 7.7.1 条的有关规定【R 点】	查检验报告
2		级配碎石压实度	基层不得小于 97%，底基层不应小于 95%【W 点】	灌砂法或灌水法
3		弯沉值	不应大于设计规定	弯沉仪检测
4		外观质量	表面应平整、坚实，无推移、松散、浮石现象	观察
5		级配碎石及级配碎砾石基层和底基层的偏差	符合《城镇道路工程施工与质量验收规范》（CJJ 1—2008）的相关要求	—
1	沥青混合料（沥青碎石）基层	沥青碎石各种原材料	应符合《城镇道路工程施工与质量验收规范》（CJJ 1—2008）中第 8.5.1 条第 1 款的有关规定	查检验报告
2		压实度	不得低于 95%（马歇尔击实试件密度【W 点】）	检查试验记录（钻孔取样、蜡封法）
3		弯沉值	不应大于设计规定	弯沉仪检测
4		外观质量	表面应平整、坚实，接缝紧密，不应有明显轮迹、粗细集料集中、推挤、裂缝、脱落等现象	观察

序号	工序	检查（验）项目	检查要点及质量标准	检验方法及器具
		基层		
1	沥青碎石基层允许偏差	中线偏位（mm）	≤20【W点】	用经纬仪测量
2		纵断高程（mm）	±15【W点】	用水准仪测量
3		平整度（mm）	≤10【W点】	用3m直尺和塞尺连续量两次，取较大值
4		宽度（mm）	不小于设计规定+施工时必要的附加宽度	用钢尺量
5		横坡	±0.3%且不反坡【W点】	用水准仪测量
6		厚度（mm）	±10	用钢尺量
		沥青混合料面层		
1	热拌沥青混合料面层	热拌沥青混合料质量	道路用沥青的品种、标号应符合国家现行有关标准和《城镇道路工程施工与质量验收规范》（CJJ 1—2008）中第8.1节的有关规定【R点】	查出厂合格证、检验报告并进场复验
2			沥青混合料所选用的粗集料、细集料、矿粉、纤维稳定剂等的质量及规格应符合《城镇道路工程施工与质量验收规范》（CJJ 1—2008）中第8.1节的有关规定【R点】	观察、检查进场检验报告
3			热拌沥青混合料、热拌改性沥青混合料、SMA（沥青玛蹄脂碎石混合料），查出厂合格证、检验报告并进场复验，拌和温度、出厂温度应符合《城镇道路工程施工与质量验收规范》（CJJ 1—2008）第8.2.5条的有关规定	查测温记录，现场检测温度
4			沥青混合料品质应符合马歇尔试验配合比技术要求	现场取样试验
5		压实度	对城市快速路、主干路不应小于96%，对次干路及以下道路不应小于95%【R点】	查试验记录（马歇尔击实试件密度、试验室标准密度）
6		厚度	应符合设计规定，允许偏差为+10～−5mm	钻孔或刨挖，用钢尺量
7		弯沉值	不应大于设计规定	弯沉仪检测

续表

序号	工序	检查（验）项目		检查要点及质量标准	检验方法及器具
			沥青混合料面层		
8	热拌沥青混合料面层	外观质量		表面应平整、坚实，接缝紧密，无枯焦；不应有明显轮迹、推挤、裂缝、脱落、烂边、油斑、掉渣等现象，不得污染其他构筑物。面层与路缘石、平石及其他构筑物应接顺，不得有积水现象	观察
1	热拌沥青混合料面层允许偏差	纵断高程（mm）		±15【W点】	用水准仪测量
2		中线偏位（mm）		≤20【W点】	用经纬仪测量
3		平整度（mm）	标准差 σ 值	快速路、主干路：≤1.5【W点】次干路、支路：≤2.4【W点】	用3m直尺和塞尺连续量取两次，取最大值
			最大间隙	次干路、支路：≤5【W点】	
4		宽度（mm）		不小于设计值	用钢尺量
5		横坡		不反坡	用水准仪测量
6		井框与路面高差（mm）		≤5	十字法，用直尺、塞尺量取最大值
7		抗滑	摩擦系数	符合设计要求	摆式仪、横向力系数车
			构造深度	符合设计要求	砂铺法、激光构造深度仪
1	冷拌沥青混合料面层	乳化沥青的品种、性能和集料的规格、质量		应符合《城镇道路工程施工与质量验收规范》（CJJ 1—2008）中第 8.1 节的有关规定【R点】	查进场复查报告
2		压实度		不应小于95%【W点】	检查配合比设计资料、复测
3		厚度		应符合设计规定，允许偏差为+15～−5mm	钻孔或刨挖，用钢尺量
4		外观质量		表面应平整、坚实，接缝紧密，不应有明显轮迹、粗细骨料集中、推挤、裂缝、脱落等现象	观察
1	冷拌沥青混合料面层允许偏差	纵断高程（mm）		±20【W点】	用水准仪测量
2		中线偏位（mm）		≤20【W点】	用经纬仪测量
3		平整度（mm）		≤10【W点】	用3m直尺、塞尺连续量两次，取最大值
4		宽度（mm）		不小于设计值	用钢尺量

序号	工序	检查（验）项目		检查要点及质量标准	检验方法及器具
		沥青混合料面层			
5	冷拌沥青混合料面层允许偏差	横坡		±0.3%且不反坡【W点】	用水准仪测量
6		井框与路面高差（mm）		≤5	十字法，用直尺、塞尺量，取最大值
7		抗滑	摩擦系数	符合设计要求	摆式仪、横向力系数车
			构造深度	符合设计要求	砂铺法、激光构造深度仪
1	黏层、透层与封层	采用沥青的品种、标号和封层粒料质量、规格		应符合《城镇道路工程施工与质量验收规范》（CJJ 1—2008）中第 8.1 节的有关规定	查产品出厂合格证、出厂检验报告和进场复检报告
2		宽度		不应小于设计规定值	用尺量
3		封层油层与粒料洒布		应均匀，不应有松散、裂缝、油丁、泛油、波浪、花白、漏洒、堆积、污染其他构筑物等现象	观察
		沥青贯入式与沥青表面处治面层			
1	沥青表面处治施工	沥青、乳化沥青的品种、指标、规格		应符合设计和《城镇道路工程施工与质量验收规范》（CJJ 1—2008）的有关规定【R点】	查出厂合格证、出厂检验报告、进场检验报告
2		外观质量		集料应压实平整，沥青应洒布均匀、无露白，嵌缝料应撒铺、扫墁均匀，不应有重叠现象	观察
1	沥青表面处治允许偏差	纵断高程（mm）		±15【W点】	用水准仪测量
2		中线偏位（mm）		≤20【W点】	用经纬仪测量
3		平整度（mm）		≤7【W点】	用 3m 直尺、塞尺连续两次，取较大值
4		宽度（mm）		不小于设计规定	用钢尺量
5		横坡		±0.3%且不反坡【W点】	用水准仪测量
6		厚度（mm）		+10～−5	钻孔，用钢尺量
7		弯沉值		符合设计要求	弯沉仪检测
8		沥青总用量（kg/m²）		±0.5%总用量	仪器检测

序号	工序	检查（验）项目		检查要点及质量标准	检验方法及器具
		水泥混凝土面层			
1	水泥混凝土面层材料	原材料质量		水泥品种、级别、质量、包装、贮存应符合国家现行有关标准的规定【R点】	检查产品合格证、出厂检验报告，进场复验
2		外加剂的质量		应符合《混凝土外加剂》（GB 8076—2008）和《混凝土外加剂应用技术规范》（GB 50119—2013）的规定【R点】	检查产品合格证、出厂检验报告和进场复验报告
3		钢筋品种、规格、数量、下料尺寸及质量		应符合设计要求及国家现行有关标准的规定【R点】	观察，用钢尺量，检查出厂检验报告和进场复验报告
4		钢纤维的规格质量		应符合设计要求及《城镇道路工程施工与质量验收规范》（CJJ 1—2008）中第10.1.7条的有关规定【W点】	现场取样、试验
5		粗集料、细集料		应符合《城镇道路工程施工与质量验收规范》（CJJ 1—2008）中第10.1.2、10.1.3条的有关规定【R点】	检查出厂合格证和抽检报告
1	混凝土面层质量	混凝土弯拉强度		符合设计规定【R点】	检查试件强度试验报告
2		厚度		应符合设计规定，允许误差为±5mm	查试验报告、复测
3		抗滑构造深度		符合设计要求	铺砂法
4		外观质量		板面平整、密实，边角应整齐、无裂缝，并不应有石子外露和浮浆、脱皮、踏痕、积水等现象，蜂窝麻面面积不得大于总面积的0.5%	观察、量测
5		伸缩缝		应垂直、直顺，缝内不应有杂物。伸缩缝在规定的深度和宽度范围内应全部贯通，传力杆应与缝面垂直	观察
1	混凝土路面允许偏差	纵断高程（mm）		±15【W点】	用水准仪测量
2		中线偏位（mm）		≤20【W点】	用经纬仪测量
3		平整度	标准差（mm）	城市快速路、主干路：≤1.2【W点】	用测平仪检测
				次干路、支路：≤2【W点】	
			最大间隙（mm）	城市快速路、主干路：≤3【W点】	用3m直尺和塞尺连续量两次，取较大值
				次干路、支路：≤5【W点】	

序号	工序	检查（验）项目	检查要点及质量标准	检验方法及器具
			水泥混凝土面层	
4	混凝土路面允许偏差	宽度（mm）	0～−20	用钢尺量
5		横坡（%）	±0.30%且不反坡【W点】	用水准仪测量
6		井框与路面高差（mm）	≤3	十字法，用直尺和塞尺量，取最大值
7		相邻板高差（mm）	≤3	用钢板尺和塞尺量
8		纵缝直顺度（mm）	≤10	用20m线和钢尺量
9		横缝直顺度（mm）	≤10	用20m线和钢尺量
10		蜂窝麻面面积（%）	≤2	观察和用钢板尺量
			铺砌式面层	
1	料石面层	石材质量、外形尺寸	符合设计及《城镇道路工程施工与质量验收规范》（CJJ 1—2008）的要求【R点】	查出厂检验报告或复验
2		砂浆平均抗压强度等级	应符合设计规定，任一组试件抗压强度最低值不应低于设计强度的85%【R点】	查试验报告
3		外观质量	表面应平整、稳固、无翘动，缝线直顺，灌缝饱满，无反坡积水现象	观察
1	料石面层允许偏差	纵断高程（mm）	±10【W点】	用水准仪测量
2		中线偏位（mm）	≤20【W点】	用经纬仪测量
3		平整度（mm）	≤3【W点】	用3m直尺和塞尺连续量两尺，取较大值
4		宽度（mm）	不小于设计规定	用钢尺量
5		横坡（%）	±0.3%且不反坡【W点】	用水准仪测量
6		井框与路面高差（mm）	≤3	十字法，用直尺和塞尺量，取最大值
7		相邻块高差（mm）	≤2	用钢板尺量
8		纵横缝直顺度（mm）	≤5	用20m线和钢尺量
9		缝宽（mm）	+3～−2	用钢尺量

序号	工序	检查（验）项目	检查要点及质量标准	检验方法及器具
广场与停车场面层				
1	料石面层	石材质量、外形尺寸及砂浆平均抗压强度等级	符合《城镇道路工程施工与质量验收规范》（CJJ 1—2008）中第 11.3.1 条的有关规定【R 点】	—
2		石材安装	符合《城镇道路工程施工与质量验收规范》（CJJ 1—2008）中第 11.3.1 条有关规定	
1	广场、停车场料石面层允许偏差	高程（mm）	±6【W 点】	用水准仪测量
2		平整度（mm）	≤3【W 点】	用 3m 直尺和塞尺连续量两尺，取较大值
3		宽度	不小于设计规定	用钢尺或测距仪量测
4		坡度	±0.3%且不反坡【W 点】	用水准仪测量
5		井框与面层高差（mm）	≤3	十字法，用直尺和塞尺量，取最大值
6		相邻块高差（mm）	≤2	用钢板尺量
7		纵、横缝直顺度（mm）	≤5	用 20m 线和钢尺量
8		缝宽（mm）	+3～−2	用钢尺量
1	沥青混合料面层	面层质量	应符合《城镇道路工程施工与质量验收规范》（CJJ 1—2008）中第 8.5.1、8.5.2 条的有关规定	—
2		面层厚度	符合设计规定，允许偏差为±5mm	钻孔用钢尺量
1	广场、停车场沥青混合料面层允许偏差	高程（mm）	±10【W 点】	用水准仪测量
2		平整度（mm）	≤5【W 点】	用 3m 直尺和塞尺连续量两尺，取较大值
3		宽度	不小于设计规定	用钢尺或测距仪量测
4		坡度	±0.3%且不反坡【W 点】	用水准仪测量
5		井框与面层高差（mm）	≤5	十字法，用直尺和塞尺量，取最大值

续表

序号	工序	检查（验）项目	检查要点及质量标准	检验方法及器具
			广场与停车场面层	
1	水泥混凝土面层	面层质量	应符合《城镇道路工程施工与质量验收规范》（CJJ 1—2008）中第10.8.1条关于主控项目的有关规定	—
2		外观质量	应符合《城镇道路工程施工与质量验收规范》（CJJ 1—2008）中第10.8.1条一般项目的有关规定	—
1	广场、停车场水泥混凝土面层允许偏差	高程（mm）	±10【W点】	用水准仪测量
2		平整度（mm）	≤5【W点】	用3m直尺和塞尺连续量两尺，取较大值
3		宽度	不小于设计规定	用钢尺或测距仪量测
4		坡度	±0.3%且不反坡【W点】	用水准仪测量
5		井框与面层高差（mm）	≤5	十字法，用直尺和塞尺量，取最大值
6		相邻板高差（mm）	≤3	用钢板尺和塞尺量
7		纵缝直顺度（mm）	≤10	用20m线和钢尺量
8		横缝直顺度（mm）	≤10	用20m线和钢尺量
9		蜂窝麻面面积（%）	≤2	观察和用钢板尺量
			人行道铺筑	
1	料石铺砌人行道面层	路床与基层压实度	应大于或等于90%【W点】	环刀法、灌砂法、灌水法
2		砂浆强度	应符合设计要求【R点】	查试验报告
3		石材强度、外观尺寸	应符合设计要求【R点】	查出厂检验报告及复检报告
4		盲道	铺砌应正确	观察
5		外观质量	铺砌应稳固、无翘动，表面平整、缝线直顺、缝宽均匀、灌缝饱满，无翘边、翘角、反坡、积水现象	观察

序号	工序	检查（验）项目	检查要点及质量标准	检验方法及器具
		人行道铺筑		
1	料石铺砌人行道面层允许偏差	平整度（mm）	≤3【W点】	用3m直尺和塞尺连续量2尺，取较大值
2		横坡	±0.3%且不反坡【W点】	用水准仪测量
3		井框与面层高差（mm）	≤3	十字法，用直尺和塞尺量，取最大值
4		相邻块高差（mm）	≤2	用钢尺量3点
5		纵缝直顺（mm）	≤10	用20m线和钢尺量
6		横缝直顺（mm）	≤10	沿路宽用线和钢尺量
7		缝宽（mm）	+3～-2	用钢尺量3点
1	混凝土预制砌块铺砌人行道（含盲道）	路床与基层压实度	应大于或等于90%【W点】	—
2		混凝土预制砌块（含盲道砌块）强度	符合设计规定【R点】	查抗压强度试验报告
3		砂浆平均抗压强度等级	应符合设计规定，任一组试件抗压强度最低值不应低于设计强度的85%【R点】	查试验报告
4		盲道	铺砌应正确	观察
5		外观质量	铺砌应稳固、无翘动，表面平整、缝线直顺、缝宽均匀、灌缝饱满，无翘边、翘角、反坡、积水现象	观察
1	预制砌块铺砌允许偏差	平整度（mm）	≤5【W点】	用3m直尺和塞尺连续量2次，取较大值
2		横坡	±0.3%且不反坡【W点】	用水准仪测量
3		井框与面层高差（mm）	≤4	十字法，用直尺和塞尺量，取最大值
4		相邻块高差（mm）	≤3	用钢尺量3点
5		纵缝直顺（mm）	≤10	用20m线和钢尺量
6		横缝直顺（mm）	≤10	沿路宽用线和钢尺量
7		缝宽（mm）	+3～-2	用钢尺量3点

序号	工序	检查（验）项目		检查要点及质量标准	检验方法及器具
人行道铺筑					
1	沥青混合料铺筑人行道面层	路床与基层压实度		同料石铺砌人行道面层【W点】	—
2		沥青混合料品质		应符合马歇尔试验配合比技术要求【W点】	现场取样试验
3		沥青混合料压实度		不应小于95%【R点】	查试验记录（马歇尔击实试件密度，试验室标准密度）
4		外观质量		表面应平整、密实，无裂缝、烂边、掉渣、推挤现象，接茬应平顺、烫边无枯焦现象，与构筑物衔接平顺，无反坡积水	观察
1	沥青混合料铺筑人行道面层允许偏差	平整度（mm）	沥青混凝土	≤5【W点】	用3m直尺和塞尺连续量两尺，取较大值
			其他	≤7【W点】	
2		横坡（%）		±0.3%且不反坡【W点】	用水准仪量测
3		井框与面层高差（mm）		≤5	十字法，用直尺和塞尺量，取最大值
4		厚度（mm）		±5	用钢尺量
附属构筑物					
1	路缘石	混凝土路缘石强度		符合设计要求【R点】	查出厂检验报告并复验
2		外观质量		路缘石应砌筑稳固、砂浆饱满、勾缝密实，外露面清洁、线条顺畅，平缘石不阻水	观察
1	立缘石、平缘石安砌允许偏差	直顺度		≤10mm	用20m线和钢尺量
2		相邻块高差		≤3mm	用钢板尺和塞尺量
3		缝宽		±3mm	用钢尺量
4		顶面高程		±10mm【W点】	用水准仪测量
1	雨水支管与雨水口	管材		符合《混凝土和钢筋混凝土排水管》（GB/T 11836—2009）的有关规定【R点】	查合格证和出厂检验报告
2		基础混凝土强度		符合设计要求【R点】	查试验报告

序号	工序	检查（验）项目	检查要点及质量标准	检验方法及器具
			附属构筑物	
3	雨水支管与雨水口	砌筑砂浆强度	符合《城镇道路工程施工与质量验收规范》（CJJ 1—2008）中第 14.5.3 条第 7 款的规定【R 点】	查试验报告
4		回填土	符合《城镇道路工程施工与质量验收规范》（CJJ 1—2008）中第 6.6.3 条压实度的有关规定【W 点】	环刀法、灌砂法或灌水法
5		外观质量	雨水口内壁勾缝应直顺、坚实，无漏勾、脱落。井框、井箅应完整、配套，安装平稳、牢固	观察
6		雨水支管安装	支管安装应直顺，无错口、反坡、存水，管内清洁，接口处内壁无砂浆外露及破损现象。管端面应完整	观察
1	雨水支管与雨水口允许偏差	井框与井壁吻合	≤10mm	用钢尺量
2		井框与周边路面吻合	0mm −10mm	用直尺靠量
3		雨水口与路边线间距	≤20mm	用钢尺量
4		井内尺寸	+20～0mm	用钢尺量，最大值

2. 安装施工质量控制

（1）油浸变压器。质量控制要点：环境，本体就位及固定，引出线连接及绝缘包扎，器身及分接开关，油箱箱盖或钟罩法兰及封板的螺栓连接密封情况，注油、热油循环。

油浸变压器开箱质量控制表见表 4-14，油浸变压器安装质量控制表见表 4-15。

表 4-14　　　　　　　　　　　油浸变压器开箱质量控制表

序号	工序	检查（验）项目	检查要点及质量标准	检验方法及器具
1	变压器本体	外观检查	（1）油漆完整【W 点】。（2）器身未存在变形【W 点】	目测
		铭牌及接线图标志	清晰【W 点】	目测
		充气运输气体压力	0.01～0.03MPa，记录完整【W 点】	目测
		冲击记录	记录完整，冲击值符合产品技术文件要求【W 点】	目测
		油箱顶部定位装置	无损坏、变形【W 点】	目测

续表

序号	工序	检查（验）项目	检查要点及质量标准	检验方法及器具
1	变压器本体	临时支撑件	完整、无损坏、无变形【W点】	目测
2	变压器附件	散热片	油漆完整、无变形、无损伤【W点】	目测
		吸湿器	干燥不变色【W点】	目测
		控制柜	（1）油漆完整、无变形、无损伤。【W点】 （2）内部布线整齐、简洁【W点】	目测
		套管检查	清洁、无机械损伤、无裂纹【W点】	目测
3	绝缘油	型号	符合设计文件【W点】	检验
		化学性能	符合相关规范要求【W点】	检验

表 4-15　　　　　　　　　　油浸变压器安装质量控制表

序号	工序	检查（验）项目		检查要点及质量标准	检验方法及器具
1	基础	基础检查		符合设计文件要求【H点】	测量
		与预埋件连接		牢固	目测
2	本体就位	位置		符合设计文件要求【W点】	测量
		与基础配合		牢固	目测
3	附件安装	气体继电器安装	密封及校验	良好、合格	目测
			继电器安装	水平、标志方向正确	目测
			连通管升高坡度	符合产品技术文件要求	目测
		安全气道安装	管道导通性	畅通	目测
			膜片外形	完整、无变形	目测
			法兰密封	无渗漏	目测
		温度计安装	插孔内介质及密封	同箱内绝缘油，良好、严密	目测
			测温包毛细管导通	弯曲半径大于 50mm	测量
		吸湿器安装	与储油柜连接	牢固、密封，管道通畅	目测
			油封油位	在油面线处	目测
			吸湿剂	干燥	目测
		压力释放阀安装	阀盖及升高座检查	清洁、密封良好	目测

序号	工序	检查（验）项目		检查要点及质量标准	检验方法及器具
4	整体检查	箱体及附件	铭牌及接线图标志	清晰	目测
			油漆	完整	目测
			附件安装	无短缺，完好	目测
			散热片	无变形	目测
			密封	无渗油	目测
			阀门	位置正确、无渗漏	目测
		引出线端子	瓷套	清洁、无机械损伤、无裂纹	目测
			结合面	紧固、无渗油	目测
			与导线连接	紧固、端子不受额外应力	目测
		调压切换装置	触点分断情况	动作可靠	目测
			装置密封	无渗油	目测
			分接头位置与指示器指示	对应，且指示正确	目测
		温度控制器指示		正常	目测
		绝缘油	试验	合格【H 点】	查验报告
			油位	正常	目测
5	其他	中性点接地	接地质量	符合设计文件要求（或一点引下，与相邻主接地网两点可靠连接）	目测
		基础及本体接地	接地质量	分别接地，且接地牢固、导通良好	目测

（2）气体绝缘封闭组合电器（GIS）。质量控制要点：就位及固定、外观检查、相序、接地、基础槽钢的允许偏差、一次安装及二次接线检查、二次回路检查、组合电器组装的环境温度、接头密封。

气体绝缘封闭组合电器开箱质量控制表见表 4-16，气体绝缘封闭组合电器安装质量控制表见表 4-17。

表 4-16 气体绝缘封闭组合电器开箱质量控制表

序号	工序	检查（验）项目		检查要点及质量标准	检验方法及器具
1	本体	组合元件的所有零部		完整无损，无受潮、锈蚀。各部件设备参数符合订货技术条件要求【W点】	目测
		各气室预充气体的压力值		符合产品技术文件要求【W点】	目测
		母线及母线筒内壁		平整、无毛刺【W点】	目测
		各单元母线的长度		符合产品技术文件要求【W点】	目测
		元件的接线端子、插接件及载流部分		光洁、无锈蚀【W点】	目测
		元件的紧固螺栓		齐全、无松动【W点】	目测
		充气运输气体压力		0.01～0.03MPa，记录完整【W点】	目测
		冲击记录		记录完整，冲击值符合产品技术文件要求【W点】	目测
2	SF₆气体	SF₆气瓶密封		不泄漏【W点】	现场观察
		SF₆气体含水量		符合相关规范要求【W点】	查验报告
3	操动机构	外观		清洁、无机械损伤【W点】	目测
		分、合闸指示		清晰、位置正确【W点】	目测
4	控制柜	柜体		（1）油漆完整。【W点】 （2）器身未存在变形【W点】	目测
		接线		（1）布线整齐简洁。【W点】 （2）线标清晰正确【W点】	目测

表 4-17 气体绝缘封闭组合电器安装质量控制表

序号	工序	检查（验）项目		检查要点及质量标准	检验方法及器具
1	元件组装	元件表面		洁净、无杂物	目测
		盆式绝缘子		完好，表面应清洁、无裂纹	目测
		所有部件的安装位置		符合产品技术文件要求	查验文件
		母线安装	导电部件镀银	表面光滑、无脱落【H点】	目测
			连接插件的触头	中心应对准插口，无卡阻【H点】	目测
			连接插件的插入深度	符合产品技术文件要求【H点】	查验文件
			分段回路电阻	符合产品技术文件要求【H点】	查验文件

序号	工序	检查（验）项目		检查要点及质量标准	检验方法及器具
1	元件组装	吸附剂检查		更新且干燥	目测
		隔离开关和接地开关	元件检查	零部件齐全、清洁	目测
			固定连接部件	紧固，转动部分涂以适合的润滑脂【W点】	目测
			定位螺钉	符合产品技术文件要求	查验文件
		法兰连接	元件检查	齐全、清洁、无杂物【W点】	目测
			密封垫（圈）检查	完好、清洁、无变形【W点】	目测
			密封槽及法兰面检查	光洁、无伤痕【W点】	目测
			法兰连接	导销无卡阻【W点】	目测
			连接螺栓紧固力矩	符合产品技术文件要求【W点】	查验文件
			伸缩节安装	符合产品技术文件要求【W点】	查验文件
2	操动机构	手动、电动操作动作		正常、无卡阻【W点】	目测
		分、合闸指示		与设备的实际分、合闸位置相符	目测
		联锁装置		动作正确、可靠	目测
3	套管安装	套管外观		无裂纹、损伤	目测
		密封槽及法兰表面		光洁、无划痕【W点】	目测
		密封垫（圈）检查		完好、清洁、无变形【W点】	目测
		均压环外观及安装		无划痕、毛刺，安装牢固，平正、无变形，宜在最低处打排水孔【W点】	目测
		连接螺栓紧固		力矩符合产品技术文件要求【W点】	
4	SF_6气充注	充气前充气设备及管路检查		洁净，无水分、油污【W点】	目测、查验文件
		充气前内部真空度		符合产品技术文件要求【W点】	
		密度继电器		检验合格	
		各气室 SF_6气体含水量		符合产品技术文件要求【W点】	
		各气室 SF_6气体压力		符合产品技术文件要求【W点】	
		密封试验		符合产品技术文件要求【W点】	
5	接地安装	接地线检查		无锈蚀、损伤	目测、查验文件
		各元件法兰连接处		符合产品技术文件要求	

序号	工序	检查（验）项目	检查要点及质量标准	检验方法及器具
5	接地安装	与主接地网连接	牢固、可靠，导通良好	
		连接螺栓	紧固、可靠	
6	其他	SF₆气体泄漏报警仪安装	安装在气体设备下部的地面位置	目测、查验文件
		室内通风、报警系统安装	符合设计文件要求	
		带电显示装置	指示正确	目测
		相色标志	正确、齐全	

（3）干式变压器。质量控制要点：环境，本体就位及固定，引出线连接及绝缘包扎，器身及分接开关，油箱箱盖或钟罩法兰及封板的螺栓连接密封情况，注油、热油循环。

干式变压器开箱质量控制表见表 4-18，干式变压器安装质量控制表见表 4-19。

表 4-18　　　　　　　　干式变压器开箱质量控制表

序号	工序	检查（验）项目	检查要点及质量标准	检验方法及器具
1	外壳	铭牌及接线图标志	齐全清晰【W 点】	目测
		外观	无破损、变形【W 点】	目测
		绝缘子外观	光滑、无裂纹【W 点】	目测
2	本体	外观检查	无碰伤、变形，漆膜完好，表面清洁、无异物【W 点】	目测
		绕组接线检查	牢固、正确【W 点】	目测
		绕组表面检查	无放电痕迹及裂纹【W 点】	目测
		引出线绝缘层	无损伤、裂纹【W 点】	目测
		引出线裸露导体外观	无毛刺尖角【W 点】	目测
3	附件	加热装置	无损伤，绝缘良好【W 点】	目测
		相色标志	齐全、正确【W 点】	目测

表 4-19　　　　　　　　干式变压器安装质量控制表

序号	工序	检查（验）项目	检查要点及质量标准	检验方法及器具
1	外壳	铭牌及接线图标志	齐全、清晰	目测
		外观	无破损、变形	目测/测量

序号	工序	检查（验）项目	检查要点及质量标准	检验方法及器具
1	外壳	绝缘子外观	光滑、无裂纹	目测
2	铁芯	铁芯紧固件检查	紧固、无松动	目测
		铁芯绝缘电阻	绝缘良好	查验资料
		铁芯接地	一点接地，且牢固可靠、导通良好	目测
3	绕组	绕组接线检查	牢固、正确	目测
		绝缘电阻	绝缘良好	查验资料
4	调压装置	调压机构	传动无卡阻、指示正确	目测
		分接头	连接正确	目测
		连接线	紧固、无松动	目测
5	引出线	绝缘层	无损伤、裂纹	目测
		裸露导体外观	无毛刺尖角	目测
		裸导体相间及对地距离	符合《电气装置安装工程 母线装置施工及验收规范》（GB 50149—2010）规定	测量
		防松件	齐全、完好	目测
		引线支架	固定牢固、无损伤	目测
6	本体及附件安装	本体固定	牢固、可靠	目测
		温控装置	动作可靠、指示正确	目测
		加热装置	无损伤、绝缘良好	目测
		风机系统	牢固、转向正确	目测
		相色标志	齐全、正确	目测
7	接地	外壳接地	牢固、导通良好	目测
		本体接地	牢固、导通良好	目测
		温控器接地	用软导线可靠接地，且导通良好	目测
		风机接地		目测
		可开启门接地		目测
		中性点接地	符合设计要求	目测

（4）配电屏柜。质量控制要点：

设备安装及接线：本体就位及固定、外观检查、接地检查、基础槽钢的允许偏差复核、二次安装及二次接线检查、二次回路检查、组合电器组装的环境温度控制。

高压开关柜安装质量控制表见表 4-20，低压开关柜安装质量控制表见表 4-21。

表 4-20 高压开关柜安装质量控制表

序号	工序	检查（验）项目			检查要点及质量标准	检验方法及器具
1	柜体就位找正	间隔布置			符合设计文件要求	测量
		垂直度			≤1.5mm/m【W 点】	测量
		水平误差	相邻两柜顶部		<2mm【W 点】	测量
			成列柜顶部		<2mm【W 点】	测量
		盘面	相邻两柜边		<1mm【W 点】	测量
			成列柜面		<1mm【W 点】	测量
2	附柜体固定件	柜间接缝			<2mm【W 点】	测量
		螺栓固定			牢固	目测
		紧固件检查			镀锌完好，齐全	目测
3	柜体接地	底架与基础连接			牢固、导通良好	目测
		可开启屏门的接地			用截面不小于 4mm² 多股软铜导线可靠接地	目测
		柜体接地			接地符合设计要求	目测、查验资料
4	开关柜机械部件检查	门锁开闭			灵活	目测
		柜内照明装置			齐全	目测
		安全隔离板开闭			灵活、可靠	目测
		手车推拉试验			轻便，灵活，无卡阻、碰撞现象【W 点】	目测
		手车与柜体间接地连接			接触紧密、接触顺序正确【W 点】	目测
		接地开关检查			接触可靠	目测
		电气"五防"［止误分、合断路器，防止带负荷分、合隔离开关，防止带电挂（合）接地线（接地开关），防止带接地线（接地开关）合断路器（隔离开关），防止误入带电间隔］装置			齐全、灵活可靠	目测

序号	工序	检查（验）项目		检查要点及质量标准	检验方法及器具
5	真空开关本体检查	分、合闸线圈铁芯动作检查		可靠、无卡阻	目测
		熔断器检查		导通良好、接触牢靠	目测
		螺栓连接		紧固均匀	目测
		二次插件检查		接触可靠	目测
		三相同期		符合产品技术文件要求	目测、查验资料
6	导电部分检查	触头外观检查		洁净光滑、镀银层完好【W点】	目测
		触头弹簧外观检查		齐全、无损伤	目测
		可挠铜片检查		无断裂、锈蚀，固定牢靠	目测
7	其他	辅助开关动作检查		准确、可靠	目测
		各部件外观及绝缘检查		无损伤、开启灵活、绝缘良好	目测
		仪表继电器防振措施		可靠	目测
		相色标志		正确	目测
		一次回路相间距离		符合《电气装置安装工程 母线装置施工及验收规范》（GB 50149—2010）的相关规定	测量
		一次回路对地距离		符合《电气装置安装工程 母线装置施工及验收规范》（GB 50149—2010）的相关规定	测量
		断路器与操动机构联动		正常、无卡阻	目测
		分合闸指示		正确	目测
		带电显示装置		指示正确	目测

表 4-21　　　　　　低压开关柜安装质量控制表

序号	工序	检查（验）项目			检查要点及质量标准	检验方法及器具
1	柜体就位找正	间隔布置			符合设计文件要求	目测
		垂直度			≤1.5mm/m【W点】	测量
		水平误差	相邻两柜顶部		≤2mm【W点】	测量
			成列柜顶部		≤5mm【W点】	测量
		盘面	相邻两柜边		≤1mm【W点】	测量

序号	工序	检查（验）项目		检查要点及质量标准	检验方法及器具
1	柜体就位找正	盘面	成列柜面	≤5mm【W点】	测量
		柜间接缝		≤2mm【W点】	测量
2	柜体固定	螺栓固定		牢固	目测
		紧固件检查		镀锌完好，齐全	目测
		紧固件表面处理		镀锌制品或其他防锈蚀制品	目测
		抽屉推拉试验		无卡阻碰撞，闭锁可靠【W点】	目测
		开关操作检查		操作灵活，正确可靠	目测
		盘前后标识		完全、清晰	目测
		盘、柜内照明检查		完好	目测
		电气"五防"装置		齐全、灵活可靠	目测
3	接地	盘体与基础型钢连接		牢固，导通良好	目测
		有防振垫盘的连接		每段盘有两点以上明显接地	目测
		装有电器可开启屏门的接地		用≥4mm² 软铜线可靠接地	目测
		可挠铜片检查		无断裂、锈蚀，固定牢靠	目测

（5）静止无功补偿装置（SVG）。质量控制要点：

设备安装及接线：本体就位及固定、外观检查、相序核对，接地检查、基础槽钢的允许偏差检查、二次设备安装及二次接线检查、二次回路检查、组合电器组装的环境温度控制、接头密封检查。

静止无功补偿装置（SVG）安装质量控制表见表 4-22。

表 4-22　　　　静止无功补偿装置（SVG）安装质量控制表

序号	工序	检查（验）项目		检查要点及质量标准	检验方法及器具
1	电抗器安装		外观检查	清洁，无破损、无裂纹、绕组牢固	目测
		基础安装	相间中心距离误差	≤10mm【W点】	测量
			预留孔中心线误差	≤5mm【W点】	测量

182

序号	工序	检查（验）项目		检查要点及质量标准	检验方法及器具
1	电抗器安装	支柱绝缘子	垂直安装三相中心线	一致【W点】	目测
			三相水平排列	三相相同【W点】	测量
		接线端子与母线连接		符合《电气装置安装工程　母线装置施工及验收规范》（GB 50149—2010）规定	目测
		接地		连接可靠，且不构成闭合回路	目测
		围栏		符合设计文件要求	目测
2	功率模块安装	型号规格		符合设计文件要求	目测、查验资料
		设备外观		无损伤、变形，油漆完整	目测
		支架间距、位置		符合设计文件要求	目测、查验资料
		支架固定		固定牢固，紧固件镀锌完好、齐全	目测
		支架防振措施检查		符合设计文件要求	目测
		支架接地		接地牢固，导通良好，接地标识明显	目测
		部件型号及规格		符合设计文件要求	目测、查验资料
		功率模块安装及接线		安装牢固，接线正确	目测
3	水冷系统安装	水冷设备安装及接地		符合设计文件要求	目测
		管路及组件外观		平直牢固，无凹凸、侧偏	目测
		管路连接		符合产品技术文件要求	目测
		软管连接		无扭折和裂纹【W点】	目测
		风机安装		牢固，转向正确、转动灵活、无卡阻异响	目测
		冷却水质		符合《半导体变流器　通用要求和电网换相变流器　第1-1部分：基本要求规范》（GB/T 3859.1—2013）规定	目测
		系统水压		符合产品技术文件要求，无渗漏【W点】	目测

4.3 海上风电机组基础施工质量管理

4.3.1 标准规范

《全球定位系统（GPS）测量规范》（GB/T 18314—2009）
《风力发电机组　设计要求》（GB/T 18451.1—2022）
《海上风电场工程施工组织设计规范》（NB/T 31033—2019）
《风力发电场项目建设工程验收规程》（GB/T 31997—2015）
《船舶与海上技术　海上风能港口与海上作业》（GB/T 40788—2021）
《工程测量规范》（GB 50026—2022）
《钢结构工程施工质量验收规范》（GB 50205—2020）
《海上风力发电工程施工规范》（GB/T 50571—2010）
《水运工程测量规范》（JTS 131—2012）
《水运工程结构防腐蚀施工规范》（JTS/T 209—2020）

4.3.2 作业流程

海上风电工程风电机组单桩基础、导管架基础、吸力筒基础、高桩承台基础流程图如图 4-20～图 4-23 所示。

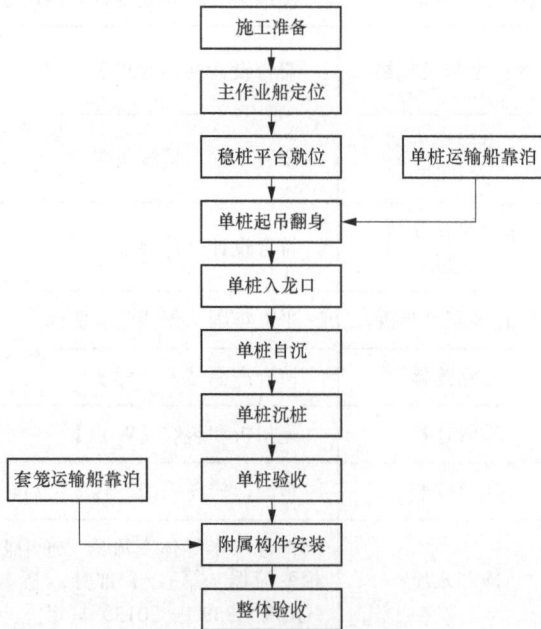

图 4-20 单桩基础施工流程图

```
                          施工准备
                             │
                             ▼
                        施工船舶定位
                             │
                             ▼
                     定位架安装调平        小桩运输船靠泊
                             │                   │
                             ▼◄──────────────────┘
                       小桩起桩、插桩
                             │
                             ▼
                        小桩沉桩
                             │
                             ▼
                    验收及定位架移除
                             │
    导管架运输船靠泊         ▼
          │             主吊装船就位
          │                  │
          ▼◄─────────────────▼
                    导管架吊装        灌浆船就位
                          │              │
                          ▼◄─────────────┘
                       灌浆施工
                          │
                          ▼
                       整体验收
```

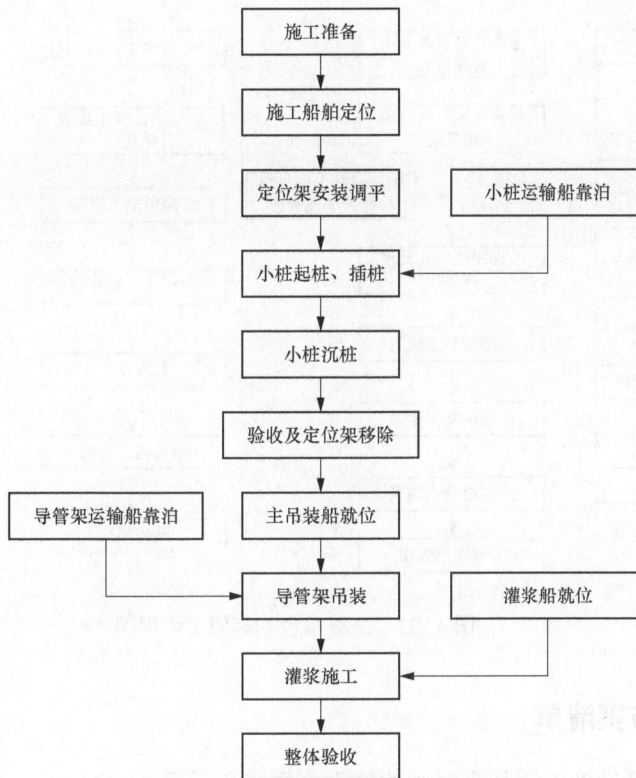

图 4-21 导管架基础施工流程图

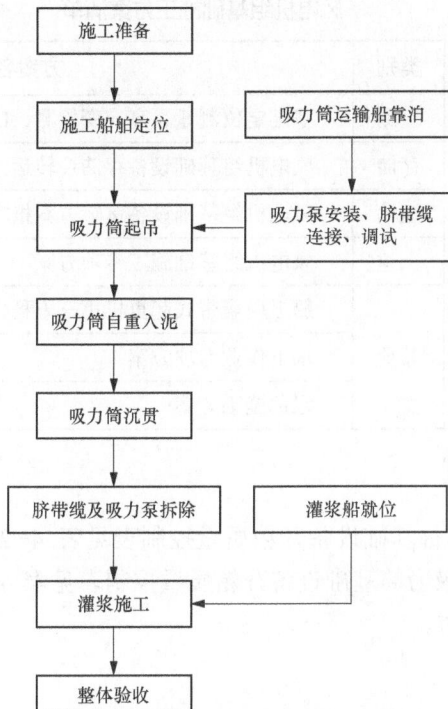

```
                          施工准备
                             │
                             ▼
                     施工船舶定位        吸力筒运输船靠泊
                                              │
                                              ▼
                                     吸力泵安装、脐带缆
                     吸力筒起吊◄────────  连接、调试
                          │
                          ▼
                    吸力筒自重入泥
                          │
                          ▼
                     吸力筒沉贯
                          │
                          ▼
              脐带缆及吸力泵拆除      灌浆船就位
                    │                    │
                    ▼◄───────────────────┘
                 灌浆施工
                    │
                    ▼
                 整体验收
```

图 4-22 吸力筒基础施工流程图

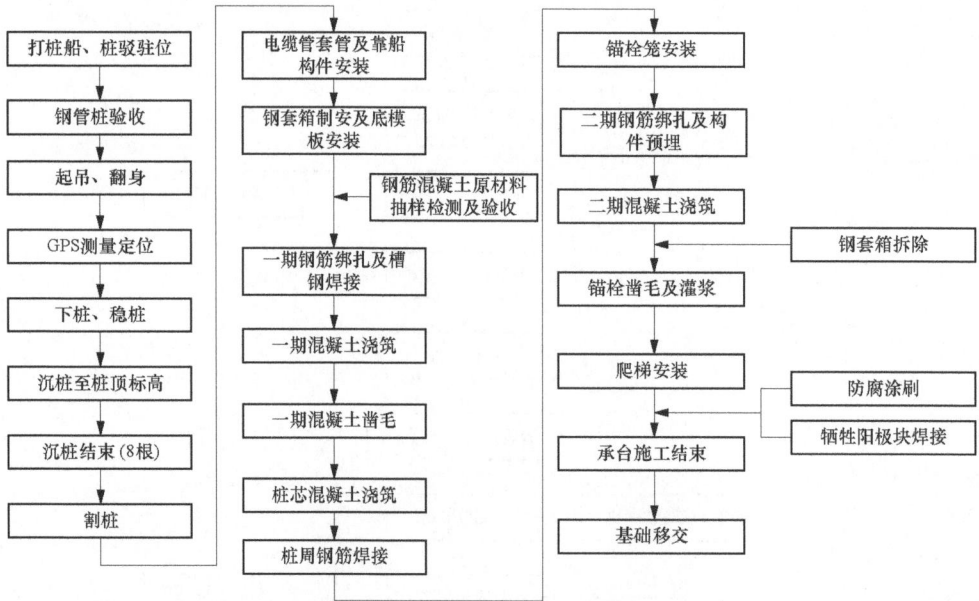

图 4-23　高桩承台基础施工流程图

4.3.3　方案清单

风电机组基础施工通常需编制的施工方案清单见表 4-23。

表 4-23　　　　　　　　　　　　风电机组基础施工方案清单

序号	区域	类别	方案名称
1		检测	基础定位测量、高应变检测、UT 检测方案
2		存储	风电机组基础设备存储及转运方案
3		运输	风电机组基础设备运输方案报审
4	风电机组基础	土建	风电机组基础施工专项方案
5		其他	船上用履带式起重机第三方稳性计算（若有）
6			水下作业专项方案
7			绿色施工方案

4.3.4　质量控制

（1）开箱验收。单桩基础设备开箱质量控制表见表 4-24，导管架基础设备开箱质量控制表见表 4-25，吸力筒基础设备开箱质量控制表见表 4-26，高桩承台基础设备开箱质量控制表见表 4-27。

表4-24　　　　　　　　　　单桩基础设备开箱质量控制表

序号	工序	检查（验）项目	检查要点及质量标准	检验方法及器具
1	单桩验收	外观检查	（1）油漆完整。【W点】 （2）桩身未存在变形	目测
2		海缆孔	海缆孔数量、尺寸及方位与图纸一致【H点】	目测/测量
3		桩顶法兰	桩顶法兰及螺栓孔未存在变形	目测
4		电缆牵引绳	布置数量及系挂位置与图纸一致	目测
5		桩身标识	桩身塔筒门标识、海缆孔定位标识、长度标识及刻度标识完整，且标识朝向与图纸一致【W点】	目测
6		牛腿	牛腿数量、尺寸与图纸一致，牛腿高度布置按图纸要求	目测/测量
7	套笼及附属构件验收	外观检查	（1）油漆完整。 （2）套笼未存在变形。【W点】 （3）平台格栅完整，按图纸要求布置牢固	目测
8		牺牲阳极	布置数量及位置与图纸要求一致【W点】	目测
9		外加电流阴极保护	（1）参比电极、辅助阳极数量与图纸一致；且设备外观完整，未出现损坏及变形。【H点】 （2）连接电缆厂内已敷设并已预留相关接口。 （3）设备安装底座位置与图纸要求一致	目测/测量
10	套笼及附属构件验收	紧固装置	（1）尺寸及螺栓布置与图纸一致。 （2）螺栓已涂抹润滑油，旋钮进退无卡涩现象	目测/测量
11		标识	塔筒门标识完整，朝向与图纸一致【W点】	目测
12		埋件	（1）应急舱、柴油发电机、吊机等设备固定埋件数量及位置与图纸一致。 （2）海域预警、航标预留基座位置与图纸一致	目测
13	内平台及附属构件验收	外观检查	（1）油漆完整。 （2）内平台未存在变形。 （3）海缆锚固孔、固定螺栓孔按图纸布置【W点】	目测/测量
14		接地装置	（1）接地柱数量及布置位置与图纸一致。 （2）接地线（包括螺栓、垫片、螺母）数量供货满足图纸要求	目测

表 4-25　　　　　　　　导管架基础设备开箱质量控制表

序号	工序	检查（验）项目	检查要点及质量标准	检验方法及器具
1	小桩验收	外观检查	（1）油漆完整。 （2）桩身未存在变形。【W点】 （3）椭圆度满足设计要求。 （4）剪力键设置满足设计要求	目测/测量
2		桩身标识	长度标识及刻度标识完整	目测
3	导管架验收	外观检查	（1）油漆完整。 （2）J型管按图纸布置。 （3）塔筒门标识完整。 （4）灌浆接口完整。【W点】 （5）预留牵引钢丝绳。 （6）平台栏杆无变形，格栅固定牢固、无松动	目测
4		外加电流阴极保护	（1）参比电极、辅助阳极数量与图纸一致；且设备外观完整，未出现损坏及变形。【H点】 （2）连接电缆厂内已敷设并已预留相关接口。 （3）设备安装底座位置与图纸要求一致	目测
5	导管架验收	埋件	（1）应急舱、柴油发电机、吊机等设备固定埋件数量及位置与图纸一致。 （2）海域预警、航标预留基座位置与图纸一致	目测
6		标识	刻度标识完整	目测

表 4-26　　　　　　　　吸力筒基础设备开箱质量控制表

序号	工序	检查（验）项目	检查要点及质量标准	检验方法及器具
1	到货验收	外观检查	（1）油漆完整。 （2）吸力筒设备未存在变形【W点】	目测
2		顶部法兰	顶部法兰及螺栓孔未存在变形	目测
3		牺牲阳极	布置数量及位置与图纸要求一致	目测

序号	工序	检查（验）项目	检查要点及质量标准	检验方法及器具
4	到货验收	外加电流阴极保护	（1）参比电极、辅助阳极数量与图纸一致；且设备外观完整，未出现损坏及变形。【H点】 （2）连接电缆厂内已敷设并已预留相关接口。 （3）设备安装底座位置与图纸要求一致	目测/测量
5		泵撬系统	（1）吸力泵已安装牢固。【W点】 （2）如一个泵控制多个吸力筒的方式，各筒身之间管道已连接完成；管道未出现明显变形【H点】	目测
6		J型管	（1）数量及布置位置与图纸一致。 （2）外观未出现明显变形	目测
7		灌浆管线	（1）数量及布置位置与图纸一致。 （2）外观未出现明显变形。 （3）灌浆口有封堵措施（如封头、盖板或管帽等）	目测
8		埋件	（1）应急舱、柴油发电机、吊机等设备固定埋件数量及位置与图纸一致。 （2）海域预警、航标预留基座位置与图纸一致	目测
9		标识	（1）筒身刻度线完整、清晰。 （2）塔筒门朝向标识齐全，朝向正确	目测

表4-27　　　　　高桩承台基础设备开箱质量控制表

序号	工序	检查（验）项目	检查要点及质量标准	检验方法及器具
1	小桩验收	桩身外观	（1）油漆完整。 （2）桩身未存在变形。 （3）吊耳焊接质量及尺寸满足设计图纸要求。 （4）原材下料、焊接、防腐记录、质量合格证等资料完整且可追溯【R点】	目测/测量/文件检查
2		电缆管套管及靠船构件	（1）外观质量满足设计图纸要求，J型管数量、尺寸满足设计图纸要求。 （2）原材下料、焊接、防腐记录、质量合格证等资料完整且可追溯。 （3）牺牲阳极块数量、尺寸满足设计图纸要求【W点】	目测/测量/文件检查

续表

序号	工序	检查（验）项目	检查要点及质量标准	检验方法及器具
3	小桩验收	锚栓笼	（1）锚板、螺杆、螺栓、套管等数量及质量证明文件满足设计规范要求。【W点】 （2）组装验收在圆度、水平度、力矩、套管密闭等方面满足设计要求	目测/测量/文件检查
4		爬梯	（1）外观质量满足设计图纸要求，踏板格栅完整，按图纸要求布置牢固。 （2）原材下料、焊接、防腐记录、质量合格证等资料完整且可追溯。 （3）连接螺栓数量、质量满足设计图纸要求	目测/测量/文件检查
5		牺牲阳极块	（1）质量合格证等资料完整。 （2）外观质量、尺寸及数量符合设计图纸要求	目测/测量/文件检查

（2）基础施工质量控制。单桩基础施工质量控制表见表 4-28，导管架基础施工质量控制见表 4-29，吸力筒基础施工质量控制表见表 4-30，高桩承台基础施工质量控制表见表 4-31。

表 4-28　　　　　　　　　　单桩基础施工质量控制表

序号	工序	检查（验）项目	检查要点及质量标准	检验方法及器具
1	施工准备	海底扫测	已完成作业区域扫测工作，扫测结果满足设计规范要求【R点】	文件检查
		施工船舶定位	主吊装船按抛锚方案定位完成	文件检查
2	稳桩平台就位	机位中心测量	机位中心坐标位置偏差满足设计及规范要求【H点】	GPS 接收机测量
3	单桩起吊	吊索具布置	按施工方案要求完成主吊钢丝绳及溜尾钩布置	目测
4	单桩自沉	方位角	塔筒门方向与设计要求方向一致【W点】	测量
		桩身垂直度	自沉过程垂直度在设计要求范围内【W点】	测量
5	单桩沉桩	锤击能量	（1）刚开始采用点击或小能量小阵锤击方式，避免溜桩。 （2）根据地质条件及锤击过程中桩身贯入度，及时调整能量大小。 （3）待桩身贯入稳定后，尽量保持沉桩持续，避免长时间停滞	测量

序号	工序	检查（验）项目	检查要点及质量标准	检验方法及器具
5	单桩沉桩	桩身垂直度	沉桩过程中垂直度在设计要求范围内【W点】	测量
		终锤高度	停锤时，桩顶高程满足设计要求【H点】	测量
6	单桩验收	机位中心	机位中心坐标位置偏差满足设计要求	测量
		方位角	塔筒门方向偏差满足设计要求	测量
		顶部法兰水平度	桩顶法兰水平度偏差满足设计要求	测量
		顶部法兰内倾度	桩顶法兰内倾度偏差满足设计要求	测量
		顶法兰焊缝检测	顶部法兰焊缝按设计要求完成相关检测，检测结果合格【R点】	文件检查
		高应变检测	已完成高应变检测，检测结果合格【R点】	文件检查
		桩身油漆	桩身油漆已修补完成【W点】	目测
7	套笼安装	套笼安装检查	（1）套笼已按图纸方位就位，塔筒门与单桩朝向一致。【W点】 （2）套笼与桩身间隙均匀。 （3）套笼底座已均匀坐落到各个支座，无悬空等问题出现	目测
		紧固装置安装检查	（1）紧固装置已按图纸位置布置完成。【W点】 （2）紧固装置安装紧固，无松动，紧固装置顶紧螺栓已旋钮到位。 （3）安装完成后套笼不应有晃动	目测
8	内平台安装	内平台安装检查	（1）内平台已按图纸方位就位，内平台塔筒门朝向标识与单桩朝向一致。【W点】 （2）内平台紧固螺栓已安装。 （3）内平台与内环板之间已涂抹密封胶，密封胶高度满足图纸要求【W点】	目测
9	外加电流系统	安装、调试	外加电流系统设备已就位，电缆已与设备接口已连接完成	目测
			外加电流系统已完成调试，在陆上集控中心控制室已建立远程监控【R点】	文件检查
10	接地系统	内平台与桩身接地安装检查	（1）内平台接地环已安装完成。 （2）内平台与内环板接地线已安装完成。 （3）接地线连接规范，电缆接头、弹簧垫圈、平垫圈、螺母按图纸要求安装。【W点】 （4）接地螺栓紧固，无松动	目测

序号	工序	检查（验）项目	检查要点及质量标准	检验方法及器具
10	接地系统	套笼与桩身接地安装检查	（1）桩身端接地柱焊接完成，焊瘤已清理，焊缝已涂刷防锈漆。 （2）套笼端射钉安装满足图纸要求。【W点】 （3）接地线连接规范，电缆接头、弹簧垫圈、平垫圈、螺母按图纸要求安装。 （4）接地螺栓紧固，无松动	目测

表 4-29　　　　　　　　　　　导管架基础施工质量控制

序号	工序	检查（验）项目	检查要点及质量标准	检验方法及器具
1	施工准备	海底扫测	已完成作业区域扫测工作，扫测结果满足设计规范要求【R点】	文件检查
		施工船舶就位	施工船舶已按方案位置抛锚定位完成	文件检查
2	定位架就位	机位中心测量	风电机组机位中心坐标位置偏差应满足设计及规范要求【H点】	GPS接收机测量
		方位角	风电机组基础方位角偏差应满足设计及规范要求【H点】	测量
3	小桩起吊	吊索具布置	按施工方案要求完成翻桩器、溜尾或其他吊装方式布置	目测
4	小桩自沉	垂直度监测	自沉过程垂直度在设计要求范围内【W点】	测量
5	小桩沉桩	锤击能量	（1）刚开始采用点击或小能量小阵锤击方式，避免溜桩。 （2）根据地质条件及锤击过程中桩身贯入度，调整能量大小。 （3）待桩身贯入稳定后，尽量保持沉桩持续，避免长时间停滞	测量
5	小桩沉桩	垂直度监测	沉桩过程中垂直度在设计要求范围内【W点】	测量
		终锤高度	停锤时，桩顶高程满足设计要求【H点】	测量
		高应变监测	按设计规范书要求完成小桩高应变检测【R点】	测量
6	导管架吊装	吊索具布置及工装切除检查	（1）已按方案完成吊索具布置。 （2）运输工装已切除	测量
		导管架就位测量	按图纸方位完成导管架吊装就位【H点】	目测

续表

序号	工序	检查（验）项目	检查要点及质量标准	检验方法及器具
6	导管架吊装	导管架验收	（1）顶法兰水平度满足设计要求。 （2）导管架方位角满足设计要求。 （3）导管架中心坐标满足设计要求。 （4）导管架顶法兰标高满足设计要求	测量
7	导管架灌浆	原材料	（1）灌浆原材料选取满足设计要求，且原材料已完成送检。【H点】 （2）到货灌浆料与送检原材料批次一致	目测
		灌浆环境	（1）采用混合水满足设计要求。 （2）灌浆时环境温度满足设计要求	测量
		取样	（1）已按设计要求分阶段完成取样。【H点】 （2）所有样品有完整标识，可清晰分辨。 （3）样品养护满足设计要求	目测
		灌浆及验收	（1）严格按照批准的灌浆施工工艺和灌浆材料配置比例进行施工。【W点】 （2）灌浆施工必须持续灌浆完成，不得中间间断或停顿。 （3）灌浆快结束时，观察支腿上预留的溢浆孔是否有浆液溢出，判定灌浆完成，并保留影像记录。【H点】 （4）灌浆强度满足规范及设计要求，根据灌浆试块7天及28天报告强度判定	目测/文件检查
8	附属构件安装	接地连接	导管架本体与小桩水下接地线按图纸数量及要求安装完成【R点】	视频影像
		外加电流系统	按设计图纸完成外加电流系统安装及调试【R点】	目测/文件检查

表 4-30　　　　　　　　　吸力筒基础施工质量控制表

序号	工序	检查（验）项目	检查要点及质量标准	检验方法及器具
1	施工准备	海底扫测	已完成作业区域扫测工作，扫测结果满足设计规范要求【R点】	文件检查
		沉贯分析	通过地勘资料，每个机位施工前，已完成各机位沉贯分析	文件检查
		施工船舶定位	主吊装船按抛锚方案定位完成	文件检查

续表

序号	工序	检查（验）项目	检查要点及质量标准	检验方法及器具
2	泵撬系统调试	脐带缆安装调试	（1）脐带缆表面无损伤。 （2）脐带缆与船上控制系统连接完成。 （3）泵撬系统调试完成，无异常【H点】	目测
3	吸力筒起吊	吊具复核	（1）运输船按方案完成侧靠或尾靠。 （2）所用吊具、吊梁型号规格与方案相符。 （3）运输工装已拆除	目测/测量
4	吸力筒自沉	方位角	吸力筒方位角朝向正确，满足设计要求【H点】	测量
		吸力筒位置	吸力筒定位位置满足设计要求【H点】	测量
		自沉控制	（1）设备吊装下水过程应缓慢、平稳，不得有剧烈晃动。 （2）吊装过程倾角不大于3°。 （3）控制下沉速度不大于10m/h。 （4）自沉过程设备水平度在设计要求范围内【W点】	目测/测量
5	吸力筒沉贯	负压沉贯	（1）吸力筒沉贯过程压力曲线在要求范围内，不得出现土塞或筒身变形情况。 （2）沉贯过程中，吸力筒水平度在设计要求范围内。【W点】 （3）沉贯过程设备水平度和倾斜度在设计范围内。【W点】 （4）控制下沉速度不大于1.5m/h	测量
6	吸力筒验收	吸力筒位置	吸力筒定位在设计要求范围内	测量
		方位角	吸力筒方位角朝向满足设计要求	测量
		水平度	顶部法兰水平度满足设计要求	测量
		泵撬系统拆除	吸力泵及脐带缆已拆除	目测
7	吸力筒灌浆	原材料	（1）灌浆原材料选取满足设计要求，且原材料已完成送检。【H点】 （2）到货灌浆料与送检原材料批次一致	目测
		灌浆环境	（1）采用混合水满足设计要求。 （2）灌浆时环境温度满足设计要求	测量
		取样	（1）已按设计要求分阶段完成取样。 （2）所有样品有完整标识，可清晰分辨。 （3）样品养护满足设计要求	目测
		灌浆验收	（1）严格按照批准的灌浆施工工艺和灌浆材料配置比例进行施工。【W点】 （2）灌浆施工必须持续灌浆完成，不得中间间断或停顿。	目测

序号	工序	检查（验）项目	检查要点及质量标准	检验方法及器具
7	吸力筒灌浆	灌浆验收	（3）灌浆快结束时，观察支腿上预留的溢浆孔是否有浆液溢出，判定灌浆完成，并保留影像记录。【H点】 （4）灌浆强度满足规范及设计要求，根据灌浆试块 7 天及 28 天报告强度判定	目测
		灌浆口封堵	灌浆完成后，吸力泵预留顶部管口封堵	目测

表 4-31　　　　　　　　　　高桩承台基础施工质量控制表

序号	工序	检查（验）项目	检查要点及质量标准	检验方法及器具
1	施工准备	海底扫测	已完成作业区域扫测工作，扫测结果满足设计规范要求【R点】	文件检查
		地勘资料	查阅地勘报告中钻孔柱状图分析是否存在溜桩可能性	目测
		施工船舶就位	施工船舶已按方案位置抛锚定位完成	文件检查
2	小桩施工	吊索具布置	按施工方案要求完成卸扣安装	目测
		GPS 定位测量	小桩坐标位置偏差应满足设计及规范要求【H点】	GPS 接收机测量
		倾斜度	自沉过程斜度在设计要求范围内【W点】	测量
		锤击施工	（1）锤击沉桩的锤击能量和频率应符合规范及施工方案要求。 （2）锤击完成后，桩顶高程偏差满足设计要求【H点】	测量
		低、高应变检测	按设计规范书要求完成小桩低、高应变检测【R点】	测量
3	电缆管套管及靠船构件安装	外观检查	依据图纸检查各段尺寸、直径及喇叭口数量	测量
		电缆管套管及靠船构件安装	依据图纸确认安装至某根小桩及方位调整	目测
4	钢套箱制作安装	钢套箱制作	依据图纸复核，尺寸偏差及强度在设计规范书要求内	测量
		钢套箱安装	中心位置及水平度满足设计规范书要求【W点】	测量

序号	工序	检查（验）项目	检查要点及质量标准	检验方法及器具
5	原材检测及入场	取样	（1）已按设计要求分阶段完成取样。【H点】 （2）所有样品有质量合格证且标识完整。 （3）样品检测报告满足设计要求	目测
6	一期、二期钢筋绑扎	环、纵、竖钢筋数量及间距	依据图纸复核钢筋数量，间距满足设计规范要求【H点】	目测
		预埋件	依据图纸复核数量及位置	
		槽钢焊接	焊接质量应满足设计要求	
7	锚栓笼验收及安装	锚栓笼拼装	锚栓笼圆度、水平度，螺栓尺寸及力矩满足设计规范要求【H点】	测量
		锚栓笼安装	锚栓笼水平度、中心位置满足设计规范要求【H点】	
8	一期、二期及桩芯混凝土浇筑	混凝土搅拌	配合比及坍落度满足设计规范要求	测量
		试块制作	依据设计规范要求制作试块【H点】	目测
		浇筑过程控制	关注钢套箱底板渗漏水，做好振捣	
		质量验收	混凝土外观质量及强度满足设计规范要求	
9	锚栓灌浆	灌浆准备	锚板及螺栓的圆度和水平度满足设计规范要求	测量
		灌浆及验收	（1）严格按照批准的灌浆施工工艺和灌浆材料配置比例进行施工。【W点】 （2）灌浆施工必须持续灌浆完成，不得中间间断或停顿。 （3）灌浆快结束时，观察模板浆液溢出，判定灌浆完成，并保留影像记录。【H点】 （4）灌浆强度满足规范及设计要求，根据灌浆试块7天及28天报告强度判定	目测/文件检查
10	防腐涂装	硅烷浸渍喷涂及防腐面漆涂刷	（1）硅烷浸渍喷涂范围及遍数满足设计规范书要求。 （2）防腐面漆材质、遍数、厚度满足图纸及设计规范书要求	目测
11	牺牲阳极块安装	焊接质量	满足设计规范要求	视频影像
		保护电位测量	保护电位满足设计规范要求	测量

4.4 风电机组设备安装施工质量管理

4.4.1 标准规范

《风力发电机组 设计要求》（GB/T 18451.1—2022）

《风力发电场项目建设工程验收规程》（GB/T 31997—2015）

《船舶与海上技术 海上风能港口与海上作业》（GB/T 40788—2021）

《钢结构工程施工质量验收规范》（GB 50205—2020）

《海上风力发电工程施工规范》（GB/T 50571—2010）

《海上风电场工程施工组织设计规范》（NB/T 31033—2019）

《水运工程测量规范》（JTS 131—2012）

《水运工程结构防腐蚀施工规范》（JTS/T 209—2020）

《钻井平台拖航与就位作业规范》（SY/T 10035—2019）

《海洋井场调查规范》（SY/T 6707—2016）

4.4.2 作业流程

（1）分体式叶轮吊装流程图如图 4-24 所示。

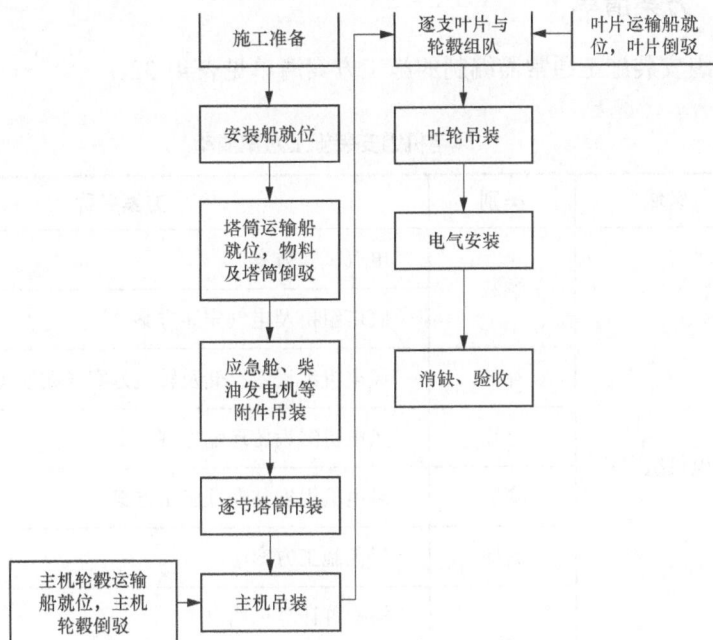

图 4-24 分体式叶轮吊装流程图

（2）分体式单叶片吊装流程图如图 4-25 所示。

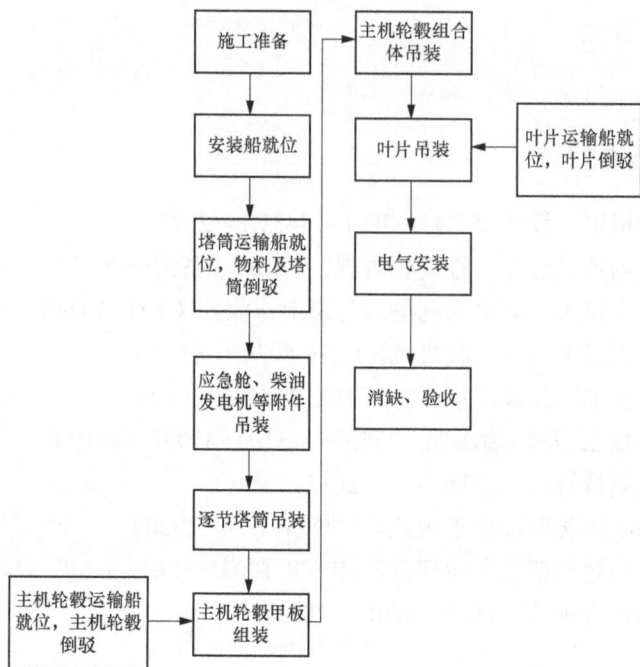

图 4-25　分体式单叶片吊装流程图

4.4.3　方案清单

风电机组安装施工通常需编制的施工方案清单见表 4-32。

表 4-32　　　　　　　　　风电机组安装施工方案清单

序号	区域	类别	方案名称
1	风电机组安装	预装	电气试验方案
2			底塔组拼及电气安装方案
3		存储	风电机组设备存储及转运方案（如涉及存储的）
4		运输	风电机组设备运输方案
5		安装	风电机组安装专项施工方案
6		其他	绿色施工方案
7		自升式平台	插拔桩计算说明书
8			插拔桩第三方复核报告

序号	区域	类别	方案名称
9	风电机组安装	自升式平台	插拔桩操作规程
10			防穿刺措施及预案（自升式平台）
11			插拔桩突发事故应急预案（自升式平台）
12			履带式起重机第三方稳性计算（若有）
13		坐底船	坐底船滑移、弹跳、中拱、超浮力起浮专项应急预案（坐底船）
14			履带式起重机第三方稳性计算（若有）
15			坐底船上浮下潜操作规程

4.4.4　质量控制

1. 设备安装前检查

设备安装前质量控制表见表 4-33。

表 4-33　　　　　　　　设备安装前质量控制表

序号	工序	检查（验）项目	检查要点及质量标准	检验方法及器具
1	塔筒	塔身外观检查	（1）塔身油漆完整，无破损。 （2）塔身未存在明显变形	目测
2		塔筒门	（1）塔身油漆完整，无破损。 （2）未存在明显变形和破损。 （3）塔筒门密封符合要求，无漏光	目测
3		法兰	未存在明显变形、破损	目测
4		塔筒内电气设备	（1）设备安装齐全、无漏项。 （2）设备安装牢靠，安装螺栓无松动。 （3）电缆及绑扎完好，无破损【W 点】	目测
5		塔筒结构附件	塔筒结构附件安装齐全，满足厂家要求	目测

2. 风电机组安装质量控制

风电机组质量控制是保证风电机组正常运行和安全的关键，需要综合考虑设计、制造、安装和运维等多个方面。结合现场工程建设经验，本节给出了风电机组安装过程中各工序质量控制检查要点和标准。针对质量控制重难点内容设置 H、W 点，需施工及监理单位重点关注；其他未设专项检查点的内容并不代表不重要，仍需风电机组安装施工单位关注落实。

基础平台附件安装施工质量控制表见表 4-34，塔筒施工质量控制表见表 4-35，机舱施工质量控制表见表 4-36，叶片安装质量控制表见表 4-37，轮毂安装质量控制表见表 4-38，电气安装质量控制表见表 4-39。

表 4-34 基础平台附件安装施工质量控制表

序号	工序	检查（验）项目	检查要点及质量标准	检验方法及器具
1	基础平台附件安装	生活集装箱（应急舱）安装	（1）集装箱安装位置满足厂家要求。 （2）接地线安装满足厂家要求。 （3）使用的紧固件和紧固力矩满足厂家要求，如某机型的集装箱使用 M20 螺栓固定，紧固力矩为 210N·m。【W 点】 （4）紧固件防松标识及防腐涂抹符合要求	目测/测量
2		基础平台吊机安装	（1）吊机安装位置正确。 （2）接地线安装满足厂家要求。 （3）使用的紧固件和紧固力矩满足厂家要求，如某机型吊机立柱与基座用 M30 螺栓固定，紧固力矩为 1500N·m；摇臂组件、臂架组件安装使用 M16 螺栓固定，紧固力矩为 220N·m。 （4）紧固件防松标识及防腐涂抹符合要求	目测/测量
3		后备电源（柴油发电机组）安装（如有）	（1）后备电源安装位置正确。 （2）接地线安装正确。 （3）使用的紧固件和紧固力矩满足厂家要求，如某机型后备电源使用 M36×135 的六角头螺栓，紧固力矩为 4150N·m。【W 点】 （4）紧固件防松标识及防腐涂抹符合要求	目测/测量
4		变流器散热风扇安装（如有）	（1）散热风扇安装位置、方向正确。 （2）通风管线连接正确。 （3）使用的紧固件和紧固力矩满足厂家要求，如某机型用使用 M12 螺栓固定，紧固力矩为 50N·m。 （4）紧固件防松标识及防腐涂抹符合要求	目测/测量

表 4-35 塔筒施工质量控制表

序号	工序	检查（验）项目	检查要点及质量标准	检验方法及器具
1	塔筒安装前准备	塔筒安装准备与清理	（1）基础法兰面清理干净，无锈蚀。	目测

序号	工序	检查（验）项目	检查要点及质量标准	检验方法及器具
1	塔筒安装前准备	塔筒安装准备与清理	（2）密封胶涂抹符合厂家要求，如某机型在螺栓孔内外边缘 50mm 处及分度圆螺栓中间分别用密封胶打一圈，要求胶条直径约为 5mm，密封胶涂胶时间要求：对接前 30min 内完成。【W 点】 （3）顶塔安装时扰流条安装正确，缠绕圈数为 1.5～2 圈【W 点】	目测
2	塔筒对接	底塔与基础对接	底塔与基础对接正确，零度线重合	目测
3		塔筒爬梯安装	（1）底段塔筒与基础爬梯安装位置对正，无错位。 （2）爬梯对接处附件安装齐全，螺栓紧固良好。 （3）滑轨型防坠落系统的连接轴和连接块轴牢固，滚动轴承转动无卡塞	目测
4	塔筒法兰连接螺栓安装	法兰连接螺栓安装	（1）法兰连接螺栓外观检查无破损，该批次螺栓已抽检。【W 点】 （2）螺栓垫片倒角端朝向螺栓头和螺母，螺母有文字的一侧朝上。 （3）螺栓润滑脂均匀充分涂抹在螺栓-螺母的螺牙旋合处，螺杆需整圈涂抹，螺杆螺纹涂抹区域内没有金属防腐面裸露，螺母-垫片接触面：均匀涂在螺母无钢印的面上，保证螺母与垫片的接触面没有金属防腐面裸露【W 点】	目测
5		法兰连接螺栓紧固	（1）螺栓紧固方式符合厂家要求，如某机型： 1）第一次使用液压力矩扳手进行紧固，紧固力矩为 4865N·m，要求力矩紧固时对称、十字交叉。 2）第二次使用液压力矩扳手进行紧固，紧固力矩为 9730N·m，要求力矩紧固时对称、十字交叉。 3）第三次使用液压力矩扳手进行紧固，紧固力矩为 9730N·m。【W 点】 （2）法兰间隙符合厂家要求，如某机型法兰连接螺栓紧固完毕后采用 0.2mm 塞尺在塔筒法兰划一圈。如果发现有能塞入的缝隙，则继续采用 0.2mm 塞尺向塔筒法兰塞入，塞入深度小于 20mm 则认为合格【H 点】	目测/记录文件检查/测量

续表

序号	工序	检查（验）项目	检查要点及质量标准	检验方法及器具
6	连接螺栓紧固后检验	螺栓力矩检验	（1）按照厂家要求开展欠拧检查，结果应符合要求。如某机型欠拧检查：螺栓检验数量为100%，按终紧力矩9730N·m进行检验，螺栓转动角度要在5°以内则认为合格。【H点】 （2）按照厂家要求开展超拧检查，结果应符合要求。如某机型超拧检查：抽取4颗欠拧检查时不转动的螺栓（若欠拧检查时不转动螺栓数量少于4颗，则将这几颗不动的螺栓全部按照105%力矩检查），使用105%的力矩进行检查若转动在10°内则认为是合格（检查合格后需将105%力矩检查的螺栓回拧后使用100%力矩复拧）；若使用105%的力矩螺栓不转动则回拧60°后用100%力矩复拧，看防松线是否能够重叠，若重叠则判定合格（防松线线宽为2～3mm）。若两线不重叠且差距在20°以内则需要全部回松后重新按照100%力矩打紧【H点】	测量
7		螺栓防松标记	（1）螺栓的外露面部位均匀涂抹薄薄一层防锈油。 （2）螺栓防松线划过的范围覆盖螺母、垫圈和塔筒法兰面，并且成一条连续直线	目测

表 4-36 　　　　　　　　　　　　机舱施工质量控制表

序号	工序	检查（验）项目	检查要点及质量标准	检验方法及器具
1	主机安装前准备	塔筒上法兰表面检查	（1）涂胶表面用清洗剂清理，要求无油、清洁。 （2）塔筒顶法兰面内外边缘20mm处均匀涂抹两圈密封胶，硅酮密封胶涂胶胶条直径为5mm。 （3）密封胶涂胶时间要求：对接前30min内完成	目测/测量
2		主机连接螺栓预安装	（1）法兰连接螺栓外观检查无破损，该批次螺栓已抽检。【W点】 （2）双头螺柱带钢印的一头朝外。 （3）双头螺柱露出偏航底法兰长度为符合厂家要求，如某机型双头螺柱露出偏航制动盘法兰长度为293～295mm【H点】	目测/测量

续表

序号	工序	检查（验）项目	检查要点及质量标准	检验方法及器具
3	主机安装前准备	机舱附件安装	如机舱顶部光伏板、气象站、偏航制动器集油瓶等是否安装，安装是否正确、符合厂家要求	目测/测量
4	主机安装紧固	法兰连接螺栓紧固	（1）螺栓紧固方式符合厂家要求，如某机型： 1）第一次使用电动扳手进行紧固，紧固力矩为2000N·m。 2）第二次使用液压拉伸器对称十字交叉进行紧固，终紧力为530kN。 3）第三次使用液压拉伸器进行紧固，终紧力为1060kN。 4）终紧力1060kN先后两次交叉、对称紧固所有螺柱【W点】 （2）法兰间隙符合要求	测量
5		偏航平台爬梯	偏航平台上的爬梯已放入偏航平台并不会对偏航动作造成干涉	目测
6	主机安装紧固后检验	螺栓力矩检验	（1）按照厂家要求开展欠拧检查，符合要求，如某机型欠拧检查：螺栓检验数量为30%，按终紧力矩2700N·m进行检验；要求所有抽检的螺栓，螺母转动角度小于10°，则视为合格。【H点】 （2）按照厂家要求开展超拧检查，符合要求，如某机型超拧检查：抽取4颗欠拧检查时不转动的螺栓，使用105%的力矩进行检查若转动在10°内则认为是合格（检查合格后需将105%力矩检查的螺栓回拧后使用100%力矩复拧）；若使用105%的力矩螺栓不转动，则将螺栓松开60°，然后施加100%的终紧力矩，观察检验贯穿线是否能回到重合位置。如果螺母上的贯穿线未达到法兰面上的贯穿线位置超过10°，视为螺栓超力矩，应更换螺栓【H点】	文件检查
7		螺栓防松标记	（1）螺栓的外露面部位均匀涂抹薄薄一层防锈油。 （2）对所有螺栓均划好预紧或终紧标志，均应进行防松标记，记录力矩作业的相关信息。【W点】 （3）防松线划过的范围覆盖螺母、垫圈和塔筒法兰面，并且成一条连续直线	目测
8	安全标识安装	其他	张贴了安全贴纸，灭火器已放入机舱内、清洁整个机舱内部	目测

表 4-37 叶片安装质量控制表

序号	工序	检查（验）项目	检查要点及质量标准	检验方法及器具
1	叶片安装前准备	叶片检查	（1）叶片表面干净、无油漆脱落，油漆均匀无色差。 （2）吊装时对叶片 VG 片和锯齿尾缘进行保护，确认叶片 VG 片及锯齿尾缘无明显损伤（适用单叶片吊装方式）。 （3）叶片法兰面干净、平整，无凸起毛刺和油污	目测
2		叶片螺栓预安装	（1）法兰连接螺栓外观检查无破损，该批次螺栓已抽检。【W点】 （2）轮毂-叶片组装时，叶片螺栓露法兰面长度数值符合厂家要求，如某机型叶片螺栓露出法兰面长度为 451～453mm【H点】	测量
3	叶片安装紧固	零位标识对齐	变桨轴承内圈零位孔与叶片前缘零位标识（叶片组装时，叶片前缘零位标识）对齐	目测
4		防腐	叶片对接完成后，叶片与变桨轴承对接面内、外圈接缝硅胶涂抹到位，硅胶连续饱满且无断点	目测
5		法兰连接螺栓紧固	螺栓紧固方式方法符合厂家要求，如某机型：【W点】 （1）第一次用开口扳手按 300N·m 打紧。 （2）第二次紧固拉伸力为 440kN。 （3）第三次紧固拉伸力为 630kN，卸掉压力，再按终紧力 630kN 拉伸复拧	目测/文件检查
6		叶片防雨环	叶片防雨环无破损，无脱落	目测
7		叶片防雷接地线	叶片防雷接地线已安装，安装正确，符合厂家要求【H点】	目测
8	叶片安装紧固后检验	螺栓拉伸检验	螺栓验收复检数量及力矩符合厂家要求，如某机型叶片螺栓 M42 验收拉伸力为 598kN，检验数量为 50%，有一颗螺栓松动则使用 630kN 拉伸力对全部叶片螺栓 M42 重新打紧【H点】	测量
9		螺栓防松标记	（1）终检完成后，所有螺栓做贯穿标记并防腐（拉伸法紧固涂抹防锈油）。 （2）对所有螺栓均划好防松标记。 （3）防松线划过的范围覆盖螺母、垫圈和法兰面，并且成一条连续直线	目测

序号	工序	检查（验）项目	检查要点及质量标准	检验方法及器具
10	叶片安装后状态调整	叶片抗涡激状态	风电机组吊装完成（现场安装高强螺栓最终紧固完成）后需立刻进行变桨抗涡激操作。人员离开风电机组前，确认整机处于抗涡激状态，叶片角度为 89°、92°、0°，且风轮锁处于完全松开状态，液压站完全泄压【W 点】	目测

表 4-38　　　　　　　　　　　轮毂安装质量控制表

序号	工序	检查（验）项目	检查要点及质量标准	检验方法及器具
1	轮毂安装前准备	外观检查	机舱、轮毂法兰面及螺栓孔，保证干净整洁、无凸起毛刺	目测
2		内外圈双头螺柱头部露出长度	检查内外圈双头螺柱头部露出长度，要求螺栓头部到法兰面的距离符合厂家要求，如某机型要求螺栓头部到法兰面的距离为 109～110mm【H 点】	目测
3		防腐	轮毂法兰面硅胶涂抹到位，硅胶连续饱满且无断点	目测
4		轮毂附属件安装	如某机型：导流罩前端盖安装正确，导流罩前端盖与轮毂导流罩紧固件安装正确，使用 54 组紧固件，螺纹处涂抹抗咬合剂，力矩为 70N·m。结合处以及外接缝涂抹硅胶密封并且使其密封口光滑；缝隙填满且硅胶宽度在 10mm 以上，硅胶需保证连续均匀且压实	目测/测量
5	轮毂安装紧固	法兰连接螺栓紧固	外圈螺栓紧固方式方法符合厂家要求，如某机型用液压拉伸器交叉对称分 3 次紧固螺栓。【W 点】 （1）第一次拉伸到 650kN，达到螺栓规定的预紧力 650kN。 （2）第二次螺柱拉伸预紧力为1300kN后卸掉压力用 1300kN 终拉伸复拧，间隔时间约为 10s，完成终紧后卸掉吊机载荷。 （3）按最终预紧力先后分两次交叉、对称紧固所有螺栓	目测/测量
6			内圈螺栓紧固方式方法符合厂家要求，如某机型用液压拉伸器交叉对称分 3 次紧固螺栓。【W 点】 （1）第一次拉伸到 650kN，达到螺栓规定的预紧力 650kN。	目测

续表

序号	工序	检查（验）项目	检查要点及质量标准	检验方法及器具
6	轮毂安装紧固	法兰连接螺栓紧固	（2）第二次螺柱拉伸预紧力为1300kN后卸掉压力用1300kN终拉伸复拧，间隔时间约为10s，完成终紧后卸掉吊机载荷。 （3）按最终预紧力先后分两次交叉、对称紧固所有螺栓	目测
7			轮毂-主轴连接螺栓完成最终紧固，硅胶涂抹前，测量主轴-轮毂连接面间隙，要求 0.05mm 的塞尺无法塞入（需整圈测量）【W 点】	测量
8	轮毂安装紧固后检验	螺栓力矩检验	螺栓验收复检数量及力矩符合厂家要求。如某机型终检时 100%检验。内圈主轴螺栓终检力矩为 2000N·m+转角 120°，外圈螺栓终检力矩为 2000N·m+转角 180°【H 点】	测量
9		螺栓防松标记	（1）对螺栓表面涂水性涂料。 （2）对所有螺栓均划好防松标记。 （3）防松线划过的范围覆盖螺母、垫圈和法兰面，并且成一条连续直线	目测

表 4-39　　　　　　　　　　　　电气安装质量控制表

序号	工序	检查（验）项目	检查要点及质量标准	检验方法及器具
1	外部平台电缆安装	外部平台电缆敷设与连接检验	（1）电缆沿塔筒壁敷设至塔筒底部的电缆孔处，电缆绑扎牢固，塔筒外部电缆使用扎带进行绑扎。 （2）穿出塔筒的外部电缆全部穿套不锈钢波纹管防护	目测
2	塔筒内部电缆及电气设备安装	动力电缆敷设	（1）电缆自上而下逐组理顺电缆，电缆无紊乱、交叉，并自上至下每一个电缆夹相同位置上为同一根电缆。 （2）塔筒法兰处电缆沿电缆桥架进行绑扎固定，每束绑扎采用两根 CV-550 扎带交绑扎	测量
3		塔筒扭缆敷设	扭缆敷设满足厂家要求，如某机型要求：【H 点】 （1）共 24 套防撞机构分别安装在 4 个电缆隔环上，每个隔环上安装 6 套。 （2）扭缆安装调整后防撞块和护筒内壁没有明显的高应力接触。	目测

序号	工序	检查（验）项目	检查要点及质量标准	检验方法及器具
3	塔筒内部电缆及电气设备安装	塔筒扭缆敷设	（3）电工胶带将控制电缆束塑形，胶带缠绕高度在 200mm 左右，胶带下平面距离抗扭支架下平面 160mm。 （4）抗扭支架下平面往下 124mm 处用白色记号笔做标记线。 （5）防磨胶带下平面与标记线保持持平，防磨胶带缠绕 2～4 圈。 （6）抗扭支架底部使用防磨胶带保护，贴两张防磨胶带，防磨胶带上平面距离抗扭支架下平面 104mm，防磨胶带接缝处朝向塔筒壁侧。 （7）防磨胶带接缝处对着塔筒壁方向。 （8）注意防磨胶带接缝处粘贴牢靠，无开胶。 （9）动力电缆防磨胶带规格为 400mm×150mm×0.2mm，每根电缆上粘贴 2 张。 （10）防磨胶带接缝处粘贴牢靠，无开胶。 （11）所有防磨胶带接缝处朝向塔筒壁，先预安装确定防磨胶带从何位置开始缠绕可保证接缝位置朝向塔筒壁，做好标记或记好后正式缠绕防磨胶带。 （12）每层隔环向上预提拉距离小于每层对应安装的钢丝绳长度。 （13）每层隔环钢丝绳挂点牢靠。 （14）每层吊装钢丝绳呈垂直分布。 （15）钢丝绳卸扣螺栓头朝里（塔筒圆心方向），螺母朝外。 （16）隔环钢丝绳卸扣插销安装完没有缺少。 （17）卸扣销头朝内，螺母朝外。 （18）所有钢丝绳都是完全受力状态。 （19）控制电缆束与隔环中心孔是否有明显高压力接触。 （20）M10 紧固力矩为 20N·m，涂螺纹紧固剂，拧紧后画一字扭矩标识。 （21）保护电缆，避免机械刃口割伤电缆。 （22）检查隔环间距是否满足要求	目测
4		电缆网兜、固定扎带	安装正确，绑扎符合厂家设计要求，电缆受力均匀	目测
5		动力电缆对接	动力电缆对接满足厂家要求，如某机型要求：【W 点】	目测

续表

序号	工序	检查（验）项目	检查要点及质量标准	检验方法及器具
5	塔筒内部电缆及电气设备安装	动力电缆对接	（1）电缆对接前，应确保电缆两端必须干净且干燥。 （2）电缆对接相序对应、不交叉。 （3）每一侧电缆的铜导体插入对接管，电动压线钳连续压 2 道（GT70、GT35）或 3 道（GT240）。压接时确保模具闭合到位，压接完成后测量压痕尺寸满足要求（2B+0.4），压接处无毛刺。 （4）电缆密封良好，热缩管热缩均匀无气泡。 （5）防水密封胶覆盖两端电缆护套约10mm	目测
6		电缆防火	（1）电缆防火涂料涂抹位置正确，涂抹均匀。 （2）电缆封堵满足厂家要求	目测
7		防雷接地系统	风电机组各防雷接地线安装正确，防腐喷涂满足要求，符合厂家要求【H点】	目测
8		塔筒照明系统	（1）检查各段塔筒内照明灯具预安装完成。 （2）按照塔筒照明原理图完成连接。 （3）测试照明、插座是否正常	目测
9		各电气设备电气安装	根据厂家作业指导书开展的各电气设备自身及设备间电气安装工作满足厂家要求	目测

4.5 海缆敷设施工质量管理

4.5.1 标准规范

《用电安全导则》（GB/T 13869—2017）

《工程测量规范》（GB 50026—2020）

《电气装置安装工程　电气设备交接试验标准》（GB 50150—2016）

《电气装置安装工程电缆线路施工及验收标准》（GB 50168—2018）

《海上风力发电工程施工规范》GB/T（50571—2010）

《风力发电工程施工与验收规范》GB/T（51121—2015）

《海底电力电缆输电工程设计规范》GB/T（51190—2016）

《海底电力电缆输电工程施工及验收规范》（GB/T 51191—2016）

《海上风电场工程施工组织设计技术规定》（NB/T 31033—2012）

4.5.2　作业流程

1. 海缆敷设安装

海缆敷设安装施工流程图见图 4-26。

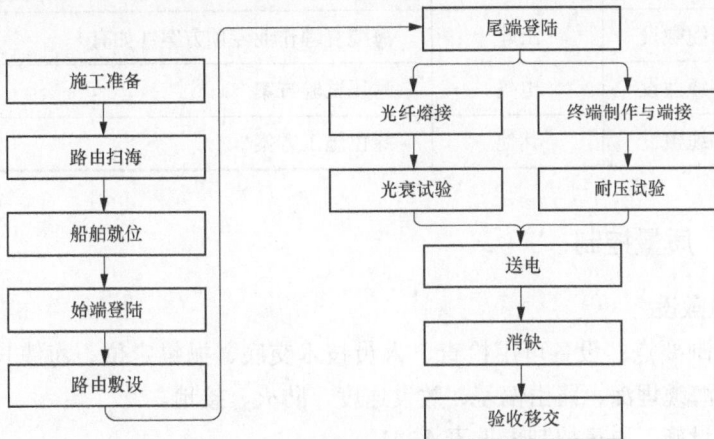

图 4-26　海缆敷设安装施工流程图

2. 海缆终端制作安装

海缆终端制作安装流程图见图 4-27。

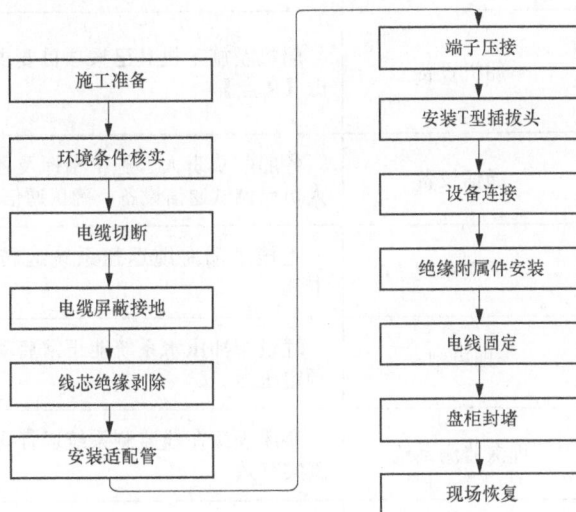

图 4-27　海缆终端制作安装流程图

4.5.3　方案清单

海缆敷设施工通常需编制的施工方案清单见表 4-40。

表 4-40　　　　　　　　　　海缆敷设施工方案清单

序号	区域	类别	方案名称
1	海缆敷设	土建/安装	海缆敷设专项施工方案
2	海缆敷设	其他	水下作业专项方案
3	海缆敷设	土建	海缆复埋作业专项方案（如有）
4	海缆敷设	电气	耐压试验方案
5	海缆敷设	其他	绿色施工方案

4.5.4　质量控制

1. 海缆敷设

质量控制要点：设备可用检查、人员技术交底、抛锚定位、海缆长度预留、倒刺/夹具安装、海缆埋深、路由偏差、敷设速度、防火、接地。

海缆敷设施工质量控制表见表 4-41。

表 4-41　　　　　　　　　　海缆敷设施工质量控制表

序号	工序	检查（验）项目	检查要点及质量标准	检验方法及器具
1	施工条件核实	船机设备	船机及施工机具已按项目要求检查及整改【R点】	现场确认或记录检查
2		通信设备	各船舶负责人、施工指挥及各班组作业人员已调试通信设备，确认通信畅通	现场确认
3		退扭系统	主施工船海缆退扭系统运转正常且无卡涩	现场确认
4		埋设型	埋设犁冲压水系统能正常启动且能达到预定压力	现场确认
5		埋深监测系统	海缆埋深在线监测系统运行正常且数据真实有效	现场确认
6		液压驱动系统	液压驱动系统正常启动且油路管线无泄漏（如有）	现场确认
7		船锚系统	锚链锚缆及各牵引钢缆已检查合格（可参考厂家提供的使用保养手册等资料），锚位系统启动及刹车正常	现场确认
8		DP系统	DP定位系统功能正常（如有）	现场确认

序号	工序	检查(验)项目	检查要点及质量标准	检验方法及器具
9	施工条件核实	人员交底	开工前由技术负责人对全体作业人员进行技术质量交底(包括但不限于工作任务、施工方法、质控措施及注意事项等),参与作业人员均签字确认【R点】	现场确认或记录检查
10		海况气象	已收集近期的海况气象预报,满足作业条件(安排专人收集作业区域海况气象预报,实时关注现场海况变化)	记录检查
11	扫海	执行扫测	往返清扫至少各一遍,扫海路径严格按照设计路由进行,不得偏离。如在扫海路径发现无法清理的异物时,及时以书面形式通知设计、监理及建设单位,不得野蛮扫海【R点】	现场确认或记录检查
12		形成记录	生成扫海记录,有异常及时报告(拍摄开始及结束的扫海画面,期间如有异常,须拍摄记录)【R点】	记录检查
13	抛锚	抛锚定位	敷缆船严格按项目船舶调度审批信息抛锚或航行,抛锚前检查缆绳、锚机系统,合格方可开展作业【W点】	现场确认或记录检查
14	倒刺/夹具及限弯器安装	零件组装	严格按各设备组装操作手册要求执行【W点】	现场确认
15			确认紧固螺栓均已旋紧到位,拼装的限弯器长度满足设计要求【W点】	现场确认
16		设备安装	安装倒刺/夹具及限弯器期间,禁止下放海缆【W点】	现场确认
17	登陆准备	长度测量	依据设计图纸现场测量路径长度,并考虑余量后确定登陆平台的海缆长度【W点】	米尺测量
18	平台登陆	海缆牵拉	牵拉期间需关注对海缆及环境的保护,防止海缆外皮受损或打扭,防止损坏或污染周边环境及设施【W点】	现场确认
19		位置核实	夹具安装前,须根据已确定预留的海缆长度确定夹具的安装位置【W点】	现场确认或记录检查
20	潜水作业	水下确认	通过水下影像确认倒刺/夹具已安装到位【W点】	现场确认或记录检查

序号	工序	检查（验）项目	检查要点及质量标准	检验方法及器具
21	锚固安装	安装状态	严格按锚固装置安装说明书操作，密封胶已规范浇筑【W点】	现场确认或记录检查
22		埋设机投放	埋设机投放稳定后，检查埋设犁姿态及海缆状态，并确认水压系统及埋深监测已正常运行【W点】	现场确认
23		埋缆深度	通过在线监测系统实时关注埋设犁姿态、埋深（深度≥2.5m，具体以图纸为准）【W点】	现场确认
24	路由敷设	路由偏差	关注路由偏离情况（偏差设计值≤10m，具体以图纸为准），注意及时纠偏【W点】	现场确认
25		敷设速度	敷设速度不超过 15m/min，施工过程中每 30m（支缆）/50m（主缆）记录海缆坐标【W点】	现场确认
26		敷设结束	路由敷设完成后整理路由记录，更新海图并尽早反馈给项目总包（或监理方）【R点】	记录检查
27		导轨布置	海缆牵引导轨数量足够，布局合理（5～10m/个），设置固定可靠【H点】	现场确认
28	岸滩登陆	弯曲半径	关注海缆弯曲半径不低于设计要求值【W点】	软尺测量、弦高法或模板对比
29		海缆牵拉	注意牵拉期间对海缆及环境的保护，防止海缆外皮受损或打扭，防止损坏或污染周边环境及设施【W点】	现场确认
30		海缆固定	海缆固定支架已安装，抱箍型号匹配，且夹紧牢靠【W点】	现场确认
31		防火措施1	防火包带缠绕均匀，防火涂料涂抹长度≥2m、厚度≥2mm【W点】	现场确认
32	消缺处理	防火措施2	防火泥填充密实且无遗漏【W点】	现场确认或记录检查
33		规范接地	锚固装置及光纤盒均已规范接地【W点】	现场确认或记录检查
34		设备标识	海缆及光纤标识牌已挂设，螺旋放松线已标识【W点】	现场确认或记录检查

2. 海缆终端制作与安装

质量控制要点：人员资质确认、人员技术交底、环境确认、电缆屏蔽接地、线芯绝缘剥除、适配管安装、T 型插拔头安装、与设备连接、接地、电缆固定、防火密封。

海缆终端制作与安装施工质量控制表见表 4-42。

表 4-42　　　　　　　　　　海缆终端制作与安装施工质量控制表

序号	工序	检查（验）项目	检查要点及质量标准	检验方法及器具
1	施工条件核实	工器具	（1）检查工器具是否齐全（专业工具）。 （2）检查工机具合格证、定期校验报告	现场确认及记录检查
2		人员资质	经过专项技术培训，并持证上岗。如附件安装技术培训证书或电力电缆敷设与接头专项职业技能考核证【R 点】	现场确认
3		人员交底	开工前由技术负责人对全体作业人员进行技术质量交底（包括但不限于工作任务、施工方法、质控措施及注意事项等），参与作业人员均签字确认【R 点】	现场确认或记录检查
4		环境条件	（1）环境温湿度需满足要求。 （2）清理工作区域的杂物，建立工作区	现场确认或记录检查
5		附件清点	确认附件数量、规格与海缆截面适配，质量合格。每套附件中有一份安装说明书【H 点】	现场确认
6	终端制作	电缆切断	检查黄、绿、红三相相序【W 点】	现场确认
7			弯折线芯到环网柜套管前方，在线芯上标记套管中心线的位置，按照说明书要求的距离切断海缆线芯	现场确认
8			按照安装说明书规定的尺寸剥除外护套	米尺测量
9		电缆屏蔽接地	在安装说明书规定的尺寸处采用镀锡铜线或粘贴铜带将金属屏蔽层固定，剥除至线芯断口部分金属屏蔽层。剥除时不得损伤半导体导电层和电缆绝缘层，金属屏蔽层断口应平整	米尺测量及现场确认
10			清除剩余金属屏蔽层表面异物，确保金属屏蔽表面导电良好。摊开接地铜编织带与金属屏蔽层直接接触（尽量抻开铜编织带扩大接触面积），先用恒力弹簧将金属屏蔽和接地铜编织带绕卷一圈，反折接地铜编织带到第一圈恒力弹簧上后，继续卷绕剩余恒力弹簧【W 点】	现场确认
11			按照安装说明书要求安装防水胶泥	现场确认

序号	工序	检查（验）项目	检查要点及质量标准	检验方法及器具
12	终端制作	剥除线芯绝缘	按照安装说明书规定的尺寸剥除半导体导电层和绝缘层	米尺测量
13			使用砂纸在电缆绝缘和半导电屏蔽层之间建立一个平滑的锥形过渡（或按要求安装应力控制胶泥）。检查线芯绝缘的最终长度	米尺测量及现场确认
14			线芯绝缘边缘倒斜角，倒角尺寸按安装说明要求执行，线芯绝缘边缘需设置倒角，倒角尺寸按安装说明要求执行。	现场确认
15			导体端部缠绕 PVC 胶带，作为临时保护	现场确认
16			彻底清洁线芯绝缘	现场确认
17		安装电缆适配管（应力锥）	检查清洁电缆适配管。备注：影像须正面、清晰拍摄【H 点】	现场确认
18			涂抹润滑硅脂，涂抹区域按安装说明书要求。备注：影像须正面、清晰拍摄【H 点】	现场确认
19			将电缆适配管套在电缆上，推到指定位置	现场确认
20		压接/紧固端子	从导体上移除 PVC 保护胶带	现场确认
21			将接线端子套入导体，直至导体抵住端子压接孔底部为止	现场确认
22			调整端子方向，使端子接触面方向与设备套管接触面一致	现场确认
23			压接前确认适配器尾部至压接端子顶部距离符合安装说明书要求	米尺测量及现场确认
24			按要求压接紧固端子，压接后确认适配器尾部至压接端子顶部距离符合安装说明书要求并进行记录【W 点】	米尺测量及现场确认
25		防水密封	按要求做好防水密封，注意与电缆适配管的搭接位置符合要求【W 点】	现场确认
26			完成后清理工作区域，并对已完工的电缆终端采取防潮防尘保护措施（如用保鲜膜缠绕密封）	现场确认
27	终端安装	安装 T 型插拔头主体	端接前核相【W 点】	现场确认
28			清洁电缆适配管、线芯绝缘以及端子表面【W 点】	现场确认

序号	工序	检查（验）项目	检查要点及质量标准	检验方法及器具
29	终端安装	安装 T 型插拔头主体	在电缆适配管外表面以及 T 型插拔头主体内表面，均匀涂抹适量润滑硅脂【W 点】	现场确认
30			将 T 型插拔头主体装到电缆上，安装过程确保电缆适配管不移位	现场确认
31		与设备套管连接	将双头螺栓旋入设备套管，并紧固。双头螺栓安装方向及紧固力矩必须符合安装说明书要求【H 点】	现场确认
32			彻底清洁设备套管表面和 T 型插拔头主体内表平面，在这两个界面上适度均匀涂抹润滑硅脂【H 点】	现场确认
33			将 T 型插拔头主体推压至设备套管上，确保双头螺栓穿过压接端子	现场确认
34			依次安装垫圈和螺母，采用专用工具进行紧固，紧固力矩符合安装说明书要求【H 点】	现场确认
35			安装过程确保螺纹表面不能有润滑硅脂	现场确认
36		绝缘塞和塞帽安装	将绝缘塞和 T 型插拔头主体内表平面清洁干净，并均匀涂抹润滑硅脂【H 点】	现场确认
37			将绝缘塞插入插拔头，绝缘塞放气，用专用工具拧紧，紧固力矩符合安装说明书要求【H 点】	现场确认
38			安装塞帽，塞帽位置符合安装说明书要求，安装过程注意排气【W 点】	现场确认
39		接地和电缆固定	将接地铜编织带和接地线接地，在柜下和柜内用电缆夹固定电缆【H 点】	现场确认
40		盘柜封堵场地清理	采用防火胶泥封堵柜底孔洞	现场确认
41			完工后清理现场，避免在柜内遗留工具或杂物，并按原样恢复柜体门板	现场确认

4.6 海上升压站建安施工质量管理

4.6.1 标准规范

1. 通用标准及规范

《风力发电场项目建设工程验收规程》（GB/T 31997—2015）

《沿海及海上风电机组防腐技术规范》（GB/T 33423—2016）

《船舶与海上技术 海上风能港口与海上作业》（GB/T 40788—2021）

《海上风力发电工程施工规范》（GB/T 50571—2010）

《海上风电场工程施工安全技术规范》（NB/T 10393—2020）

《海上风电场钢结构防腐蚀技术标准》（NB/T 31006—2011）

《海上风电场工程施工组织设计规范》（NB/T 31033—2019）

《重大件吊装作业安全要求》（CB 4205—2012）

《水运工程测量规范》（JTS 131—2012）

《海上固定平台入级与建造规范》（中国船级社）

《浅海固定平台建造与检验规范》（中国船级社）

《海上升压站平台指南》（中国船级社 2019）

2. 钢结构部分

《碳素结构钢》（GB/T 700—2006）

《热轧钢板和钢带的尺寸、外形、重量及允许偏差》（GB/T 709—2019）

《船舶及海洋工程用结构钢》（GB 712—2011）

《漆膜、腻子膜柔韧性测定法》（GB/T 1731—2020）

《漆膜耐冲击测定法》（GB/T 1732—2020）

《漆膜耐湿热测定法》（GB/T 1740—2007）

《色漆和清漆 涂层老化的评级方法》（GB/T 1766—2008）

《色漆和清漆 耐磨性的测定 旋转橡胶砂轮法》（GB/T 1768—2006）

《色漆和清漆 耐中性盐雾性能的测定》（GB/T 1771—2007）

《紧固件机械性能螺栓、螺钉和螺柱》（GB 3098.1—2010）

《固定式钢梯及平台安全要求 第 1 部分：钢直梯》（GB 4053.1—2009）

《固定式钢梯及平台安全要求 第 2 部分：钢斜梯》（GB 4053.2—2009）

《固定式钢梯及平台安全要求 第 3 部分：工业防护栏杆及钢平台》（GB 4053.3—2009）

《非合金钢及细晶粒钢焊条》（GB/T 5117—2012）

《色漆和清漆 拉开法附着力试验》（GB/T 5210—2006）

《色漆和清漆 暴露在海水中的涂层耐阴极剥离性能的测定》（GB/T 7790—2008）

《熔化极气体保护电弧焊用非合金钢及细晶粒钢实心焊丝》（GB/T 8110—2020）

《结构用无缝钢管》（GB/T 8162—2018）

《涂覆涂料前钢材表面处理 表面清洁度的目视评定 第 1 部分：未涂覆过的钢材表面和全面清除原有涂层后的钢材表面的锈蚀等级和处理等级》（GB/T 8923.1—2011）

《热轧 H 型钢和剖分 T 型钢》（GB/T 11263—2017）

《色漆和清漆 漆膜厚度的测定》（GB/T 13452.2—2008）

《无缝钢管尺寸、外形、重量及允许偏差》（GB/T 17395—2008）

《焊缝无损检测 超声检测技术、检测等级和评定》（GB/T 11345—2013）

《焊接钢管尺寸及单位长度》（GB/T 21835—2008）

《焊缝无损检测 磁粉检测》（GB/T 26951—2011）

《焊缝无损检测 焊缝磁粉检测 验收等级》（GB/T 26952—2011）

《焊缝无损检测 超声检测验收等级》GB/T（29712—2013）

《色漆和清漆 防护涂料体系对钢结构的防腐蚀保护》（GB/T 30790—2014）

《焊缝无损检测 射线检测 第1部分：X 和伽马射线的胶片技术》（GB/T 3323.1—2019）

《焊接 H 型钢》（GB/T 33814—2017）

《结构用方形和矩形热轧无缝钢管》（GB/T 34201—2017）

《建筑钢结构防火技术规范》（GB 51249—2017）

《钢结构通用规范》（GB 55006—2021）

《色漆和清漆—粘附力撕开试验》（ISO 4624—2016）

《表面处理及防腐涂层》（NORSOK—M501）

《一般结构用焊接钢管》（SY/T 5768—2016）

3. 舾装部分

《船用风雨密单扇钢质门》（GB/T 3477—2023）

《起重机设计规范》（GB/T 3811—2008）

《船用救生衣》（GB/T 4303—2023）

《起重机械安全规程》（GB 6067—2010）

《甲板漆》（GB/T 9261—2008）

《船用钢化安全玻璃》（GB 11946—2013）

《船用耐火窗技术条件》（GB/T 17434—2008）

《海洋平台用直升机甲板设计要求》（GB/T 37307—2019）

《船用防火门》（CB/T 3234—2011）

《甲板敷料》（CB/T 3361—2019）

《船体防火分隔典型耐火结构型式》（CB/T 3368—2013）

《气胀救生筏技术条件》（CB/T 3593—1994）

《船用硅酸铝棉及其制品》（CB/T 3691—1998）

《海上平台栏杆》（CB/T 3756—2014）

《海上平台斜梯》（CB/T 3757—2014）

《船用岩棉及其制品》（CB/T 3830—1998）

《船用耐火窗》（CB/T 4133—2011）

《电动单梁起重机》（JB/T 1306—2008）

《船舶及海上设施起重设备规范》（中国船级社）

4. 电气部分

《绝缘配合 第2部分：使用导则》（GB/T 311.2—2013）

《电力变压器 第1部分：总则》（GB/T 1094.1—2013）

《电力变压器　第 2 部分：液浸式变压器的温升》（GB/T 1094.2—2013）

《电力变压器　第 3 部分：绝缘水平、绝缘试验和外绝缘空气间隙》（GB/T 1094.3—2017）

《电力变压器　第 5 部分：承受短路的能力》（GB/T 1094.5—2008）

《电力变压器　第 11 部分：干式变压器》（GB/T 1094.11—2022）

《六氟化硫电气设备中气体管理和检测导则》（GB/T 8905—2012）

《交流无间隙金属氧化物避雷器》（GB/T 11032—2020）

《继电保护和安全自动装置技术规程》（GB/T 14285—2023）

《高电压试验技术　第 1 部分：一般定义及试验要求》（GB/T 16927.1—2011）

《高电压试验技术　第 2 部分：测量系统》（GB/T 16927.2—2013）

《绝缘油中溶解气体组分含量的气相色谱测定法》（GB/T 17623—2017）

《接地系统的土壤电阻率、接地阻抗和地面电位测量导则　第 1 部分：常规测量》（GB/T 17949.1—2000）

《互感器　第 2 部分：电流互感器的补充技术要求》（GB 20840.2—2014）

《互感器　第 3 部分：电磁式电压互感器的补充技术要求》（GB 20840.3—2013）

《交流电气装置的接地设计规范》（GB/T 50065—2011）

《电气装置安装工程　电气设备交接试验标准》（GB 50150—2016）

《电气装置安装工程　高压电器施工及验收规范》（GB 50147—2010）

《电气装置安装工程　电力变压器、油浸电抗器、互感器施工及验收规范》（GB 50148—2010）

《电气装置安装工程　母线装置施工及验收规范》（GB 50149—2010）

《火灾自动报警系统施工及验收标准》（GB 50166—2019）

《电气装置安装工程　电缆线路施工及验收标准》（GB 50168—2018）

《电气装置安装工程　接地装置施工及验收规范》（GB 50169—2016）

《电气装置安装工程　旋转电机施工及验收标准》（GB 50170—2018）

《电气装置安装工程　盘、柜及二次回路接线施工及验收规范》（GB 50171—2012）

《电气装置安装工程　蓄电池施工及验收规范》（GB 50172—2012）

《电力工程电缆设计标准》（GB 50217—2018）

《工业金属管道工程施工规范》（GB 50235—2010）

《现场设备、工业管道焊接工程施工规范》（GB 50236—2011）

《电气装置安装工程　低压电器施工及验收规范》（GB 50254—2014）

《电气装置安装工程　爆炸和火灾危险环境电气装置施工及验收规范》（GB 50257—2014）

《建筑电气工程施工质量验收规范》（GB 50303—2015）

《通信管道工程施工及验收标准》（GB/T 50374—2018）

《公共广播系统工程技术标准》（GB/T 50526—2021）

《通信电源设备安装工程验收规范》（GB 51199—2016）

《高压交流断路器》（DL/T 402—2016）

《电力用油透明度测定法》（DL/T 429.1—2017）

《电力用油颜色测定法》（DL/T 429.2—2016）

《电力用油开口杯老化测定法》（DL/T 429.6—2015）

《电力用油油泥析出测定方法》（DL/T 429.7—2017）

《现场绝缘试验实施导则》（DL/T 474.1～474.5—2018）

《继电保护和安全自动装置通用技术条件》（DL/T 478—2013）

《电力系统继电保护及安全自动装置运行评价规程》（DL/T 623—2010）

《继电保护微机型试验装置技术条件》（DL/T 624—2010）

《高压交流隔离开关和接地开关》（DL/T 486—2021）

《电力系统继电保护及安全自动装置柜（屏）通用技术条件》（DL/T 720—2013）

《电力系统用蓄电池直流电源装置运行与维护技术规程》（DL/T 724—2021）

《气体绝缘金属封闭开关设备现场交接试验规程》（DL/T 618—2022）

《电力设备典型消防规程》（DL 5027—2015）

《电力光纤通信工程验收规范》（DL/T 5344—2018）

《同步数字体系（SDH）光纤传输系统工程验收规范》（YD 5044—2014）

《固定电话交换网工程验收规范》（YD 5077—2014）

《变电站监控系统设计规程》（DL/T 5149—2020）

《中国南方电网公司自动化系统通用技术规范》南方电网公司〔2014〕

5. 暖通部分

《爆炸性环境　第 14 部分：场所分类　爆炸性气体环境》（GB 3836.14—2014）

《通风与空调工程施工质量验收规范》（GB 50243—2016）

《风机、压缩机、泵安装工程施工及验收规范》（GB 50275—2010）

《通风与空调工程施工规范》（GB 50738—2011）

《工业设备及管道绝热工程施工规范》（GB 50126—2008）

《工业设备及管道绝热工程施工质量验收标准》（GB/T 50185—2019）

《建筑给水排水及采暖工程施工质量验收规范》（GB 50242—2002）

《爆炸危险环境电力装置设计规范》（GB 50058—2014）

《风管吊架》（CB/T 210—1995）

《船用通风管路通舱管件》（CB/T 4244—2013）

《通风管道技术规程》（JGJ/T 141—2017）

6. 消防部分

《不锈钢焊条》（GB/T 983—2012）

《堆焊焊条》（GB/T 984—2001）

《气焊、焊条电弧焊、气体保护焊和高能束焊的推荐坡口》（GB/T 985.1—2008）

《埋弧焊的推荐坡口》（GB/T 985.2—2008）

《手提式灭火器》（GB 4351—2023）

《热强钢焊条》（GB/T 5118—2012）

《推车式灭火器》（GB 8109—2005）

《熔化极气体保护电弧焊用非合金钢及细晶粒钢实心焊丝》（GB/T 8110—2020）

《金属材料熔焊质量要求》（GB/T 12467—2009）

《船用细水雾灭火系统通用技术条件》（GB/T 22241—2008）

《细水雾灭火系统及部件通用技术条件》（GB/T 26785—2011）

《建筑给水排水设计标准》（GB 50015—2019）

《建筑灭火器配置设计规范》（GB 50140—2005）

《工业金属管道工程施工质量验收规范》（GB 50184—2011）

《机械设备安装工程施工及验收通用规范》（GB 50231—2009）

《工业金属管道工程施工规范》（GB 50235—2010）

《现场设备、工业管道焊接工程施工规范》（GB 50236—2011）

《建筑给水排水及采暖工程施工质量验收规范》（GB 50242—2002）

《工业安装工程施工质量验收统一标准》（GB/T 50252—2018）

《给水排水管道工程施工及验收规范》（GB 50268—2008）

《细水雾灭火系统技术规范》（GB 50898—2013）

《风力发电场设计规范》（GB 51096—2015）

《电力设备典型消防规程》（DL 5027—2015）

《敞开式海上生产平台防火与消防的推荐作法》（SY/T 10034—2020）

《灭火器箱》（XF 139—2009）

《细水雾消防系统》（NFPA 750—2019）

4.6.2　作业流程

1. 上部组块预制

上部组块预制施工流程图见图 4-28。

2. 海上升压站上部组块装船和运输

海上升压站上部组块装船和运输流程图见图 4-29。

3. 海上升压站上部组块吊装

海上升压站上部组块吊装流程图见图 4-30。

```
┌─────────────────┐
│   钢板到货验收    │
└─────────────────┘
         │
┌─────────────────┐
│   切割下料开工    │
└─────────────────┘
         │
┌─────────────────┐
│    分段预制       │
└─────────────────┘
         │
┌─────────────────┐
│   层平台安装      │
└─────────────────┘
         │
```

GIS安装	主变压器安装	站用变压器安装	柴油发电机系统安装
暖通系统安装完成	喷淋系统安装	配电柜安装	火警系统安装

```
         │
┌─────────────────┐
│    单体调试       │
└─────────────────┘
         │
┌─────────────────┐
│    系统调试       │
└─────────────────┘
         │
┌─────────────────┐
│   质检验收/消缺   │
└─────────────────┘
         │
┌─────────────────┐
│     装船         │
└─────────────────┘
```

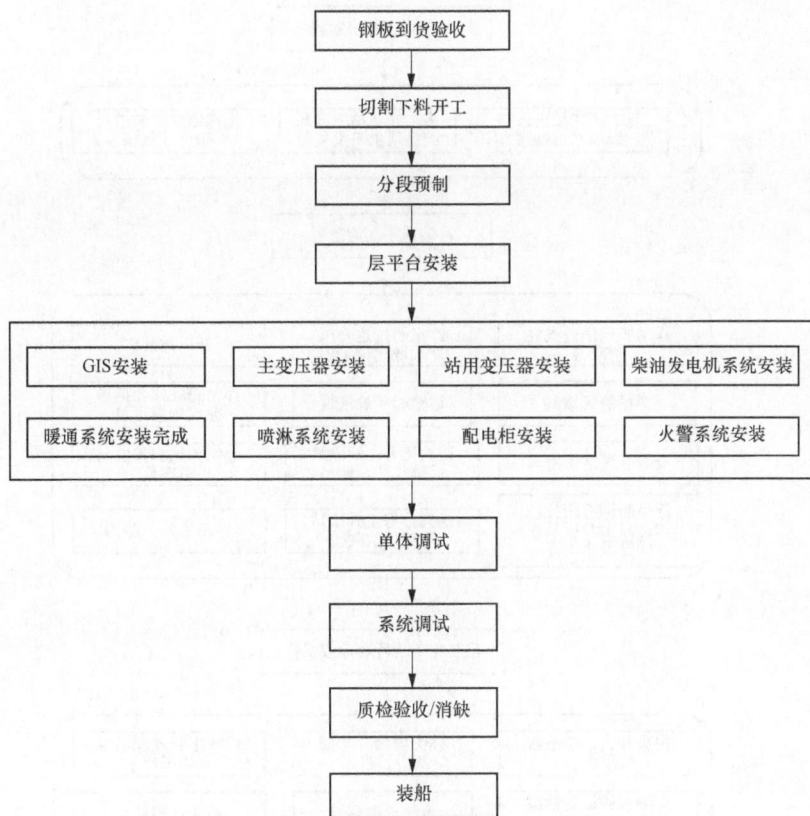

图 4-28 上部组块预制施工流程图

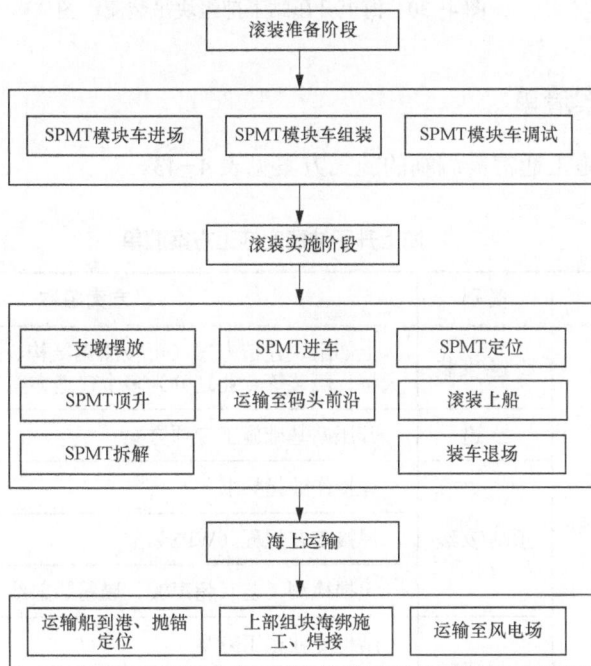

```
┌─────────────────┐
│   滚装准备阶段    │
└─────────────────┘
         │
```

SPMT模块车进场	SPMT模块车组装	SPMT模块车调试

```
         │
┌─────────────────┐
│   滚装实施阶段    │
└─────────────────┘
         │
```

支墩摆放	SPMT进车	SPMT定位
SPMT顶升	运输至码头前沿	滚装上船
SPMT拆解		装车退场

```
         │
┌─────────────────┐
│    海上运输       │
└─────────────────┘
         │
```

运输船到港、抛锚定位	上部组块海绑施工、焊接	运输至风电场

图 4-29 海上升压站上部组块装船和运输流程图

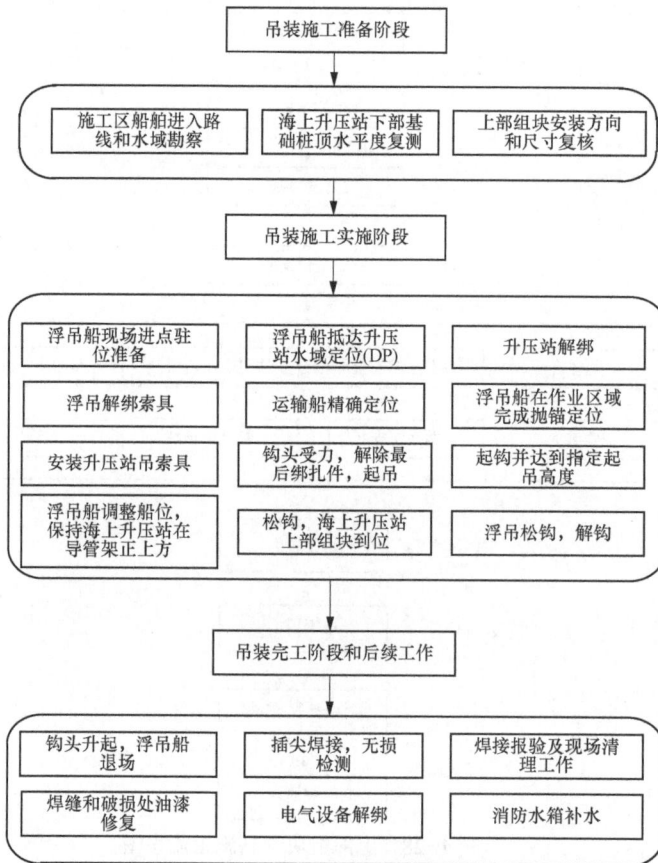

图 4-30　海上升压站上部组块吊装流程图

4.6.3　方案清单

海上升压站施工通常需编制的施工方案见表 4-43。

表 4-43　　　　　　　　　海上升压站建安施工方案清单

序号	区域	类别	方案名称
1		土建/安装	上部组块建造方案（可按照钢结构、主设备、暖通、消防、火警、舾装等专业划分为多个建造方案）
2		土建	升压站基础施工专项方案
3		预制/安装	焊接作业指导书
4	海上升压站		焊接工艺规程（WPS）
5			无损检测工艺（超声波、磁粉、射线）规程
6		安装	结构专业施工方案
7			涂装工艺方案

序号	区域	类别	方案名称
8	海上升压站	安装	220kV GIS 设备安装施工方案
9			电缆敷设施工方案
10			主变压器安装施工方案
11			66kV GIS 设备安装施工方案
12			电气照明装置安装施工方案
13			二次接线施工方案
14			低压配电柜与站用变压器安装施工方案
15			防雷及接地施工方案
16			主控及直流设备安装施工方案
17			220kV/66kV SF$_6$ 封闭式组合电器方案
18			防火封堵施工方案
19			消防工程施工方案
20			暖通施工方案
21			舾装施工方案
22			视频监控施工方案
23			柴油发电机组施工方案
24			火灾报警系统及消防控制系统、公共广播系统施工方案
25			行车安装试验方案
26			液压悬臂起重机安装试验方案
27			电力变压器电气试验方案
28			电力电缆试验方案
29			主变压器耐压局部放电试验方案
30			66kV GIS 耐压局部放电试验方案
31			220kV GIS 耐压局部放电试验方案
32		运输	升压站基础运输专项方案
33			上部组块装船运输专项方案
34		吊装	上部组块吊装专项施工方案
35			主变压器吊装方案
36			GIS 吊装方案
37		调试	海上升压站调试大纲

序号	区域	类别	方案名称
38	海上升压站	调试	电气设备调试施工方案
39			暖通系统调试方案
40			柴油发电机系统调试方案
41		其他	成品保护方案
42			临时施工用电方案
43			电气反事故措施方案
44			水下作业专项方案
45			检验试验计划（ITP）
46			施工组织设计
47			绿色施工方案

4.6.4 质量控制

1. 钢结构安装制作

钢结构安装制作质量控制表见表 4-44。

表 4-44 钢结构安装制作质量控制表

序号	工序	检查（验）项目	检查要点及质量标准	检验方法及器具
1	钢结构制造	小组单元制造放样排版	钢结构放样、排版是钢结构制作工艺中的第一道工序，也是至关重要的一道工序。放样、排版工作有如下注意事项。 （1）放样、排版按照审核过后的生产图纸以 1:1 的比例进行。 （2）放样人员必须充分熟悉生产图纸和工艺要求，核对构件及构件相互连接的几何尺寸和检查连接是否得当；放样过程需注意零件余量的设置。 （3）排版必须严格按照已采购的钢板规格进行，并留有足够的取样余量	生产出图控制
		切割	（1）切割前先确认材质和熟悉工艺要求，然后再根据排版图、下料加工单、切割指令进行切割；零件切割前，操作人员应熟悉下料图所注的各种符号及标记等要求，核对材料牌号及规格、炉批号。 （2）切割的母材必须平直无损伤及其他缺陷，否则应先校正或剔除。切割的允许偏差应符合《钢结构工程施工质量验收规范》（GB 50205—2020）的要求。【W 点】	目测外观检查

序号	工序	检查（验）项目	检查要点及质量标准	检验方法及器具
1	钢结构制造	切割	（3）对部分零件切割后要求表明基准线、中心线、等分线和检验控制点。做记号时不得使用凿子一类的工具，少量的样冲标记其深度应不大于 0.5mm，钢板上不应留下任何永久性的划线痕迹；切割后应按照规定做好材质、件号等零件信息的移植工作。 （4）切割前应清除母材表面的油污、铁锈和潮气。根据工程实际需要，预处理的母材必须在预处理完成后进行切割。【W 点】 （5）针对工程使用材料的特点，复核所使用材料的规格，检查材料的外观质量，制订测量表格加以记录。凡发现材料规格不符合要求或材质外观不符合要求者，须及时报告。【W 点】 （6）原材料长度或宽度不足需焊接拼接时，必须在拼接件上注出相互拼接编号和焊接坡口形式。如拼接件有孔，应待拼接件焊接、矫正后加工该孔。【W 点】 （7）根据切割设备及不同的加工要求（刨、铣等），预放不同的切割、加工及焊接余量。 （8）切割后零件表面应光滑、无裂纹，需将熔渣和飞溅物除去，切边应打磨。 （9）下料完成，检查所下零件的规格、数量等是否有误，并做出下料记录	目测外观检查
		矫正	矫正后的钢材表面上不应有严重的凹面、凹痕及其他损伤。划痕深度不得大于0.5mm 且不应大于该钢板板厚负允许偏差的 1/2	目测外观检查
		坡口加工及边缘加工	（1）下料零件根据图纸要求加工坡口或过渡斜面，坡口及斜面在专用铣边机床上进行，气割或机械剪切的零件，需要进行边缘加工时，其刨削量不应小于 2.0mm。 （2）边缘加工的允许偏差要求如下。【W 点】 1）零件宽度/长度：±1.0； 2）加工边直线度：1/3000； 3）相邻两边夹角：±6′（即 1°）； 4）加工面垂直度：0.025t（t 为切割面厚度）； 5）加工面表面粗糙度：50	钢尺测量

序号	工序	检查（验）项目	检查要点及质量标准	检验方法及器具
1	钢结构制造	圆管钢柱制作	（1）原材料检验：包括核对钢板、焊材等材质报告，并进行外观、尺寸检查。【W点】 （2）气割下料：采用火焰切割机进行下料。首先根据工艺卡尺寸试割，尺寸合格后再气割。数控下料尺寸要求：长度偏差为±2mm，宽度偏差为±1mm，对角线偏差为±3mm，整体水平度为±1mm。【W点】 （3）卷圆：卷制作完成后筒体整体圆度要求为±3mm。【W点】 （4）整形：将焊接好的筒体吊至复圆机上复圆。复圆后，检查筒体上、下口内径，外径，中心线与端面垂直度。要求筒体整体圆度为±3mm，筒体中心线与主端口垂直度≤2mm。圆筒体端部平面度≤3mm。【W点】 （5）筒体组对分人工组对与机械组对两种，由于升压站筒体规格较小，无法使用基地现有机械组对机组对，所以使用人工组对的方法进行组对，具体要求如下。【W点】 1）筒体组队时相邻两个管段纵缝应至少错开90°。 2）两个相邻环缝之间的间隔需≥1m或者筒体直径，取其大者；在任意3m长的管段内环缝不允许超过两条。 3）直线度偏差要求为$L/1000$，任意3m长度≤3mm；且圆管整体长度 L≤10m，直线度偏差＜5mm；圆管整体长 10m＜L＜20m，直线度偏差要求＜10m。 4）筒体组对对接缝错边量要求≤2mm。 5）组对后筒体的圆度偏差要求为±3mm。 6）检查时应至少测量 0°、90°、180°、270°处4个位置。 （6）焊接：需严格按照规定 WPS（焊接工艺规程）要求进行，通常使用二氧化碳气体保护焊打底、埋弧盖面，焊接时为减少焊接变形，完工焊缝应均匀、致密、平缓地向母材过度，不应有裂纹和未熔合现象，且不应有超过规定的咬边、夹渣、气孔、焊瘤和弧坑等缺陷，焊后需进行100%MT+100%UT检查【H点】	目测外观检查、钢尺测量、MT+UT检测

续表

序号	工序	检查（验）项目	检查要点及质量标准	检验方法及器具
1	钢结构制造	H型钢制作	（1）零件下料：采用数控火焰切割机及数控直条切割机进行切割加工，切割质量应符合如下要求。【W点】 1）零件宽度/长度：±2.0mm。 2）零件对角线：±3.0mm。 3）切割面平面度：0.05T（T为零件板厚），且不大于1.5mm。 4）局部缺口深度：1.0mm。 5）板条侧弯不大于3mm。 （2）组立：在船型胎架上进行装配，定位焊采用二氧化碳气体保护焊，定位焊尺寸根据具体工艺要求进行，其中起始焊点距离端头距离为30mm，当零件长度较短，其长度在200mm以下时，定位焊点分为两点，分布位置为距离端头20mm。H型钢在进行组装定位焊时，母材上不允许有电弧擦伤，定位焊咬边应在1mm之内。【W点】 （3）焊接：在船型胎架上采用CO_2气体保护焊或埋弧自动焊施焊。H型钢焊前，应在H型钢的两端头设置"T"形引弧板及引出板，其尺寸应符合通用工艺规范要求。引弧板和引出板应用气割切除，严禁锤击去除。 （4）矫正：当翼板厚度在28mm及以下时，可采用H型钢翼缘矫正机进行矫正。当翼板厚度在28mm以上时，采用合理的焊接工艺顺序辅以手工火焰矫正。矫正后的表面，不应有明显的凹面或损伤，划痕深度不得大于0.5mm【W点】	目测外观检查、钢尺测量
		钢箱梁构件制作	（1）焊接：在船型胎架上采用CO_2气体保护焊或埋弧自动焊施焊。H型钢焊前，应在H型钢的两端头设置"L"形引弧板及引出板，其尺寸应符合通用工艺规范要求。引弧板和引出板应用气割切除，严禁锤击去除。 （2）其余相关要求同H型钢制作要求	目测外观检查、钢尺测量
2	上部组块分段划分	上部组块分段立面划分	根据上部组块结构建造特点自下而上整体划分为4层；为了最大化利用车间生产资源，实现车间模块化建造，将各层结构分为一个主次梁+走道平台和铺板、次立柱、斜撑、舱壁组件，划分后的主分段各尺寸均需满足车间生产建造要求	工艺流程控制

序号	工序	检查（验）项目	检查要点及质量标准	检验方法及器具
3	上部组块分段制作	分段制作流程	上部组块分段建造采用以各层甲板面为基准的建造方式，先进行主次梁结构的拼装→主次梁拼装完成安装铺板组件、次立柱、斜撑管→最后安装舱壁组件	工艺流程控制
		分段建造车间摆放要求	（1）根据分段外形尺寸，在车间内制作时按照车间布置图进行摆放。 （2）车间位置布置时需根据升压站上部组块的建造流程、建造计划，充分考虑吊装转运路径	现场检查
		胎架要求	（1）胎架使用现有型钢胎架改制或者新建，胎架搭建或者改制使用 14～16 号槽钢/角钢旧件，破损严重的型材不允许使用。【W 点】 （2）胎架搭建时，长宽开档可根据各分段主次梁布置情况做适当调整布置。 （3）胎架改制或者搭建后整体水平度偏差要求为±2mm【W 点】	现场检查
		通用图纸技术要求	（1）H 型钢/箱梁下料时长度加放了 1/1000L 焊接收缩量，腹板宽度方向每边各加 1.5mm 焊接收缩量。 （2）主立柱环形节点板内内孔不放余量。 （3）分段同一层合拢口单边和每层层高下口合拢口处加放了 15mm 修割余量	钢尺测量
		分段建造注意事项	（1）上部组块按层共分 24 个分段，每个分段由主次梁、铺板组件、次立柱、斜撑管、舱壁、设备基座、暖通、消防、电气预装件等在车间内整体拼装完成。 （2）分段拼装时每轴间需加放 1/1000L 焊接收缩余量。 （3）H 型钢上胎前需预先划其翼缘板中心线，装配时根据地样线以翼缘板中心线为基准定位，舱壁组件及次立柱、斜撑等安装时均应以翼缘板中心线为基准。 （4）分段结构分布密集为减少焊接变形，施焊时应对称施焊，避免区域集中施焊【W 点】	钢尺测量
		分段制作精度要求【W 点】	（1）4 根主立柱间（2～4 轴区域、B～D 轴区域）长、宽尺寸偏差要求为±3mm，对角线偏差要求为±5mm；分段整体长、宽偏差要求为±5mm，对角线为±7mm。	钢尺测量检测

序号	工序	检查（验）项目	检查要点及质量标准	检验方法及器具
3	上部组块分段制作	分段制作精度要求【W点】	（2）主变压器、柴油电动机、GIS、主变压器散热器预埋件或基座安装区域水平度偏差要求为±1mm，其余主分段区域水平度偏差为±3mm，分段整体水平度要求偏差为±5mm。 （3）各主轴线处梁的直线度偏差要求为1mm/m，且整体≤5mm，以梁中心线为基准检查；结构对接错位偏差要求≤3mm。 （4）铺板焊后平面度要求为3mm/m，整体平面度不超过 $L/1500$ 且不超过25mm，超差处应及时进行火工校正。 （5）次立柱、斜撑定位偏差要求为±1mm，垂直度偏差要求≤3mm。 （6）舱壁定位偏差要求为±1mm，垂直度偏差要求≤3mm；直线度偏差要求1mm/m，且单轴整体≤7mm	钢尺测量检测
		分段合拢精度要求【W点】	根据规定WPS要求施焊，焊接时需注意分区域对称施焊，焊接时先焊4根主立柱→再焊次立柱斜撑→最后焊接舱壁结构，具体合拢精度尺寸要求如下。 （1）甲板面平整度要求为3mm/m，整体弯曲度要求为 $1500/L$，且≤25mm；柴油发电机、除湿机内外机等设备安装区域水平度要求为±1mm。 （2）主立柱对接错位偏差要求≤3mm；主立柱垂直度偏差要求 $L/1000$，且整体≤5mm。 （3）合拢口结构对接错位偏差要求≤3mm。 （4）合拢后整体层高偏差要求为±5mm	现场测量

2. 主变压器吊装及安装

主变压器吊装及安装质量控制表见表4-45。

表4-45　　　　　　　　主变压器吊装及安装质量控制表

序号	工序	检查（验）项目	检查要点及质量标准	检验方法及器具
1	主变压器吊装	就位前检查	变压器基础施工完毕并验收合格，预埋件符合设计要求并且牢固。施工场地平整，施工设施及杂物清除干净，施工道路畅通	目测

续表

序号	工序	检查（验）项目	检查要点及质量标准	检验方法及器具
1	主变压器吊装	基础校验	电气专业人员提前用水平仪将基础校验水平，并校验横向和中心线复核设计要求，以便就位时本体中心线与基础中心线一致，同时注意就位时方向正确	钢尺、水平仪经纬仪测量
		本体就位	采用 3 钩吊装，龙门式起重机吊重分析，需满足主变压器吊装条件。变压器吊装就位时水平面斜角长轴方向不允许超过15°	目测
2	主变压器安装施工	施工准备	（1）落实零部件和工具设备是否到位，相关设备及附件通过验收。 （2）场地面积满足油罐、真空滤油机等设备摆放要求。油罐、真空滤油机等油务设备及连接管落实到位，现场布局合理，方便过程连接使用。 （3）电源系统布置合理，使用安全方便，满足负荷要求。 （4）人员、设备、材料等已落实到位	现场核对
		设备到货检查	（1）核查各类出厂技术文件、各类附件、备品备件、专用工具是否齐全（本体基本型号、尺寸、外观检查应在卸车前进行）。 （2）油箱、附件外观良好（包装无破损），无锈蚀及机械损伤，密封良好，无渗漏。各部位连接螺栓齐全且紧固良好，充油套管油位正常，无渗漏，瓷套无损伤。 （3）变压器为充气运输，应检查气体压力监视器和补充装置是否工作正常，气体压力应在 0.01～0.03MPa 范围内。 （4）变压器就位后，检查冲击记录仪，记录值应符合制造厂技术文件规定，并经监理、运输方、项目部签字确认，以便后续工程资料移交。 （5）压力释放阀、气体继电器、温度计等外观良好并应及时进行校验。 （6）检查过程中发现的问题应及时记录、拍照，并尽快反馈给相关方	文件检查、目测、数据记录
		油处理	（1）绝缘油应达到《电气装置安装工程电气设备交接试验标准》（GB 50150—2016）的相关要求，如果绝缘油介质损耗因数偏大，一般情况下是无法用真空滤油机处理的，应及时与相关方沟通后，退回原供货方。	取样送检

续表

序号	工序	检查（验）项目	检查要点及质量标准	检验方法及器具
2	主变压器安装施工	油处理	（2）滤油前，采用合格变压器油冲洗滤油机内部、滤油管道、油罐（必须安装防潮呼吸器）等，保持滤油回路内部洁净，并注意残油排净，接头处应密封，防止潮气进入。 （3）滤油管路宜采用热镀锌钢管连接，法兰对接方式，在法兰对接界面加密封胶垫。此方式密封效果良好，可有效避免管路渗漏，大大提高真空滤油效果	取样送检
		油试验	相关测量结果符合要求： （1）外状：透明、无杂质或悬浮物。 （2）水潜性酸（pH值）>5.4。 （3）酸值（以KOH计）≤0.03mg/g。 （4）闪电（闭口）≥135℃。 （5）水含量（220kV）≤15mg/L。 （6）界面张力（25℃）≥40mN/m。 （7）介质损耗因数（$\tan\delta$）：90℃时，注入电气设备前≤0.5，注入电气设备后≤0.7。 （8）击穿电压（66~220kV）：≥40kV。 （9）体积电阻率（90Ω·cm）≥6×10^{10}。 （10）油泥与沉淀物（质量分数）：≤0.02%。 （11）油中溶解气体组成按《绝缘油中溶解气体组分含量的气相色谱测定法》（GB/T 17623—2017）或《变压器油中溶解气体分析和判断导则》（DL/T 722—2014）中的有关要求进行试验并满足要求	目测、试验分析
		器身检查	尽量选择晴好天气进行内部检查工作。环境条件控制在温度不低于0℃，空气相对湿度小于75%。详见变压器安装专项施工方案相关要求	天气预报、文件依据
		附件安装	（1）储油柜安装。 （2）升高座安装。 （3）套管安装。 （4）压力释放阀安装。 （5）气体继电器安装	厂家指导
		抽真空	（1）注意对异常声音的监听。 （2）真空度达到0.02MPa时，关闭真空设备，检查邮箱密封情况。30min后，需进行密封性检查试验（浓度具体数据应按照制造厂技术文件规定进行）【H点】	现场观测
		注油	对于充气运输的变压器在注油前应将残油放干净	目测检查

3. GIS吊装及安装

GIS吊装及安装质量控制表见表4-46。

表 4-46　　　　　　　　　　　GIS 吊装及安装质量控制表

序号	工序	检查（验）项目	检查要点及质量标准	检验方法及器具
1	66kV/220 kV GIS 吊装	就位前检查	变压器基础施工完毕并验收合格，预埋件符合设计要求并且牢固。施工场地平整，施工设施及杂物清除干净，施工道路畅通	目测
		基础校验	电气专业人员提前用水平仪将基础校验水平，并校验横向和中心线复核设计要求，以便就位时本体中心线与基础中心线一致，同时注意就位时方向正确【W 点】	钢尺、水平仪、经纬仪测量
		本体就位	采用 3 钩吊装，龙门式起重机吊重分析，需满足主变压器吊装条件。变压器吊装就位时水平面斜角长轴方向不允许超过15°【W 点】	目测
2	220kV GIS 安装	施工准备	（1）检查核对接地引上点规格、数量及位置符合设计图纸要求。【W 点】 （2）土建基础通过验收，混凝土基础达到允许安装的强度和刚度。 （3）地面平整度。 （4）SF_6 气体出厂试验报告及合格证齐全；按规范要求的抽样比例做全分析，未被抽样做全分析的 SF_6 气瓶均需测量含水量【H 点】	施工图核对
		设备到货检查	（1）所有元件、附件、备件及专用工器具应齐全，无损伤变形及锈蚀。 （2）各个现场装配不解体的气室充有约 0.02MPa 的 SF_6 气体，解体的气室充有约 0.02MPa 的氮气，各气室均带有吸附剂运输和保存，充有 SF_6 等气体的运输单元或部件，其压力值应符合产品的技术规定。【W 点】 （3）GIS 卸车后，检查冲击记录仪，记录值应符合制造厂技术文件规定。【W 点】 （4）瓷件及绝缘件应无裂纹及破损	外观检查、压力表数据检查
		SF$_6$ 气体试验【H 点】	（1）六氟化硫（SF_6）的质量分数（%）：≥99.9。 （2）空气的质量分数（%）：≤0.04。 （3）四氟化碳（CF_4）的质量分数（%）：≤0.04。 （4）水的质量分数（%）：<0.005。 （5）露点（℃）：<-49.7。 （6）酸度（以 HF 计）的质量分数（%）：≤0.00002。 （7）可水解氟化物（以 HF 计）（%）：≤0.0001。 （8）矿物油的质量分数（%）：≤0.0004	试验结果核查

续表

序号	工序	检查（验）项目	检查要点及质量标准	检验方法及器具
2	220kV GIS 安装	无尘化措施	（1）安装工作应在无风沙、无风雪，温度应在−5～+35℃、空气相对湿度不大于80%的条件下进行，并采用防尘防潮措施。 （2）GIS 区域地面铺地板革。 （3）所有触及设备的绑扎绳应全部为尼龙绳，吊具与吊点的选用应符合相关要求	天气预报、产品技术规格书
		设备就位调整	（1）检查各单元编号是否正确、外观完好，断路器预充压力正常。 （2）核查地面上各单元就位轮廓线及 x、y 轴线正确。 （3）临时就位后，根据基础测量结果，各间隔正式就位时用铅锤找正中心线并在基础与底架间加适当的垫片以调整高低与水平，对于过渡母线，通过调节母线筒支架的螺栓实现。 （4）微小的位置调整，可借助千斤顶或滑轮进行，严禁用大锤找正	图纸核对、外观检查、铅垂线测量、千斤顶/滑轮
		主母线连接（两母线筒均为法兰面对接或其中一个母线筒带波纹管）	（1）中间间隔必须先准确就位。 （2）取下已就位间隔及其相邻间隔的吸附剂盖板，拆除母线端头的包装运输盖板。 （3）松开牛头导体上梅花触头座的止位螺钉，清理两段母线筒内部，按照牛头导体、梅花触头座绝缘支持台、壳体内壁的顺序有序清理，确保没有遗漏。 （4）检查确认牛头导体 A/B/C 三相及两端梅花触头座表面状态良好、无损伤，检查确认固定牛头导体的绝缘支持台无异常。 （5）检查确认导电杆表面状态良好、无损伤，清理导电杆。 （6）依次将 3 根导电杆插入梅花触头座内，同时导电杆另一端用白布带临时悬挂，防止导体磕碰划伤。 （7）轴向缓慢移动另一母线筒向其靠拢，同时从工艺孔（检修孔）观察并调整导电杆，当两母线筒法兰面接近时，用定位销定位，保证三相导电杆对正插入梅花触头座，这时将悬挂导体的白布带移除，并确认母线筒内导电杆端面有间隙，不会出现对顶的情况；否则，检查是否已完全插到底，导电杆长度是否合适。 （8）连接两母线筒，并用力矩扳手按标准力矩值紧固螺栓。	外观检查、对接控制

序号	工序	检查（验）项目	检查要点及质量标准	检验方法及器具
		主母线连接（两母线筒其中一个带盆式绝缘子）	（9）测量导电杆两端的屏蔽罩到梅花触头座上止位螺钉之间的间隙，合格后紧固止位螺钉。 （10）清理母线筒法兰面。 （11）清理另一母线筒上的盆式绝缘子、屏蔽罩、梅花触头，确保没有遗漏。 （12）轴向缓慢移动另一母线筒向其靠拢，同时从工艺孔（检修孔）观察并调整导电杆，当两母线筒法兰面接近时，用定位销定位，保证三相导电杆对正插入盆式绝缘子上的梅花触头座内，这时将悬挂导体的白布带移除。 （13）连接两母线筒，并用力矩扳手按标准力矩值紧固螺栓；测量导电杆两端的屏蔽罩到梅花触头座上止位螺钉之间的间隙，合格后紧固止位螺钉	外观检查、对接控制
2	220kV GIS 安装	主分支筒装配	（1）检查筒体外观状态良好、无损伤，筒体内壁状态良好、无损伤。 （2）打开分支筒及复合隔离开关单元对接面的运输保护盖板，清理分支筒法兰面及内壁，清理复合隔离开关单元盆式绝缘子、触头等。 （3）对接法兰密封槽一端，更换密封槽的 O 形圈，装配前检查密封槽和 O 形圈表面，确认无磕碰、划伤等缺陷方可进行装配。 （4）吊起分支筒，靠近时使用导向定位销连接法兰面，按标准力矩值紧固连接面螺栓，并用支撑将分支筒撑住。 （5）打开包装箱取出导电杆，检查确认导电杆表面状态良好、无损伤，清理导电杆。 （6）将导电杆装入分支筒内，注意导电杆良好地插在盆式绝缘子的触头上	外观检查、对接控制
		电流互感器安装	（1）检查筒体外观状态良好、无损伤，筒体内壁状态良好、无损伤。 （2）打开断路器和电流互感器单元的保护盖板，清理断路器法兰面和触头，清理电流互感器单元法兰面。 （3）吊起电流互感器单元进行对接，连接法兰面，使用导向销进行定位，按紧固力矩要求紧固连接面螺栓。 （4）安装电流互感器单元的支架。	外观检查、对接控制

序号	工序	检查（验）项目	检查要点及质量标准	检验方法及器具
2	220kV GIS 安装	电流互感器安装	（5）打开包装箱取出导电杆，检查确认导电杆表面状态良好、无损伤，清理导电杆。 （6）将导电杆插入断路器的触头内	外观检查、对接控制
		电压互感器安装	（1）检查筒体外观状态良好、无损伤，筒体内壁状态良好、无损伤。 （2）打开电压互感器单元运输盖板，清理电压互感器单元上的盆式绝缘子以及要对接的复合隔离开关单元法兰面。 （3）打开包装箱取出触头，检查确认触头表面状态良好、无损伤，清理触头。 （4）将触头正确安装于电压互感器的盆式绝缘子上。 （5）法兰密封槽面更换 O 形圈，装配前检查密封槽和 O 形圈表面，确认无磕碰、划伤等缺陷方可进行装配。 （6）确认安装方向，将电压互感器在低处翻转过来，并将其吊起。 （7）将电压互感器缓慢下落，使用导向销进行定位，使触头导体可靠插入复合隔离开关单元的弹簧触头内，将连接法兰面按紧固力矩要求进行紧固。 （8）套管吊装前对套管及均压筒进行检查及清理。 （9）套管吊装可采用一钩一葫芦法进行，先采用水平抬吊方式进行起吊，到一定高度之后再缓慢转为垂直起吊，起吊速度应缓慢、平稳，严防冲击，整个过程设专人严密监视，防止套管受损。 （10）套管进入套管座后在其下降过程中不能有冲击、碰撞等现象的发生，以免套管、均压筒及套管座受损。 （11）套管法兰连接，应更换旧密封垫圈和螺栓，新密封垫圈表面应无刮伤、裂痕、毛刺及其他杂物，法兰螺栓紧固应先对称收紧螺母，全部紧平之后，再用力矩扳手按规定力矩紧固。 （12）当设备安装到一定程度后，开始配制连接 SF₆ 气体管路，SF₆ 管路应密封运到现场，管子应无裂开、压扁等现象。 （13）现场连接时，打开两端封头，清理密封接头及设备上的连接面，并放好密封圈、涂好密封胶，用螺栓固定好，部分管路需在现场在厂家人员指导下弯制装配。	外观检查、对接控制

序号	工序	检查（验）项目	检查要点及质量标准	检验方法及器具
2	220kV GIS 安装	电压互感器安装	（14）管子切割时截面应与轴线垂直，管子与接头如需进行焊接，应密封良好，焊缝均匀、完整，管子支架固定牢固。 （15）根据贴在法兰外的标签及制造厂图纸核对气室吸附剂安装位置及数量。 （16）观察封于包装纸内的湿度指示器显示蓝色，确认吸附剂未失效。 （17）取出吸附剂置于盒内，紧固螺栓将盒固定在盖板上，清洁整理吸附装置，塞入 O 形圈，然后涂防腐油脂	外观检查、对接控制
		抽真空	（1）按厂家要求连接好从真空泵到气室间的高压软管及阀门。 （2）启动真空泵，检查真空泵转向；然后打开阀门对气室进行抽真空处理（需使用带电磁隔离阀或止回阀的真空泵，具备断电自动关闭阀门、防止倒流的优点）。 （3）按厂家规定，一般采用真空度达到 1Torr 并保持至少 1h，然后关闭抽气阀门并将真空泵停下，观察气室真空度，对容积 3000L 以上的气室静置观察 12h 以上，容积 3000L 以下的气室静置观察 4h 以上，若气室真空值仍低于 1Torr，则气室密封性满足要求，可进行充气体。 （4）若密封检查时观察到真空度高于 1Torr，在气室内充干燥空气至 200kPa，刷肥皂水查漏并处理，直至密封性符合要求	设备接口检查、气室密封性检查
		充 SF$_6$ 气体	（1）SF$_6$ 气体应试验合格。 （2）将充气管道和减压阀与 SF$_6$ 气瓶连接好，用气瓶里的 SF$_6$ 气体把管道内的空气排掉，再将充气管道连接到设备充气口的阀门上。 （3）在充气时，应先打开设备充气口的阀门，再慢慢转动打开 SF$_6$ 气瓶的阀门和减压阀，充气速度应缓慢，当到 0.25MPa（环境温度 20℃）时，应检查所有密封面，确认无渗漏，再充至略高于额定工作压力，以便抽气样试验（不同温度曲线换算）	设备接口检查
		气体检漏	（1）定性检漏一般有三种，抽真空检漏、发泡液检漏和检漏仪检漏。 （2）定量检漏一般有两种，扣罩法和直接测量法	测试方法控制

序号	工序	检查（验）项目	检查要点及质量标准	检验方法及器具
2	220kV GIS安装	操纵杆连接	（1）操纵杆安装调整后，双螺母应拧紧，多次分合操作后，检查螺母有无松动。 （2）手动分合到位后，在电动分合时仍有可能发生分合不到位的现象，应注意调整	螺栓力矩检查
		设备接地	设备安装完成后，完善接地环网、设备支架、操作平台等接地和元件间等电位连接线的安装工作	接地方式
3	66kV GIS安装	安装前检查	（1）包装应无破损；设备整体外观、油漆应完好，无锈蚀、损伤；设备型号、数量、各项参数应符合设计要求。所有元件、附件、备件及专用工器具应齐全，无损伤变形及锈蚀，规格符合设计要求。 （2）瓷件及绝缘件应无裂纹及破损。 （3）充有干燥气体的运输单元或部件，其内部应保证有正压。 （4）安装有冲击记录仪的元件，其所受冲击加速度不应大于 $3g$ 或满足产品技术文件要求，并将记录存档。 （5）出厂证明文件及技术资料应齐全，且符合设备订货合同的规定。 （6）厂家应提供现场每瓶 SF_6 气体的批次测试报告，充气前应对每瓶气体测量微水 $\leqslant 8 \times 10^{-6}$。 （7）压力表及气体密度继电器根据设备技术文件要求进行校验	目测检查、产品技术文件校对、仪表校验
		设备本体组装	（1）部件装配应在无风沙、无雨雪、空气相对湿度达标的条件下进行，并根据产品要求严格采取防尘、防潮措施。 （2）应按产品的技术规定选用吊装器具并合理使用吊点，不得损伤设备表面。 （3）支架安装的平整度应符合产品技术要求；支架或底架与基础的水平高度调整宜采用产品提供的调整垫片。 （4）应按制造厂的编号和规定的程序进行装配，不得混装。 （5）使用的清洁剂、润滑剂、密封脂和擦拭材料必须符合产品的技术规定；若厂家提供则必须使用厂家的清洁剂、润滑剂、密封脂和擦拭材料。 （6）GIS元件拼装前要用干净的抹布将外表面擦拭干净。运输封堵端盖在安装时才允许松掉。各个气室预充压力检查必须与运输前检查一致。	安装环境控制

续表

序号	工序	检查（验）项目	检查要点及质量标准	检验方法及器具
3	66kV GIS 安装	设备本体组装	（7）应对可见的触头连接、支撑绝缘件和盆式绝缘子进行检查，应清洁、无损伤。同时，检查盆式绝缘子与气隔图应对应，标识应正确	安装环境控制
		GIS 法兰连接要求	（1）法兰对接前应先对法兰面、密封槽及密封圈进行检查，法兰面及密封槽应光洁、无损伤，对轻微伤痕可用细纱纸打磨平整。然后在空气一侧均匀地涂密封剂，并薄薄地均匀涂到气室外侧法兰上，涂完密封剂应立即接口或盖封板，并注意不得使密封剂流入密封圈内侧。 （2）法兰合拢前，应清洁母线筒，检查无遗留物品，并做好施工记录。 （3）法兰连接可采用吊车、液压千斤顶、链条葫芦等机具，预先采用导向装置对称地插入法兰孔中，法兰运动期间没有卡阻现象。对接过程测量法兰间隙距离均匀。螺栓紧固前确认胶圈已被压缩后再按顺序插入其他螺栓依次对称紧固。所有螺栓的紧固均应使用力矩扳手，其力矩值应符合产品的技术规定。 （4）GIS 元件拼装前，应用清洁无纤维裸露白布或不起毛的擦拭纸、吸尘器将内壁、对接面清理干净；盆式绝缘子应清洁、完好。 （5）安装前，方可将元件的运输密封端盖打开，应用塑料薄膜将开口处覆盖严密，以尽量减少灰尘、水汽的侵入	安装过程控制
		母线的安装	（1）母线安装时，应先检查表面及触指有无生锈、氧化物、划痕及凹凸不平处，如有，则采用细砂纸或百洁布将其处理干净、平整，并用清洁无纤维裸露白布或不起毛的擦拭纸沾无水酒精洗净触指内部，在触指上涂上薄薄的一层电力复合脂，如不立即安装，应先用塑料纸将其包好。安装时将母线放在专用小车上，推进母线筒到刚好与触头座接触上，然后用母线插入工具，将母线完全推进触头座内，垂直母线采用专用工具进行安装。母线对接应通过观察孔或其他方式进行检查和确认。 （2）母线安装过程中依据厂家技术要求进行回路电阻测试	外观检查、安装过程控制
		设备固定	（1）GIS 组装完成后进行固定，固定的方式为预埋焊接。	焊接质量检查

序号	工序	检查（验）项目	检查要点及质量标准	检验方法及器具
3	66kV GIS 安装	设备固定	（2）焊接的工艺要求：底座与预埋钢板的焊接应满足厂家要求，焊接面应饱满、均匀	焊接质量检查
		真空处理、注 SF$_6$ 气体	（1）充注前，充气设备及管路应洁净、无水分、无油污；管路连接部分应无渗漏；吸附剂的更换方式、时间应符合要求。 （2）气体充入前应按技术规定对设备内部进行真空处理，真空度、保持时间以及真空泄漏检查方法应符合产品要求。 （3）抽真空应采用带有抽气止回功能的真空泵，以防止突然停电或因误操作而引起破坏真空事故；抽真空时应先检查电磁阀、相序指示器是否完好，防止空气压缩机机油倒吸入设备。采用麦氏真空计时要防止水银倒吸入设备。 （4）气室预充有 SF$_6$ 气体，且含水量检验合格时，可直接补气。 （5）SF$_6$ 气体在充注时，检查相连气室是否具备充气条件，如相连气室还需抽真空，待相连气室具备充气条件并充气至正压后再补气至额定压力。 （6）现场测量 SF$_6$ 钢瓶气体含水量，以及设备内 SF$_6$ 气体的含水量应符合规范和产品技术要求。 （7）对所有对接面及充气接口进行包扎定量检漏工作，对未拆封的工作面进行充气后的定性检漏	目测外观检查、过程控制
		接地安装	（1）GIS 基座上的每一根接地母线，应采用分设其两端的接地线与变电站的接地装置连接。接地线应与 GIS 区域环形接地母线连接。接地母线较长时，其中部应另加接地线，并连接至接地网。接地线与 GIS 接地母线应采用螺栓连接方式。 （2）避雷器的专用接地端子与 GIS 接地母线的连接处，宜装设集中接地装置，并应用最短的接地线进行连接。 （3）全封闭组合电器的外壳应按制造厂规定接地；法兰片间应采用跨接线连接，并应保证良好电气通路；汇控柜的金属框架和底座与接地母线可靠连接	安装过程控制

序号	工序	检查（验）项目	检查要点及质量标准	检验方法及器具
3	66kV GIS 安装	现场检查与试验	（1）GIS 中的断路器、隔离开关、接地开关及其操动机构的联动应正常、无卡阻现象；分、合闸指示应正确；辅助开关及电气闭锁应动作正确、可靠。 （2）密度继电器的报警、闭锁值应符合规定，电气回路传动应正确。 （3）六氟化硫气体压力、泄漏率和含水量应符合《电气装置安装工程电气设备交接试验标准》（GB 50150—2016）及产品技术文件的规定	试验结果核查

4. 低压配电柜与站用变压器安装

低压配电柜与站用变压器安装质量控制表见表 4-47。

表 4-47　　　　　　　　低压配电柜与站用变压器安装质量控制表

序号	工序	检查（验）项目	检查要点及质量标准	检验方法及器具
1	低压盘柜安装	基础验收	不直度允许偏差：<1mm/m，<5mm/全长；位置偏差及不平行度允许偏差：<5mm/全长	钢尺测量
		运输与安装	（1）盘柜的吊装、运输一般采用汽车和吊车相配合的方式进行。吊装时吊索强度要足够，不得倾斜吊装，严禁将吊索抱在侧面或几个包装箱一起吊；盘柜运输屋外采用平板汽车，运输时要求开关柜在车上平稳、牢固，防止开关柜倾斜碰撞和滑出车外；屋内采用平板液压推车或滚杠搬运屏柜。搬运的过程中，用推车及钢管滚移到位，不可将屏柜倒立或横放，所有设备一律运至配电室方可开箱。 （2）开箱检查：按设计图纸检查到货情况，包括屏柜内一次设备型号及各零配件，检查设备的外观质量，并且有合格证，设备铭牌清晰，反复核对屏柜型号是否符合设计要求。检查柜内所装设备元件应齐全、完好，安装位置正确，固定牢固。检查抽屉推拉应灵活、轻便，无卡阻碰撞现象，抽屉应能互换。检查抽屉的机械联锁装置应动作正确、可靠，动静触头的中心线应一致，触头接触紧密。	开箱检查

序号	工序	检查（验）项目	检查要点及质量标准	检验方法及器具
1	低压盘柜安装	运输与安装	（3）盘柜找正、固定：盘柜就位后先从一侧第一面柜依次找正，找正用磁力线坠、钢板尺测量盘柜两面垂直度，用垫铁找正。低压盘宜先从变压器侧开始找正，高压盘宜先从共箱母线侧找正。盘柜用垫铁找正后，盘柜间用螺栓固定牢固，盘柜底部四角与基础型钢牢固焊接	开箱检查
		开箱检查	（1）利用吊车将盘柜吊到指定位置，利用滚杠将盘柜移到相应的安装位置。应注意保护盘面油漆不能受到损伤，并且要防止盘柜倾倒。 （2）盘柜按顺序就位并做好标记，先将第一面柜放到相应的单元用线坠从盘柜四个角找正，然后检查垂直度与水平度再重新就位下一面盘柜。用同样的方法调整好下一面盘柜后与第一面盘柜连接连盘螺钉。将盘柜逐个就位后，进行盘柜安装检查。盘柜安装水平度和垂直度允许偏差值应符合如下验收标准。 1）垂直度（mm/m）＜1.5。 2）水平偏差（相邻两盘顶部）＜2mm。 3）水平偏差成列盘顶部＜5mm。 4）盘面偏差（相邻两盘边）＜1mm。 5）盘面偏差（成列盘面）＜5mm。 6）盘间接缝＜2mm。 （3）盘柜调整：全部找正找平后，检查垂直度和水平度，可在首末两块盘边拉线绳检查，全部盘面应在同一直线上。最后将盘柜与基础进行点焊后用自攻丝将盘柜与基础再固定	目测检查、钢尺测量、拉线绳检查
		盘柜主母线安装	（1）母线安装前先明确主母线 A 相／B 相／C 相及地排母线规格型号，然后检查所有绝缘子是否完好。母线由开关柜厂家配套供应，根据厂家分段母线编号进行组装。安装时接触面应清理干净，涂电力复合脂，用对应的螺栓连接，螺栓紧固用力矩扳手。安装完后检查其安全距离，应保证电气一次爬电距离≥100mm，并用2500V 绝缘电阻表测量母线相间及其对地绝缘后做母线耐压试验。 （2）用力矩扳手检查母线紧固力矩值，应符合以下标准：	目测外观检查、力矩扳手校验

序号	工序	检查（验）项目	检查要点及质量标准	检验方法及器具
1	低压盘柜安装	盘柜主母线安装	M8：8.8～10.8N·m。 M10：17.7～22.6N·m。 M12：31.4～39.2N·m。 M14：51.0～60.8N·m。 M16：78.5～98.1N·m。 （3）母线安装时对地安全净距要求如下。 1）二次回路：>4mm。 2）400V：>20mm。 3）1～3kV：≥75mm。 4）6kV：≥100mm。 5）10kV：≥125mm	目测外观检查、力矩扳手校验
		屏顶小母线安装	（1）将制造厂供应的小母线按照图纸要求用钢锯截成相应的长度，放在工作台上平直，平直时用橡胶锤敲击。 （2）按照图纸尺寸，量取小母线和底座的连接点，在连接点中心的两侧量取30mm用砂纸打磨去除表面的氧化层，要求表面光洁、无油污。 （3）在打磨光亮的端头上均匀涂上焊锡膏，放入已熔化的锡锅里均匀搪锡。要求锡层均匀、光亮、无脱皮。 （4）将加工好的母线安装在盘顶相应位置上，安装方法严格按设计图及厂家安装说明书的要求进行，安装位置准确，螺钉紧固，接触面良好。要求小母线之间及其对地绝缘用500V绝缘电阻表测量时应≥0.5MΩ。 （5）高压开关小车的调整：推拉检查小车，小车应灵活轻便，无卡阻、碰撞现象，相同型号的小车应能互换。 （6）将小车推入到工作位置后，动触头顶部与静触头底部的间隙应符合产品要求。 （7）检查小车触头插入深度。在动触头上涂抹润滑脂或导电涂料，擦净静触头，将小车推入到工作位置，然后拉出小车，根据沾到静触头上的润滑脂或导电涂料测量小车三相触头插入深度，通过调整动触头来调整三相触头的插入深度，小车触头插入深度应符合厂家产品说明书要求，调试时一般由厂家指导。	目测外观检查、绝缘电阻表测量

序号	工序	检查（验）项目	检查要点及质量标准	检验方法及器具
1	低压盘柜安装	屏顶小母线安装	（8）检查防止电气误操作的"五防"功能及装置齐全，防止误分、合断路器，防止带负荷分合隔离开关，防止接地开关合上时（或带接地线时）送电，防止带电合接地开关（挂接地线），防止误入带电间隔等功能。当小车在工作位置时，接地开关处于机械闭锁状态，接地开关不能合上。当接地开关在试验位置并处于合闸状态时，小车不能推到工作位置。 （9）检查小车开关分、合动作应灵活，储能机构可靠，若储能不可靠，应对照产品说明书调整储能机构弹簧松、紧度。（厂家现场指导调整） （10）检查小车与盘柜接地触头接触应可靠，但接触也不能过死。当小车推入柜内时，其接地触头应比主触头先接触，拉出时接地触头比主触头后断开。检查小车和柜体的二次回路连接插件应接触良好。 （11）检查安全隔离板应开启灵活，随小车的进、出而相应动作。柜内控制电缆的位置不应妨碍小车的进出，并应牢固固定。 （12）仪表、继电器等二次元件的防震措施应可靠，螺栓应紧固，并应具有防松措施	厂家技术指导
		盘柜接地	盘柜接地应牢固良好，柜内接地排与主网可靠连接，盘柜体接地要与基础型钢点焊连接，基础型钢再用扁钢与主接地网相连，两地接地。装有电器的可开启的门，应以软铜线与接地的金属构架可靠地接地	目测检查
2	站用变压器安装	开箱检查	（1）站用变要求到达现场后，会同监理、建设单位代表及生产厂家代表进行开箱检查，并应有设备的相关技术资料文件，以及产品出厂合格证。设备应装有铭牌，铭牌上应注明制造厂名，额定容量，一次和二次的额定电压、电流、阻抗及联结组别等技术数据应符合设计要求。 （2）站用变压器及设备附件均应符合国家现行有关规范的规定。站用变应无机械损伤、裂纹、变形等缺陷，油漆应完好无损。站用变的高压、低压绝缘瓷件应完整无损伤、无裂纹等	开箱验收、目测外观检查

续表

序号	工序	检查（验）项目	检查要点及质量标准	检验方法及器具
2	站用变压器安装	基础验收	站用变基础的几何尺寸应符合设计基础详图的要求与规定。检查结构基础全长不直度＜5mm，水平度＜5mm，位置误差及不平度＜5mm	钢尺测量
		本体安装	（1）站用变到达现场之后可以使用叉车或吊车将设备卸到安装地点，取下固定垫木的螺钉，小心开箱取出设备，拆包装时应防止损坏外壳或顶部安装的套管，使用叉车时应注意使叉车对准站用变的底部的槽钢处，以避免损坏外壳。 （2）站用变就位时，应按设计要求的方位和距墙尺寸就位。 （3）站用变固定采用设计要求连接方式，并固定可靠	目测检查
		附件安装	（1）变压器一次元件应按产品说明书位置安装。 （2）温度补偿导线应符合仪表要求，并加以适当的附加温度补偿电阻，校验调试合格后方可使用。 （3）软管不得有压扁或死弯，富余部分应盘圈并固定在温度计附近	安装过程控制
		站用变压器的连线	（1）站用变一次、二次连线、地线、控制管线均应符合现行国家施工验收规范规定。 （2）站用变的一次、二次引线连接，不应使站用变的套管直接承受应力。 （3）站用变的中性线在中性点处与保护接地线同接在一起，并应分别敷设，中性线宜用绝缘导线，保护地线宜采用黄、绿相间的双色绝缘导线。 （4）电流互感器二次输出采用控制电缆接入设计指定间隔的零序保护和测量表计。检查、紧固柜内所有固定及连接螺栓，保证零部件装配牢固，电气连接可靠。特别是电流互感器二次接线容易配错线，应认真核对施工图纸	安装过程控制、施工图核对

5. 主控及直流设备安装

主控及直流设备安装质量控制表见表4-48。

表4-48 主控及直流设备安装质量控制表

序号	工序	检查（验）项目	检查要点及质量标准	检验方法及器具
1	主控盘柜安装	盘柜基础制作安装	（1）基础型钢施工前应先校平直并核对基础的位置是否正确。 （2）用水平仪测量基础标高及最终地面标高线（最高点），以最终地面标高线为基准安装基础型钢（测量好盘柜基础与墙面的距离，要保证两列盘平行，为以后盘柜的安装创造便利条件）。 （3）基础型钢安装的允许偏差如下：不直度<5mm；水平度<5mm；基础中心线偏差为±5mm；盘基础与地面标高差为±1mm；盘基础接地点数为2点；地线连接方法为螺接，要求螺接牢固	目测外观检查、水平仪、钢尺测量
		开箱检查	按设计图纸检查到货情况，包括屏柜内一次设备型号及各零配件，检查设备的外观质量，并且有合格证，设备铭牌清晰，反复核对屏柜型号是否符合设计要求。检查柜内所装设备元件应齐全完好，安装位置正确，固定牢固。检查抽屉推拉应灵活轻便，无卡阻碰撞现象，抽屉应能互换。检查抽屉的机械联锁装置应动作正确、可靠，动静触头的中心线应一致，触头接触紧密	图纸核对、开箱验收
		找正、固定	盘柜就位后先从一侧第一面柜依次找正，找正用磁力线坠、钢板尺测量盘柜两面垂直度，用垫铁找正。低压盘宜先从变压器侧开始找正，高压盘宜先从共箱母线侧找正。盘柜垫铁找正后，盘柜间用螺栓固定牢固，盘柜底部四角与基础型钢牢固焊接。盘柜安装水平度和垂直度允许偏差值应符合如下验收标准。 （1）垂直度（mm/m）<1.5。 （2）水平偏差（相邻两盘顶部）<2mm。 （3）水平偏差成列盘顶部<5mm。 （4）盘面偏差（相邻两盘边）<1mm。 （5）盘面偏差（成列盘面）<5mm。 （6）盘间接缝<2mm	磁力线、钢尺测量
		母线安装	（1）母线安装前应先检查母线搭接面是否平整，镀层不应有麻面起皮及未覆盖部分。 （2）母线连接前搭接面必须清理干净，并涂以电力复合脂，具有镀层的母线搭接面不得任意锉磨。	目测外观检查、力矩扳手校验

序号	工序	检查（验）项目	检查要点及质量标准	检验方法及器具
1	主控盘柜安装	母线安装	（3）连接母线的螺栓，当母线平置时螺栓应从下向上穿，立置时螺栓应从内向外穿，其余情况螺母应置于维护侧，螺栓长度宜露出螺母2~3扣。 （4）圆形小母线应先校平直再安装，切口不得有尖角、毛刺等。 （5）螺栓的受力应均匀，母线接触面应连接紧密，连接螺栓应用力矩扳手紧固，紧固力矩符合下列规定。 1）M8：8.8~10.8N·m。 2）M10：17.7~22.6N·m。 3）M12：31.4~39.2N·m。 4）M14：51.0~60.8N·m。 5）M16：78.5~98.1N·m。 6）M20：156.9~196.2N·m	目测外观检查、力矩扳手校验
2	蓄电池安装	施工准备	（1）设备到达现场后，包装及密封应良好，外观检查应合格，产品的技术文件应齐全，产品与设计相符。 （2）不同性质的蓄电池不得存放在同一室内，不得倒置，室内应清洁、干燥、通风良好、无阳光直射，室温宜为5~40℃	储存环境
		施工过程要求	（1）施工班组施工前应明确熟悉该方案涉及的各项工艺流程和标准，做好原始记录，以便质量跟踪检查；班组长、技术员做好班组施工自检工作，对不符合验评标准的工序环节下整改命令，并报告上级主管、工程师审核，以保证后续工作的整体质量。 （2）施工班组施工前应明确熟悉各项工艺流程和标准，在充放电过程中做好原始数据记录，以便质量跟踪检查；班组长、技术员做好检查监督工作，对不按作业指导书要求进行施工的行为及时进行制止，以保证蓄电池充放电的质量，从而确保机组后续的安全稳定运行	数据记录、施工流程控制
		二次回路检查及接线	（1）按图施工，接线正确。导线与电气元件间采用螺栓连接、插接、焊接或压接等，均应牢固、可靠。盘柜内的导线不应有接头，导线芯线应无损伤。 （2）电缆芯线和所配导线端部均应标明其回路编号，编号应正确，字迹清晰且不易脱色。配线应整齐、清晰、美观，导线绝缘良好，无损伤。	电缆端接工艺检查

序号	工序	检查（验）项目	检查要点及质量标准	检验方法及器具
2	蓄电池安装	二次回路检查及接线	（3）每个接线端子的每侧接线宜为 1 根，不得超过 2 根。对于插接式端子，不同截面的 2 根导线不得接在同一端子上，对于螺栓连接端子，当接 2 根导线时，中间应加平垫片。二次回路接地应设专用螺栓。 （4）用于连接门上的、可动部分的导线，应采用多股软导线，并应有适当裕度，端部应绞紧，并应加终端附件或搪锡，线束应有外套塑料管等加强绝缘层。可动部分两端应用卡子固定。 （5）二次回路接地应设专用螺栓。 （6）盘、柜内的配线电流回路应采用电压不低于500V的铜芯绝缘导线，其截面不应小于 2.5mm²；其他回路截面不应小于1.5mm²；对电子元件回路、弱电回路采用锡焊连接时，在满足载流量和电压降及有足够机械强度的情况下，可采用不小于0.5mm² 截面的绝缘导线	电缆端接工艺检查

6. 电气照明装置安装

电气照明装置安装质量控制表见表 4-49。

表 4-49　　　　　　　　电气照明装置安装质量控制表

序号	工序	检查（验）项目	检查要点及质量标准	检验方法及器具
1	电气照明装置安装	电缆管敷设	（1）钢管在加工后，要求钢管的切口整齐、平整、光滑，应无毛刺和尖锐菱角，在弯制后，不应有裂缝和显著的凹痕现象，弯扁程度不宜大于管子外径的10%。 （2）电缆管的弯曲半径不应小于所穿入电缆的最小允许弯曲半径，每根电缆管的弯头不应超过3个，直角弯不应超过2个。【W 点】 （3）电缆管的连接应牢固且密封良好，两管口应对准，套接的短套管或带螺纹的管接头的长度，不应小于电缆管外径的1.5～3 倍，电线管的弯曲半径不应小于电线管外径的6倍。【W 点】 （4）电线管进入配电箱要平整，露出长度为 8mm，管口要用护套并锁紧箱壳。【W 点】	目测外观检查

序号	工序	检查（验）项目	检查要点及质量标准	检验方法及器具
1	电气照明装置安装	电缆管敷设	（5）照明φ25 以下钢管明敷时，管路支撑点或固定点间距应在 2m 以内，钢管敷设要保证接地良好、牢固。接线采用密闭式防爆接线盒【W点】	钢尺测量
		灯具及电缆线敷设	（1）插座外观应无裂纹、变形，安装位置高度应符合设计要求，灯具及其配件应齐全，无机械损伤、变形、油漆脱落和灯罩破裂等缺陷，灯具固定牢固可靠，每个灯具固定用螺钉或螺栓不少于 2 个，引进灯具的软导线线芯截面最小不应小于 0.5mm²，单芯铜线线芯截面不应小于 1mm²。【W点】	目测外观检查、敷设工艺检查
			（2）灯泡、灯管必须与触发器和镇流器配套使用，导电配线导通良好、绝缘良好，零线与地点安装正确，接头包扎严密。【W点】	
			（3）导线编排要横平竖直，剥线头时应保持各线头长度一致，导线插入接线端子后不应有超过 2mm 的导体裸露。【W点】	
			（4）施工时要按现场需要配足各种颜色的导线，施工人员应清楚分清相线、零线（N 线）、接地保护线（PE 线）的作用与色标的区分。【W点】	
			（5）剥线时固定尺寸，保证线头整齐统一，安装后线头不裸露；同时为了牢固压紧导线，单芯线在插入线孔时应拗成双股，用螺钉顶紧、拧紧。	
			（6）开关、插座盒内的导线应留有一定的余量，一般以 100~150mm 为宜。【W点】	
			（7）安装灯具前，应认真找准中心点，及时纠正偏差	
		照明整体通电及试亮	通电试灯时应逐层进行，且应设专人监护或挂标示牌，防止触电事故的发生【H点】	试验流程控制

7. 防雷接地安装

防雷接地安装质量控制表见表 4-50。

表 4-50 防雷接地安装质量控制表

序号	工序	检查（验）项目	检查要点及质量标准	检验方法或器具
1	防雷接地安装	安装质量	（1）接地线敷设位置不妨碍设备的拆卸与检修，且便于检查。 （2）屋顶避雷针设专用接地线就近与主结构钢柱连接，施工时应采取自下而上的施工程序。支线接地体应敷设在敷料层内，因此其应在敷料层和面层敷设完成前进行施工。【H点】 （3）户外的螺栓、铜鼻子等连接处在完成相应的防腐措施后还应涂沥青或采用其他可靠的防腐涂料加强防腐。 （4）接地工程完成后应进行连通性测试，包括设备接地、水管、风管等。【H点】 （5）主变压器中性点设备引下接地处、海缆终端引下接地处、海缆锚固处应采用围栏隔开及设置警示标志。所有明敷的接地铜排应刷黄绿相间漆，宽度为 50～100mm。【W点】 （6）使用符合要求的质量记录及隐蔽工程记录并认真执行。 （7）使用合格的接地材料，施工人员已进行培训合格，焊工持有合格证的焊工证。 （8）接地电阻用检定的仪器测试	目测外观检查、钢尺测量、资质核查
		关键检查项目	（1）所有焊缝和防腐情况需满足规范和设计要求。【H点】 （2）接地电阻符合设计要求【H点】	目测检查、绝缘电阻表测试

8. 二次接线安装

二次接线安装质量控制表见表 4-51。

表 4-51 二次接线安装质量控制表

序号	工序	检查（验）项目	检查要点及质量标准	检验方法及器具
1	二次接线施工	电缆就位等准备工作	（1）端子箱内电缆就位的顺序应按该电缆在端子箱内端子接线序号进行排列，穿入的电缆在端子箱底部留有适当的弧度。 （2）屏柜电缆就位前应先将屏柜下方电缆整理好，并用扎带或铁芯扎线将整理好的电缆扎牢。根据电缆在层架上敷设顺序分层将电缆穿入屏柜内，确保电缆就位弧度一致，层次分明。【W点】	隐蔽工程验收、目测工艺检查

序号	工序	检查（验）项目	检查要点及质量标准	检验方法及器具
1	二次接线施工	电缆就位等准备工作	（3）在考虑电缆的穿入顺序、位置的时候，要尽可能使电缆在支架（层架）的引入部位、设备的引入口避免交叉和麻花状现象的发生，同时应避免电缆芯线左右交叉的现象发生（对于多列端子的设备）。 （4）电缆的绑扎要求牢固，在接线后不应使端子排受机械应力	隐蔽工程验收、目测工艺检查
		电缆头制作	（1）单层布置的电缆头的制作高度要求一致；端子箱内二次接线电缆头应高出屏（箱）底部 100~150mm。【W点】 （2）电缆头制作时缠绕的聚氯乙烯带要求颜色统一，缠绕密实、牢固，采用统一长度热缩管使用大功率电吹风加热收缩，电缆的直径应在热缩管的热缩范围之内，电缆头制作结束后要求顶部平整、密实。 （3）电缆屏蔽层采用 4mm² 多股软铜线连接引出牢固接地，连接一、二次设备的长电缆屏蔽层应两端接地，户外短电缆在端子箱侧一端接地；屏蔽接地线与屏蔽层的连接采用铰接的方式，确保可靠。【W点】 （4）铠装电缆的钢带应一点接地，接地点设在端子箱/汇控柜专用接地铜排【W点】	钢尺测量、目测工艺检查
		电缆标识牌及固定	电缆牌型号、打印样式、挂设方式应统一，电缆牌的固定采取前后交错、上下高低错位方式进行挂设，单排高低一致、间距一致，保证电缆牌挂设整齐、牢固。统一采用网线线芯绑扎电缆号牌【W点】	目测工艺检查
		线芯整理和布置	（1）在电缆头制作结束后，接线前进行芯线的整理工作：将每根电缆的芯线单独分开，拉直每根芯线。利用校灯或万用表核对芯线，两端标识正确。【H点】 （2）网格式接线方式适用于保护自动化屏、户外端子箱等大空间大型二次设备。 （3）槽板接线方式适用于机构箱等配槽盒的设备	校灯或万用表核对
		备用芯屏蔽处理	（1）电缆备用芯应留适当的余量，剪成统一长度，排至屏、柜顶部；备用芯套线帽管并标明电缆编号，线头套绝缘帽。【W点】 （2）电缆的屏蔽线在电缆背面成束引出，编织在一起引至接地排，接线方式一致、弧度一致、排列自然美观。	校灯或万用表核对

序号	工序	检查（验）项目	检查要点及质量标准	检验方法及器具
1	二次接线施工	备用芯屏蔽处理	（3）屏蔽线接至接地排时可以采用单根压接或多根压接的方式，单根压接时每个接地端子上引接的接地线不超过 2 根；多根压接时根数不宜过多，并对线鼻子的根部进行热缩处理，确保工艺；屏蔽线接地排接线端子不够时应补充打孔【W 点】	校灯或万用表核对

9. 暖通系统安装

暖通系统安装质量控制表见表 4-52。

表 4-52　　　　　　　　　　暖通系统安装质量控制表

序号	工序	检查（验）项目	检查要点及质量标准	检验方法或器具
1	风管制作	连接要求	（1）风管穿过舱壁或者甲板均应设置了设计图纸要求的通舱件，且必须保证舱壁或者甲板防火等级的完整性。 （2）室内风管法兰之间采用螺栓连接，法兰之间设置图纸要求厚度的橡胶密封胶条。 （3）室内风管、风口、阀门、加热器、过滤器之间均采用螺栓连接，法兰之间设置胶板。风口法兰与风管法兰采用螺栓连接	目测外观检查
		风管材质要求	（1）空调系统的风管采用整体保温型双面不锈钢复合风管，从内到外，其厚度分别是 1.2mm（304 不锈钢材质）、25mm（离心玻璃棉）、1.2mm（304 不锈钢材质）。【W 点】 （2）风管连接可采用翻边、铆接和焊接，当风管与角钢法兰连接风管壁厚小于 1.5mm 时，一般采用翻边铆接，翻在法兰的外侧，用角尺靠在风管的纵向折角边上，使风管中心线与法兰平面保持垂直，翻边的尺寸应为 6~9mm。【W 点】 （3）矩形风管弯管的制作，一般应采用曲率半径为一个平面边长的内外同心弧形弯管。当采用其他形式的弯管，平面边长大于 500mm 时，必须设置弯管导流叶片。【W 点】	钢尺测量、焊接质量检查

序号	工序	检查（验）项目	检查要点及质量标准	检验方法或器具
1	风管制作	风管材质要求	（4）焊接风管需根据各类风管的技术要求，选用相应厚度的板材，按照图纸的尺寸进行下料，角用点焊或缝焊应清除氧物化。对口应保持最小的间隙。焊接过程中，根据板材的厚度掌握好焊丝直径和电流强度、电弧电压及焊接速度。手工点焊定位处的焊瘤应清除，焊接后，应将焊缝及其附近区域的电焊溶渣及残留的焊丝清除【W点】	钢尺测量、焊接质量检查
2	支吊架安装	注意事项	风管在安装前，应进一步检查安装好的支架、吊架、托架位置是否正确，是否牢固、可靠，根据施工方案确定吊装方法按先干管后支管的安装程序进行吊装，吊装过程中应注意下列问题（均为【W点】）。 （1）水平风管安装后的不水平度允许偏差每米应＞3mm，总偏差不应＞20mm，垂直风管安装后有不垂直度的允许偏差每米应不＞2mm，总偏差不应＞20mm。风管沿钢板壁走时，管壁到钢板壁至少保留150mm的距离，以拧法兰螺栓。 （2）法兰垫料宜采用 3～5mm 橡胶板，连接螺栓应加钢制垫圈。 （3）风管穿钢板时应有防护套管。 （4）管道上所用的金属附件，应按设计要求做好防腐处理	钢尺测量、目测检查
		安装工艺要求	风管支架、吊架的安装应符合下列规定。 （1）风管水平安装，直径或长边尺寸≤400mm，间距不应＞4m；直径或长边尺寸＞400mm时，间距不应＞3m。对于薄钢板法兰的风管，其支架、吊架间距不应＞3m。【W点】 （2）风管垂直安装，间距不应＞4m，单根直管至少应有 2 个固定点。【W点】 （3）风管支架、吊架宜按国家标准图集与规范选用强度和刚度相适应的形式和规格。 （4）支架、吊架不宜设置在风口、阀门、检查门及自控机构处，离风口或插接管的距离不宜＜200mm。【W点】 （5）当水平悬吊的主、干风管长度超过20m 时，应设置防止摆动的固定点，每个系统不应少于 1 个。【W点】	钢尺测量、目测检查

序号	工序	检查（验）项目	检查要点及质量标准	检验方法或器具
2	支吊架安装	安装工艺要求	（6）海上升压站要求所有的风管每隔2m就要做支架，风管接头、变径和风管弯头处也需要做支架，紧固件（螺栓、垫片、螺母等）均采用不锈钢304材质。 （7）吊架的螺孔应采用机械加工。吊杆应平直，螺纹完整、光洁。安装后各副支、吊架的受力应均匀，无明显变形。风管支架吊杆通常焊接在横梁或扶强材上，如焊接在甲板上时应加腹板【W点】	钢尺测量、目测检查
3	风管安装	风管连接	风管之间和风管与附件之间连接大多采用法兰连接，连接的法兰与法兰之间应垫上一层厚为3mm的阻燃橡胶垫圈【W点】	钢尺测量
		安装工艺要求	（1）风管安装前应对安装好的支架进行检查，检查位置是否正确、是否牢固可靠。 （2）风管穿舱壁时应有通舱件【W点】	目测检查
		风管检漏	通风系统安装结束后，应对通风系统进行检漏，可以根据压力条件选用以下两种方法进行。【H点】 （1）低压系统可采用灯光检漏：光源可置于风管内侧或外侧，但其相对侧应为暗黑环境。检测光源应沿着被检测接口部位与接缝作缓慢移动，在另一侧进行观察，当发现有光线射出则采用锡、咬合面密封或涂胶等措施使之密封。 （2）漏风测试：风机运转检漏，用薄纸片在风管接合面走过，看纸片有无飘动现象。若有则说明风管有泄漏，采取焊锡、咬紧合面、拧紧紧固螺栓等方法使风管不漏风	灯光检漏或漏风测试
4	通风附件安装	安装工艺要求	（1）通风管路中通风附件如风量调节阀、电动防火阀、双层百叶风口（通风栅）等安装之前应检查调节装置是否灵活，安装在便于操作部位。【W点】 （2）防火阀是通风空调系统的安全装置，方向位置应正确，根据安装位置，如必要应在其周围留有检修孔或者检修空间。【W点】 （3）风量调节阀安装时阀门上标志的箭头方向应与受冲击波方向一致。【W点】 （4）各类风口安装应表面平整；需要调节转动的风口，安装后应保证调节转动灵活。	安装验收检查

序号	工序	检查（验）项目	检查要点及质量标准	检验方法或器具
4	通风附件安装	安装工艺要求	（5）柔性短管安装应松紧适当，不能扭曲。 （6）在所有与空调风管连接的防火阀、风阀的外表面应设置保温层，以防止结露，保温材料要求不燃，可采用带铝箔面层的离心玻璃棉，厚度不小于 25mm【W 点】	安装验收检查
5	除湿机、分体空调、通风机安装	开箱检查	（1）开箱后根据设计图纸、设备装箱清单，认真核对设备的名称、型号、机号，空调机组外形、进出风口的主要安装尺寸是否与设计相符；检查设备有无缺损、表面有无损坏和锈蚀等；检查空调机组外露部分各加工面的防锈情况。【W 点】 （2）设备经过开箱验收后，填写现场设备开箱记录，并会同各方签字验收，作为交接资料和设备的技术档案	目测外观检查
		设备安装工艺要求	除湿机、分体空调、通风机安装时要保持水平，轴向要与风管轴向平行。这些设备在支架上安装时，支架应安装牢固。同时安装位置上要考虑维修空间，并不妨碍人员通行，高度尽量提高，增大使用空间	目测检查
		室内外机铜管、冷凝水管安装	（1）铜管进场检验合格后，保管时必须封住管的端部，最常用的方法是采用端盖封堵和缠胶带。【W 点】 （2）铜管安装布置必须横平竖直，工整规范。多根铜管平行布置时，间距要均匀。 （3）焊接前，管内必须用不间断充入氮气进行保护焊接，以避免产生氧化膜。 （4）使用适合钎焊配管外径的焊嘴。同时为确保钎焊时的安全，应使用带有防止回火的装置的乙炔调节阀。【W 点】 （5）铜管没有完全冷却时，不要停止通入氮气。在冷却不充分的状态下停止充氮，会使配管内部产生氧化膜	现场工艺检查
		铜管吹扫和气密性试验	（1）吹扫目的是去除钎焊时的氧化膜，去除灰尘和水分，用减压阀将氮气瓶压力上升至 0.49MPa。【W 点】 （2）气密性试验的目的是验证配管系统没有泄漏；用氮气对系统液管和气管同时加压（注系统低压端压力表在充至 0.98MPa，应关闭低压端的阀，以防量程不够而损坏压力表），保证 24h 内气压保持在 2.55MPa。【W 点】	氮气压力表读数检查

序号	工序	检查（验）项目	检查要点及质量标准	检验方法或器具
5	除湿机、分体空调、通风机安装	铜管保温	（1）保温材料的接口不应有间隙、绝热不到位现象；保温材料采用橡塑保温套管，耐热大于 120℃。 （2）需将气管和液管分开保温；室内外机接口处和冷媒管焊接处要在气密实验后再进行保温；配管连接和穿墙部分必须保温。【W 点】 （3）分支组件的保温特别重要，不能留有缝隙，并且要使用专用的配套保温套，不得用其他代替。 （4）保护壳壳体采用满足国家标准阻燃等级 B1 要求的 UPVC（硬聚氯乙烯）材质（厚度不小于 0.6mm）。 （5）UPVC 护套直管采用 UPVC 卷板下料制成或成型材料，接口处由 UPVC 胶贴合，外部再采用不锈钢扎带捆扎，直管捆扎间距不大于 600mm。【W 点】 （6）弯头及其他异形件采购市场压制成型的产品，接口处由 UPVC 胶贴合，外部再采用不锈钢扎带捆扎，弯头两端均捆扎，外形美观，扎带均匀	目测外观检查、产品质量文件检查
6	空调通风监控系统设备安装	设备安装工艺要求	（1）核对安装空调通风监控的型号、规格等是否与设计及设备技术文件相符。 （2）检查空调通风监控电源是否到位，设备接地及其接线、电压是否符合电气规范及设备技术文件要求【W 点】	实物与技术文件核对

10. 消防和给排水（排油）系统安装

消防和给排水（排油）系统安装质量控制表见表 4-53。

表 4-53　　　　　　　　　消防和给排水（排油）系统安装质量控制表

序号	工序	检查（验）项目	检查要点及质量标准	检验方法或器具
1	高压细水雾灭火设备安装	高压泵组	（1）高压细水雾泵组安装时，应严格按照设备使用说明书进行（应整体吊装）。控制盘等相关电气设备的电气线路接口必须采取有效防水措施，防止受潮。 （2）泵组的纵横向中心线与基础上划定的纵横向中心线应基本吻合，在泵组就位时，保证泵组安装的正确方向。【W 点】 （3）所有阀门在安装前，应核对型号、尺寸，并按产品说明，逐个进行试验，要求动作灵活、可靠之后，方可进行安装	目测现场检查

序号	工序	检查（验）项目	检查要点及质量标准	检验方法或器具
1	高压细水雾灭火设备安装	区域阀箱	（1）区域控制阀组、高压喷枪箱正面朝向便于操作面一侧，操作方向距离及箱底安装高度参照施工图纸要求，进出水口的连接管道必须在区域阀箱定位后进行安装。安装环境温度为 5～50℃之间，其空气湿度不得超过 90%。安装管道前，必须彻底用高压气体喷射冲洗管道，以去除泥土、铁屑、细小微粒等杂质。【W 点】 （2）喷头安装时应使用专用的喷头工具。喷头的安装应在管道试压、吹扫合格后进行，避免管道及喷头堵塞。【H 点】 （3）用于保护室内油浸式变压器时，喷头安装时不应直接对准高压进线套管	安装环境控制（温湿度仪测量）、吹扫设备试压测试
2	火探式灭火装置	准备工作	火探式灭火装置安装前，应对容器阀、火探管、压力传感器、系统附件等进行外观质量检查，并应符合下列规定：【W 点】 （1）组件无碰撞变形及其他机械性损伤。 （2）外露非机械加工表面保护涂层完好。 （3）铭牌清晰，其内容应符合系统有关标识的规定	目测外观检查
		安装工艺要求	（1）火探式灭火装置安装前应检查灭火剂贮存载剂瓶内的充装量与充装压力，且应符合如下要求。【W 点】 1）灭火剂载剂瓶的充装量不应小于设计充装量； 2）灭火剂载剂瓶总成内的实际工作压力应符合设计要求； 3）火探式灭火装置安装前，应检查载剂瓶总成的气密性出厂检测数据。 （2）载剂瓶总成应通过专用安装架直立安装，安装支架固定牢靠，且采取防腐处理。正面应标明设计使用的灭火剂以及载剂瓶总成的编号。【W 点】 （3）载剂瓶可直接固定在被保护设备外壳或墙壁上。系统显示终端的安装高度和方向应保持一致，且便于观察；容器阀上设有压力表的，其安装位置应正确，示值应灵敏、准确。【W 点】 （4）灭火剂储存容器安全泄放装置的泄压方向不应朝向操作面，且不应对人身和设备造成危害【W 点】	设备实物与设计文件校对、目测检查

序号	工序	检查（验）项目	检查要点及质量标准	检验方法或器具
3	管道系统安装	高压细水雾管材及配件	消防水箱进出水管道采用满足系统工作压力要求的316L不锈钢材质。管道采用氩弧焊焊接连接，连接配件采用标准管配件，与阀门、设备等有拆卸要求相连的部分采用法兰连接【W点】	钢尺测量
		给排水管材及配件	（1）排油管道：20号钢材质。 （2）生活给水管道：316不锈钢。 （3）生活排水管：20号钢材质。 （4）雨水排水管：20号钢材质。 （5）其防腐需满足CX（极端的防腐等级）要求的28年防腐年限	文件核查
		安装工艺要求	（1）施工前结合消防系统设计图进行模型评审，以确保管道与其他专业不相干涉、不交叉，间距合理。 （2）管道及阀门安装前，清除内部污垢和杂物；管道完成组对后应及时清除对口焊疤和清理焊缝周边的焊渣飞溅。 （3）管子或管件对接焊口的组对应做到内壁齐平，内壁错边量符合相关规范要求。【W点】 （4）焊接完成后经外观检验、监理认可合格后，按《材料及焊接规范》（中国船级社 2021）进行无损探伤检验执行。【H点】 （5）管道应自然对接，绝不允许强行组对，以免增加对接应力，管道与支架之间增加垫圈防振。 焊条的药皮不得有受潮脱落或明显裂纹。焊丝在使用前应清除其表面的油污、锈蚀等。焊缝焊接完后应立即去除焊接药皮、飞溅等，清理焊缝表面。焊缝及热影响区表面不得有裂纹、气孔、夹渣等缺陷。【W点】 （6）给排水管道穿过墙壁和楼板，参考施工图纸要求，安装钢制套管，管道与套管间的空隙采用相应的防火堵料填塞密实。 （7）要合理安排施工程序，先装大口径管道，后装小口径管道，先装支架、吊架，后装管道系统	技术交底、目测外观检查、无损检测
		管道支吊架制作安装	（1）型钢的切断和打孔。型钢的切断使用砂轮切割机切割，使用台钻钻孔。支架的焊缝必须饱满，保证具有足够的承载能力。	目测检查

序号	工序	检查（验）项目	检查要点及质量标准	检验方法或器具
3	管道系统安装	管道支吊架制作安装	（2）支吊架安装前，应进行外观检查，外形尺寸及形式必须符合设计要求，不得有漏焊或焊接裂纹等缺陷。【W点】 （3）支吊架位置正确，安装平整、牢固，管子与支架接触良好，一般不得有间隙	
		不锈钢管连接	（1）焊接条件：风速小于 2m/s，焊接电弧在 1m 范围内的相对湿度小于 90%，非下雨、下雪天气，当环境条件不符合上述要求时，必须采取挡风防雨、防寒等有效措施。【W点】 （2）氩弧焊所用氩气纯度不低于 99%（氧含量不大于 25mg/L，水含量不大于 25mg/L）。【W点】 （3）焊接设备采用逆变焊机和晶闸管整流焊机，设备所使用的计量仪表应处于正常工作状况，并定期校验。【W点】 （4）焊接后对带有回火色的焊接接头需要进行酸洗处理、抛光配合酸洗或者用不锈钢刷，配合酸洗。酸洗采用比较容易获得的不锈钢特殊酸洗溶剂（MQ-500）。使用时在带有回火色的焊接接头处把酸洗剂涂上 2~5min，然后用布擦干，用水冲洗。酸洗处理后工件表面要光滑，显出光洁的金属亮光，无回火色【W点】	焊接环境温湿度测量
4	试压检验	高压细水雾灭火	（1）高压细水雾管道应按照施工图纸要求做压力试验。管道水压强度试验压力应为系统最大工作压力的1.5倍，稳压5min，管道无损坏、变形；再将试验压力降至设计压力，稳压120min，以压力不降、无渗漏、目测管道无变形为合格。【W点】 （2）管道水压强度试验合格后，应进行吹扫。吹扫管道可采用压缩空气或氮气。吹扫时，管道末端的气体流速不应小于20m/s，采用白布检查，直至无铁锈、灰尘、水渍及其他杂物出现【W点】	压力表数据观测、试验后检查
		给排水（排油）管道	（1）给排水管道应按照施工图纸要求做压力试验。给水管道试验压力为工作压力的 1.5 倍，但不得小于 0.9MPa。试验压力观测 30min，允许压力降应为 0.0MPa。【W点】	目测检查、试验后检查

序号	工序	检查（验）项目	检查要点及质量标准	检验方法或器具
4	试压检验	给排水（排油）管道	（2）安装在室内外的排油管、生活排水管、雨水管安装后必须做灌水试验，排油管、生活排水管注水至最上部地漏，雨水管道注水到每根立管最上部的雨水漏斗，持续1h后不渗不漏为合格。【W点】 （3）给水和排水管道在交付前均应用水进行清洗，依系统内压力和流量连续进行，直到出口处的水色和透明度与入口处目测一致为合格【W点】	目测检查、试验后检查

11. 上部组块发运前质量验收文件

（1）产品合格证。

（2）钢材、焊接材料和油漆质量证明书及复验报告。

（3）焊缝施焊检查记录。

（4）焊缝和焊缝无损检测记录。

（5）分段几何尺寸验收记录。

（6）分段涂装验收记录。

（7）设备调试报告。

（8）发运前绑扎检查记录。

12. 上部组块海上吊装

上部组块海上吊装质量控制表见表4-54。

表4-54　　　　　　　　上部组块海上吊装质量控制表

序号	工序	检查（验）项目	检查要点及质量标准	检验方法或器具
1	作业前准备	吊装方案可行性	组织专家评审并报审	专家评审
		焊工资质	必须经过特种作业培训考试并取得合格证书，且在其考试合格项目认可范围内施焊	人员资质审查
		焊接涂装材料	应进行抽样复验，结果应符合国家产品标准和设计要求	取样送检
		浮吊船第三方船检	主吊钢丝绳无损检测以及其他相关检查项	第三方出具的合格检测报告
		二阶段检查	二阶段评审和资料检查	建设单位评价得分

序号	工序	检查（验）项目	检查要点及质量标准	检验方法或器具
2	起重作业	垂向加速度的控制	严格限定起吊速度，保持平稳	现场控制
		焊接质量	严格按照技术要求进行焊接工艺施工，并开展无损检测和报验	无损检测

4.7 海上风电项目施工阶段典型质量问题与改进建议

本章节收集和整理了海上风电项目施工阶段 17 个典型问题及改进建议。

1. 陆上集控中心建筑外墙渗水问题

（1）问题描述：陆上集控中心建筑外墙出现局部渗水，室内墙皮脱落。

（2）原因分析：① 砖层水平灰缝砂浆饱满度不足 80%，竖向灰缝无砂浆（空缝或瞎缝），为雨水渗漏预留了内部通道；② 墙体下沉，造成斜砌砖体与梁、板间形成间隙；③ 框架柱与填充墙间的拉接筋不满足砖的模数，砌筑时折弯钢筋压入砖层内，局部位置砌体与柱间形成间隙。

（3）处理措施：① 裂缝位置开槽，露出基层，水泥砂浆填补平整，干燥后在表层铺设网格布，涂刷防水层；② 外墙面整体重新防水，加固外墙面的防水层。

（4）改进建议：① 改善砂浆和易性，推广"三一砌筑法"（是指一铲灰、一块砖、一揉压的砌筑方法），严禁用干砖砌墙，确保灰浆饱满度和提高黏结强度；② 填充墙砌至接近梁、板底时，应间隔 15 天后，再将其补砌挤实，并用水泥砂浆将斜向砖缝嵌填密实；③ 按砖的模数，在框架柱上植筋。

2. 陆上集控中心设备预留孔与结构框架梁碰撞问题

（1）问题描述：电气设备在建筑外墙上的预留孔跟结构框架梁发生碰撞，导致已经订制的电气设备返厂修改尺寸以避开结构梁。

（2）原因分析：由于电气楼层高较高，结构专业在墙体中部增加了框架梁，但并未提资给建筑专业，建筑图中未有反映框架梁位置，导致电气专业提资给建筑专业的预留孔与框架梁发生碰撞。

（3）处理措施：电气设备返厂修改尺寸避开结构框架梁。

（4）改进建议：建筑专业在给结构专业会签中应注意梁板柱是否在建筑图中有表示，加强专业间配合。结构设计时复核结构梁是否避开电气开孔布置，且需及时反馈结构布置给建筑专业。

3. 陆上集控中心混凝土施工质量问题

（1）问题描述：建筑物一层柱拆模后出现蜂窝。

（2）原因分析：① 柱体浇筑高度较高，未分层下料，振捣不实、漏振或振捣时间不够；② 下料高度大造成混凝土离析；③ 模板缝隙未堵严，水泥浆流失。

（3）处理措施：① 对小蜂窝，洗刷干净后用 1∶2 或 1∶2.5 水泥砂浆抹平、压实；② 较大蜂窝，凿去薄弱松散颗粒，洗净后支模，用高一强度等级的细石混凝土仔细填塞捣实；③ 对较深蜂窝，在其内部埋压浆管和排气管，表面抹砂浆或浇筑混凝土封闭后进行水泥压浆处理。

（4）改进建议：① 严格控制配合比，计量准确，经常检查；② 混凝土搅拌要充分、均匀，坍落度符合要求；③ 合理安排柱体浇筑高度，浇灌混凝土时应分层下料、分层捣固、防止漏振；④ 下料高度超过 2m 要用串筒或溜槽，竖向构件根部在浇筑混凝土前应先浇同配比减石子砂浆（一般以 30～50mm 为宜）；⑤ 堵严模板缝隙，浇筑中随时检查纠正漏浆情况；⑥ 浇筑前进行技术交底，严格按照施工方案和技术交底进行施工。

4. 陆上集控中心主变压器中压侧硬连接问题

（1）问题描述：陆上集控中心电气主设备连接中，变压器中压侧 66kV 侧采用硬连接，被连接各设备位置偏差过大，导致施工困难并更换连接设备。

（2）原因分析：可能为 66kV GIS 安装位置准确度偏差，变压器基础、预埋件位置准确度偏差；变压器器身中心点与基础中心点的准确度偏差，导致无法对接。

（3）处理措施：更换变压器 66kV 连接法兰，调整 GIS 端接角度。

（4）改进建议：在安装位置允许的情况下，变压器与各电压等级的设备之间，尽量使用软连接。

5. 单桩基础海缆孔制作尺寸偏差导致海缆无法顺利穿入问题

（1）问题描述：单桩基础海缆孔尺寸存在超差（偏小）、倒刺问题，导致海缆牵拉时无法顺利穿入海缆孔。

（2）原因分析：预制厂在制作海缆孔时，未按图纸尺寸进行加工；验收时对海缆孔尺寸仅采用抽检方式，存在漏检情况。

（3）处理措施：经设计单位同意，可采用水下切割方式进行扩孔处理。

（4）改进建议：严格要求预制厂按图纸进行海缆孔尺寸加工；对于存在下道工序的设备接口，制造厂应尽量采用 100%全检方式进行验收；现场开箱验收时，对存在下道工序的设备接口，应采用 100%全检方式检查。

6. 单桩基础顶部法兰内倾度超标问题

（1）问题描述：单桩顶部法兰内倾超标，导致基础底塔与桩顶法兰连接螺栓无法插入。

（2）原因分析：预制厂在进行法兰与桩身焊接时，未做好防变形措施，焊缝收缩导致法兰内倾；完工验收，仅针对测量法兰外缘或内缘水平度，未进行内倾度测量。

（3）处理措施：现场可采用扩孔+斜垫片方式进行处理。用钻机对每个法兰螺栓孔进行扩孔处理，整圈法兰涂抹密封胶。将制作垫片布置在法兰内倾斜面低点，将法兰面调整水平，保证单桩法兰面与塔筒法兰面结合紧密。

（4）改进建议：严格检查法兰原材料平整度、内倾度，不满足要求的法兰及时退货处理。预制厂在进行法兰与钢管桩焊接时，严格按焊接工艺进行施工，采取对称焊接、内外交替焊接等措施，避免焊缝收缩导致法兰变形。单桩制造完工验收时，增加法兰内倾度检查点。

7. 单桩基础内环板裂纹问题

（1）问题描述：单桩沉桩后，内环板对应筋板位置出现裂纹。

（2）原因分析：内环板上肘板数量偏少；设计阶段未对打桩过程中的锤击冲击以及疲劳强度进行校核分析；单桩施工锤击次数较多，对内环板疲劳强度带来不利影响。

（3）处理措施：在裂纹的尾部割制圆孔，防止裂纹延伸；将裂纹处开设V形坡口；口开完成后去除割渣并打磨，在焊缝底部贴陶瓷衬垫；对焊接及焊接附近位置进行火工加热，去除焊缝附近的水汽，对焊缝进行焊接；焊接完成后打磨、探伤、补涂。

（4）改进建议：设计时对不同地质、打桩过程中的锤击冲击及疲劳强度进行分析，确定合理的内环板上肘板数量。在沉桩施工过程控制每锤贯入度和锤击能量。

8. 导管架基础J型管水下修复问题

（1）问题描述：导管架基础J型管在喇叭口顶部存在断裂，导致水下海缆牵引无法进行。

（2）原因分析：预制过程中J型管喇叭口管段焊缝漏焊，仅点焊固定；在导管架插尖进入小桩时产生较大的晃动或碰撞，喇叭口管段脱落。

（3）处理措施：重新加工喇叭口管段，对喇叭口管段局部进行修整，进行J型管水下对位焊接。

（4）改进建议：预制阶段严格控制J型管焊缝质量，增加验收点；施工阶段在导管架进场验收时关注J型管外观质量，同时在导管架插尖对位完成后、灌浆过程中进行J型管完整性检查。

9. 导管架基础灌浆管线堵塞问题

（1）问题描述：导管架灌浆时，支腿主灌浆管发生堵塞。

（2）原因分析：灌浆管线焊缝合拢口位置存在异物，导致灌浆管堵塞。

（3）处理措施：采用钢管连接灌浆软管方式，由潜水员引导，将钢管插到环形空间底部进行灌浆。

（4）改进建议：预制阶段对导管架灌浆管线的堵塞情况进行提前检测，导管架出厂前灌浆管线做通球试验，确保管线畅通。加强灌浆口的外保护，避免异物掉入管道造成堵塞。

10. 吸力筒基础内法兰处外环板阻碍冷凝管安装的问题

（1）问题描述：吸力筒导管架内法兰处外环板设计较宽，阻碍风机冷却管通过。

（2）原因分析：风电机组厂家与基础设计单位接口的信息不清晰，内容不完整。风电机组厂家未澄清线缆、管路等连接信息和布置要求，未对基础设计单位提供的设计图纸进行详细复核。基础设计单位对风电机组设备安装线路和管路等资料分析不足。

（3）处理措施：现场测量拟开槽尺寸；设计分析开槽对结构的影响，进行结构强度和疲劳等核算；核算通过后，进行开槽处理。

（4）改进建议：风机厂家和基础设计单位对互相提供的资料进行复核。

11. 风电机组动力电缆受损问题

（1）问题描述：塔筒预装的动力电缆受损。

（2）原因分析：塔筒翻身起吊前未检查动力电缆是否可靠固定，塔筒翻身起吊时电缆因自重较大而下坠，与爬梯支撑件或平台踢脚板等尖锐部件挤压导致受损。

（3）处理措施：风电机组厂家评估受损电缆是否满足设计要求，对不满足设计要求的电缆进行更换。

（4）改进建议：在塔筒翻身起吊前检查动力电缆是否已被可靠固定，塔筒翻身起吊前由风电机组厂家最终检查确认动力电缆的固定情况。

12. 海缆锚固无法密封问题

（1）问题描述：海缆登陆风电机组或升压站平台后需要进行锚固并密封，锚固内部灌筑的绝缘密封胶水从锚固环与法兰盘的缝隙中渗漏，无法达到密封效果。

（2）原因分析：锚固就位前未在锚固与法兰之间先打密封胶。

（3）处理措施：厂家补供密封胶，在浇筑胶水之前打密封胶，待凝固后再浇筑绝缘密封胶。

（4）改进建议：施工准备阶段核实密封胶供货情况，锚固密封技术要求纳入工艺方案。

13. 海缆敷设船与导管架 J 型护管方向角度控制的施工改进

（1）问题描述：海缆登陆导管架基础的风电机组平台时，需要从海缆 J 型护管的底部穿入，然后牵拉登陆至导管架内平台。现场施工时海缆中心夹具（倒刺）进入 J 型管管口时会被卡住，需要潜水员下水进行辅助并调整敷设船角度后才能继续进入。

（2）原因分析：海缆敷设船在风电机组周围定位时，只能进行初步定位，无法精确船机与 J 型管（电缆孔）间的距离和角度，导致电缆入水角度与 J 型管管口的角度过小，海缆中心夹具（倒刺）未以合适的角度进入 J 型管。

（3）处理措施：船机定位之前核实 J 型管（电缆孔）的角度，通过水深、水平距离计算出电缆自然状态下进入 J 型管的角度，并按合适的计算角度穿入。

（4）改进建议：海缆敷设前，查阅基础图纸、与基础施工单位核实 J 型管的方向角度，并在敷设施工方案中列明 J 型管的方向角度；敷设海缆时，关注船机与 J 型管的距离和实际角度。

14. 海缆终端接地不良问题

（1）问题描述：已敷设的海缆铅护套与接地线之间发现存在绝缘物，若长时间运行，电缆接头将产生热变形和老化，可能导致绝缘击穿。

（2）原因分析：分相铅护套铠装海缆在运行时护套内会产生环流，根据电气施工规范，铅护套应直接接地。海缆终端厂家未对终端制作人员进行施工工艺培训，终端制作人员施工时在每相铅护套上缠绕一圈半导电胶带，然后在半导电胶带上缠绕接地线，导致铅护套与接地线接触不良，接地失效。

（3）处理措施：检查海缆接头接地情况，对接地不良的接头按厂家工艺要求重新制作。

（4）改进建议：制定海缆终端制作及旁站人员的培训、准入及备案机制；在海缆终端制作工艺流程设置质量控制点，加强过程质量控制。

15. 海上升压站上部组块顶层吊耳与卸扣尺寸不匹配问题

（1）问题描述：海上升压站上部组块顶部吊耳与卸扣尺寸不匹配，吊耳厚度大于卸扣卡槽宽度，致使卸扣无法安装。

（2）原因分析：设计单位仅关注强度、载荷、结构、安全性等方面的设计，未考虑吊耳与卸扣尺寸匹配问题。

（3）处理措施：经设计单位计算确认，在不伤及吊耳母材的前提下采用碳刨机切割吊耳的加强板。

（4）改进建议：设计阶段对专用吊装工具除关注性能、安全外，还需关注接口的匹配性；施工阶段编制施工方案时关注专用吊装工具的匹配性。

16. 海上升压站消防水泵房地面泡水问题

（1）问题描述：海上升压站上部组块吊装就位后，发现消防水箱焊缝破裂，漏水至消防泵房，致使橡胶地板浸泡损坏。

（2）原因分析：消防水箱水未排空，运输吊装过程中晃动导致水箱焊缝破裂；消防泵房地面材质选用不合理。

（3）处理措施：制造厂家修复水箱；经设计单位同意，取消消防泵房地面橡胶地板，改为防腐油漆。

（4）改进建议：海上升压站上部组块发运前将消防水箱中的水排空；消防泵房、生活水泵房、污水处理间、事故油罐间等可能存在泄漏的房间优化地面装修方案。

17. 海上升压站主变压器夹件绝缘异常事件

（1）问题描述：海上升压站主变压器在预制厂安装过程中，测量变压器绝缘时发现夹件绝缘测量值远小于变压器出厂试验数据（需大于5000MΩ）。

（2）原因分析：由于变压器设计 A、B 相间下铁轭 2 处框外下拉带和相应位置箱底加强铁距离较近，在吊运和安装的各环节中无法避免的形变使得框外拉带与箱底加强铁在垂直方向形成剪刀口，破坏加强铁上以及框外拉带的绝缘纸板，导致拉带与油箱加强铁接触出现绝缘异常。

（3）处理措施：去掉与箱底加强铁较近的框外下拉带；器身下定位装置处内部增加两处器身绝缘支撑垫块，提高变压器器身支撑点与现场基础匹配性，减少箱底变形；更换下定位装置内绝缘垫板材料，从原先的环氧玻璃布板换成绝缘纸板，用以提高机械强度。

（4）改进建议：提资审查过程中，重点核实变压器器身的受力点是否在变压器外部基础垫铁设置的范围内，尽可能减少变压器底板的形变；产品设计过程中核实变压器的器身是否设置了框架下拉带，重点审核下拉带与油箱加强铁的间隙距离，避免下拉带与其他部位碰触造成损坏。

5

海上风电调试质量管理

5.1.1 概述

海上风电项目调试启动是对安装完工后的设备、系统进行全面的检验，以保证电站各单项设备及总体性能满足设计要求和有关运行准则，是将调试合格的设备和系统移交到生产运行的关键环节。海上风电项目建设阶段的设计、制造、安装缺陷主要通过调试这一环节发现或暴露，如果能在调试阶段将其妥善解决，将给海上风电场的长期安全稳定运行打下坚实的基础，故其调试质量管理是项目品质保证的重要手段。

海上风电调试准备和调试执行的内容主要涵盖了如下 7 个方面，无论是单体调试、分系统调试还是投运前的启动联调试验，其质量管理均应围绕这几个方面开展。

（1）试验方案的编制与审核。

（2）试验风险分析与预控。

（3）试验前的开工会/技术交底会。

（4）试验操作与过程的控制。

（5）试验变更控制与管理。

（6）试验结果分析。

（7）调试成果的移交与验收。

5.1.2 调试质量管理模式

海上风电调试质量管理模式根据调试活动进行制定，按照管理内容分为技术性质量管理和过程性质量管理，其中技术性质量管理主要包括对调试方案、风险分析单、专项控制方案等调试技术文件的质量控制；过程性质量控制针对调试实施的过程质量控制，主要根据调试实施计划进行质量监督活动。

调试单位针对海上风电项目成立调试团队，负责海上风电调试质量管理。

调试质量管理的主要内容有：

1. 调试方案审核

调试方案审核制度是调试准备阶段的重要质量管理手段，调试期间产生的方案，均应开展报审流程，由调试团队、监理、建设等单位联合审查后方可生效，现场执行的方案必须是生效后的方案。

调试团队在调试准备阶段应根据行业标准编写试验方案，针对由承包商执行的试验项目，应督促其提交试验方案，并重点审核试验项目是否完整、试验方法是否正确、验收标准是否符合标准等，审查意见沟通落实后，再开展报审流程。

2. 现场实施监督

调试现场实施依据生效后的试验方案开展，主要分为状态设置、功能测试以及现场恢复三个主要步骤，其中状态设置主要关注试验的先决条件是否满足要求，如文件准备、工器具、设备状态等是否满足试验要求；功能测试是按照既定的试验方案开展设备和系统的性能测试；恢复环节则是根据现场及系统的需要开展恢复工作。

在实施环节，调试团队应根据试验方案对实施过程进行管理，重点关注准备阶段针对重要事项项目设置的见证点，严格控制实施过程中的安全质量，一旦发现违规情况，应及时停止，整改合格后方可继续。

3. 结果验收评价

无论是自主实施，还是委托承包商实施，验收评价都是不可缺少的环节，应根据试验标准逐一评价，不合格的项目应及时反馈复测。

5.2 电气一次调试质量管理

5.2.1 设备介绍

1. GIS

GIS 全称为六氟化硫封闭式组合电器，将断路器、隔离开关、接地开关、电压互感器、电流互感器、避雷器、母线元件等按所设计的电气主接线安装在充有一定压力的 SF_6 气体的金属壳体内，具有占地面积小、可靠性高、现场安装周期短、维护方便等优点。以 220kV GIS 为例，主要有如下试验项目。

（1）GIS 主回路导电电阻试验。

（2）SF_6 含水量。

（3）断路器试验。

（4）隔离开关、接地开关低电压动作试验。

（5）电流互感器、电压互感器试验。

（6）避雷器试验。

（7）GIS 交流耐压及局部放电试验。

2. 变压器

电力变压器是一种静止的电气设备，是用来将某一数值的交流电压（电流）变成频率相同的另一种或几种数值不同的电压（电流）的设备，分为干式变压器及油浸式变压器。以 220kV 油浸式变压器为例，主要有如下试验项目。

（1）测量变压器绕组连同套管的直流电阻试验。

（2）测量变压器绕组连同套管的绝缘电阻、吸收比或极化指数。

（3）测量变压器绕组所有分接头的电压比。

（4）测量变压器绕组连同套管的介质损耗角正切值。

（5）变压器绕组变形试验。

（6）变压器绕组连同套管的交流耐压试验。

（7）变压器绕组连同套管的局部放电试验。

（8）变压器绝缘油试验。

3. 海底电缆

海底电缆主要为海洋类工程的重要的电力、通信提供传输通道，广泛应用于跨海输电、海上风电、海上石油平台供电等。当前海上风电主要采用的交流聚乙烯（XLPE）海底电缆，用于连通陆上集控中心与海上升压站、海上升压站至风电机组群的电力及其信号传输。其试验主要包括：

（1）绝缘测试。

（2）耐压测试。

（3）核相及参数测试。

5.2.2 调试依据（标准）

一次设备调试试验参考相关设备、系统的各类标准开展，主要包括但不限于如下标准。

《电力变压器 第 18 部分：频率响应测量》（GB/T 1094.18—2016）

《运行中变压器油质量》（GB/T 7595—2017）

《额定电压 220kV（$U_m = 252kV$）交联聚乙烯绝缘电力电缆及其附件 第 1 部分：试验方法和要求》（GB/T 18890.1—2015）

《额定电压 220kV 交联聚乙烯大长度交流海底电缆及附件》

《电气装置安装工程电气设备交接试验标准》（GB 50150—2016）

《海底电力电缆输电工程施工及验收规范》（GB/T 51191—2016）

《变压器油中溶解气体分析和判断导则》（DL/T 722—2014）

5.2.3 关键试验质量管理

在调试准备阶段，应根据电气设备交接试验标准对电气一次设备的试验方案初进行稿重点审查，审核试验项目是否完整、试验方法是否正确、验收标准是否符合国家标准要求、风险措施是否全面等。同时根据设备组成、试验方案、国家标准等编制质量签点表，对重点试验项目如绝缘试验、断路器试验等进行设点见证跟踪。各海上风电场可参考表 5-1 进行控制点设置。

表 5-1 电气一次设备试验质量监督表

设备	试验项目	监督点	
500kV 电力变压器	变压器绕组连同套管直流电阻	C	
	变压器变比及接线组别	C	
	变压器绕组连同套管的介质损耗	C	W
	变压器绕组、铁芯、夹件绝缘电阻	C	
	变压器有载调压开关试验	C	
	变压器绕组变形试验	C	W
	变压器的交流耐压及局部放电试验	C	H
	变压器高压侧套管安装前的介质损耗、绝缘试验	C	W
	变压器套管式 TA 的直流电阻	C	
	变压器套管式 TA 的极性、变比	C	
	变压器套管式 TA 的励磁特性	C	
	变压器套管式 TA 的二次绝缘电阻	C	
	变压器绝缘油化验	C	W
	变压器本体及盘柜接地连续性试验	C	
	变压器温度计、压力释放阀等表计校验	C	W
	变压器中性点成套设备试验	C	W
	变压器中性点接地开关试验	C	
220kV 电抗器	电抗器绕组连同套管直流电阻	C	
	电抗器绕组连同套管的介质损耗	C	W
	电抗器绕组、铁芯、夹件绝缘电阻	C	
	电抗器的交流耐压试验	C	H
	电抗器高压侧套管安装前的介质损耗、绝缘试验	C	W
	电抗器套管式 TA 的直流电阻	C	
	电抗器套管式 TA 的极性、变比	C	
	电抗器套管式 TA 的励磁特性	C	
	电抗器套管式 TA 的二次绝缘电阻	C	
	电抗器绝缘油化验	C	W
	电抗器本体及盘柜接地连续性试验	C	
	电抗器温度计、压力释放阀等表计校验	C	W
	电抗器绕组连同套管的介质损耗	C	W
	电抗器绕组、铁芯、夹件绝缘电阻	C	

设备	试验项目	监督点	
500kV GIS 本体、断路器、隔离开关	导电回路电阻测量	C	W
	密封性试验	C	
	气室 SF_6 微水测试	C	W
	SF_6 密度计校验	C	
	断路器分合闸时间、同期性	C	W
	断路器分合闸速度	C	W
	断路器分、合闸线圈的绝缘电阻和直流电阻	C	
	断路器分合闸线圈最低动作电压试验	C	W
	断路器操作试验	C	W
	断路器绝缘电阻测量及交流耐压试验	C	H
	隔离–接地开关操动、低电压动作试验	C	
	GIS 整体绝缘、耐压、局部放电试验	C	H
500kV GIS 电压互感器	绕组直流电阻	C	
	电压互感器的变比试验	C	
	电压互感器的极性检查	C	W
	励磁特性曲线	C	
	绝缘电阻及交流耐压试验	C	H
500kV GIS 电流互感器	绕组直流电阻	C	
	电流互感器的变比检查	C	
	电流互感器的极性检查	C	W
	励磁特性曲线	C	
	二次回路绝缘电阻试验	C	W
500kV 避雷器	绝缘电阻	C	
	直流参考电压和 0.75 倍直流参考电压下的泄漏电流测量	C	W
	计数器校验	C	
220kV GIS 本体、断路器、隔离开关	导电回路电阻测量	C	W
	密封性试验	C	
	气室 SF_6 微水测试	C	W
	SF_6 密度计校验	C	
	断路器分合闸时间、同期性	C	W
	断路器分合闸速度	C	W

设备	试验项目	监督点	
220kV GIS 本体、断路器、隔离开关	断路器分、合闸线圈的绝缘电阻和直流电阻	C	
	断路器分合闸线圈最低动作电压试验	C	W
	断路器操作试验	C	W
	断路器绝缘电阻测量及交流耐压试验	C	H
	隔离−接地开关操动、低电压动作试验	C	
	GIS 整体绝缘、耐压、局部放电试验	C	H
220kV GIS 电压互感器	绕组直流电阻	C	
	电压互感器的变比试验	C	
	电压互感器的极性检查	C	W
	励磁特性曲线	C	
	绝缘电阻及交流耐压试验	C	H
220kV GIS 电流互感器	绕组直流电阻	C	
	电流互感器的变比检查	C	
	电流互感器的极性检查	C	W
	励磁特性曲线	C	
	二次回路绝缘电阻试验	C	W
220kV 避雷器	绝缘电阻	C	
	直流参考电压和 0.75 倍直流参考电压下的泄漏电流测量	C	W
	计数器校验	C	
220kV 海缆	绝缘电阻试验	C	W
	交流耐压试验		H
	局部放电试验	C	H
	海缆两端相位检查	C	
35kV 电缆	绝缘电阻试验	C	W
	交流耐压试验	C	H
	电缆两端相位检查	C	
35kV 断路器	导电回路电阻测量	C	
	分闸时间、合闸时间、同期性	C	W
	分、合闸线圈的绝缘电阻和直流电阻	C	
	分、合闸线圈最低动作电压试验	C	

续表

设备	试验项目	监督点	
35kV 断路器	绝缘电阻测量及交流耐压试验	C	H
	断路器微水测量	C	W
35kV 电流互感器	绕组直流电阻	C	
	电流互感器的变比检查	C	
	电流互感器的极性检查	C	W
	励磁特性曲线	C	
	绝缘电阻及交流耐压试验	C	H
35kV 电压互感器	绕组直流电阻	C	
	电压互感器的变比试验	C	
	电压互感器的极性检查	C	W
	励磁特性曲线	C	
	绝缘电阻及交流耐压试验	C	H
35kV 避雷器	绝缘电阻	C	
	直流参考电压和 0.75 倍直流参考电压下的泄漏电流测量	C	W
35kV 母线	检查母线相序与出线进线一致	C	
	母线的绝缘电阻及交流耐压	C	H
站用变压器	绕组的直流电阻测量	C	
	测量所有分接头的电压比	C	
	变压器引出线三相接线组别	C	
	绕组和铁芯绝缘电阻	C	
	交流耐压试验	C	H
SVG	电抗器试验	C	
	避雷器试验	C	
	真空断路器试验	C	
无源滤波装置	电抗器试验	C	
	避雷器试验	C	
380V 低压配电柜	绝缘电阻试验	C	
	交流耐压试验	C	W
	电源切换试验	C	W

在开展质量监督的过程中应特别关注变压器、GIS、开关柜、海缆等重要设备的参数测试方法和测试结果是否满足要求。

1. 变压器

（1）变压器绕组连同套管的直流电阻试验。变压器绕组连同套管的直流电阻试验通常可以分为电流电压法和电桥法，其验收标准如下。

1）1600kVA 以下变压器，各相绕组相互间的差别不应大于三相相电阻平均值的 4%；无中性点引线的绕组，线间各绕组阻相互间的差别不应大于 2%。

2）1600kVA 以上变压器，各相绕组相互间的差别不应大于三相电阻平均值的 2%；无中性点引线的绕组，线间的差别不应大于 1%。

3）变压器的直流电阻，与同温度下产品实测值比较，变化不应大于 2%，变压器的直流电阻需要进行温度换算，其换算公式为

$$R_2 = R_1(T + t_2)/(T + t_1)$$

式中　R_1——温度为 t_1℃时的电阻；

　　　R_2——温度为 t_2℃时的电阻；

　　　T——系数，铜为 235，铝为 225。

要注意的是，由于结构原因，如变压器在出厂时的直流电阻超过第 1）、2）的标准时，则交接时可按 3）的标准来比较，并做出原因说明。

（2）变压器绕组连同套管的绝缘电阻、吸收比或极化指数。变压器绕组连同套管的绝缘电阻、吸收比或极化指数验收标准如下。

1）绝缘电阻值不低于产品出厂试验值的 70%；

2）当测量温度与出厂试验时的温度不符合时，应换算到同一温度进行比较。

其换算公式如下：

当实测温度为 20℃以上时，有

$$R_{20} = AR_t$$

当实测温度为 20℃以下时，有

$$R_{20} = R_t/A$$

式中　R_{20}——校正到 20℃时的绝缘阻值，MΩ；

　　　R_t——测量温度时的绝缘阻值，MΩ；

　　　A——温度换算系数，见表 5-2。

表 5-2　　　　　　　　　　　温度换算系数

温度差（℃）	K	5	10	15	20	25	30	35	40	45	50	55	60
换算系数	A	1.2	1.5	1.8	2.3	2.8	3.4	4.1	5.1	6.2	7.5	9.2	11.2

3）吸收比与出厂值比较应无明显差别，在常温不应小于 1.3。

4）极化指数与出厂值比较应无明显差别，在 10～30℃温度下不应小于 1.5，极化指数不进行温度换算。

5）试验时应注意，如果测试时空气湿度较大，可对被试变压器的外部绝缘进行屏蔽。

6）在交接试验时，变压器充满油必须静止一定时间，方可进行绝缘电阻测量，要求的最小静止时间：500kV 等级变压器为 72h；220～330kV 电压等级变压器为 48h；110kV 及以下电压等级变压器为 24h；3～10kV 电压等级变压器为 5h。

（3）变压器绕组所有分接头的电压比。变压器绕组变比试验通常可以分为电流电压法和电桥法，其验收标准如下。

1）电压 35kV 以下，电压比小于 3 的变压器，电压比的允许误差为±1%。

2）电压等级在 220kV 及以上的电力变压器，其电压比的允许误差在额定分接头位置为±0.5%。

3）其他分接的电压比应在变压器阻抗电压值的 1/10 以内，但不得超过±1%。

（4）变压器绕组连同套管的介质损耗角正切值。当变压器电压等级为 35kV 及以上且容量在 8000kVA 及以上时，应测量介质损耗角正切值 $\tan\delta$。由于变压器外壳均直接接地，所以多采用 QS1 型西林电桥的反接线法进行测量。其验收标准如下。

1）被测绕组的 $\tan\delta$ 值不应大于产品出厂试验值的 130%；

2）当测量时的温度与产品出厂温度不符合时，应换算至同一温度进行比较，换算公式如下。

当实测温度大于 20℃时，$\tan\delta_{20} = \tan\delta_t / A$（$\delta_{20}$ 为 20℃时的介质损耗因数，$\tan\delta_t$ 为 t 时的介质损耗因数）；

当实测温度小于 20℃时，$\tan\delta_{20} = A\tan\delta_t$。

（5）变压器绕组变形试验。变压器绕组连同套管的直流电阻试验目前常用的是低电压短路阻抗法和频率响应法测量绕组特征图谱，其验收标准如下。

针对绕组变形试验的判别方法，常采用的是纵向比较法和横向比较法，通过多方面的比较进行判断。

1）纵向比较法：指对同一台变压器、同一绕组、同一分接开关位置、不同时期的幅频响应特性进行比较；根据幅频响应特性的变化判断变压器的绕组变形。交接试验期间与变压器出厂试验幅频响应曲线进行比较。该方法具有较高的检测灵敏度和判断准确性。

2）横向比较法：指对变压器同一电压等级的三相绕组幅频响应特性进行比较，必要时借鉴同一制造厂在同一时期制造的同型号变压器的幅频响应特性来判断变压器绕组是否变形。

（6）变压器绕组连同套管的交流耐压试验。变压器交流耐压试验是鉴定绝缘强度最有效的方法，特别是对考核主绝缘的局部缺陷，如绕组主绝缘受潮、开裂或者在运输过程中引起的绕组松动、引线距离不够以及绕组绝缘上附着污物等，具有决定性的作用。验收标准如下。

1）试验电压按出厂试验电压值的 80%进行，变压器在试验电压下持续 1min 不击穿，为交流耐压试验通过；

2）从仪表指示方面判断，如果试验时的高电压指示和电流指示都稳定不变，且变压器内没有异常响声，这时就判断变压器通过；

3）放电或击穿的声音，如果为清脆响亮的"当""当"声，往往是由于油隙距离不够或电场畸变所造成的击穿，可以找到放电痕迹；如为较小的"当""当"放电声，这种情况往往是气体放电，需要对变压器油进行处理；如为炒豆般声音，可能是由于悬浮的金属件对地放电所致。

（7）变压器绕组连同套管的局部放电试验。变压器绝缘结构复杂，如果设计不当，可能会造成局部区域场强过高，工艺上存在某些缺点可能会使绝缘中含有气泡，在运行中油质裂化会分解出气泡，机械振动和热胀冷缩造成局部开裂也会出现间隙，使局部场强发生变化。绝缘介质的局部放电虽然放电能量小，但由于长时间存在，对绝缘材料产生破坏作用，最终会导致绝缘击穿，因此有必要对变压器进行局部放电试验，考核变压器的绝缘水平。

如果满足下列所有判断，则试验合格。

1）试验电压不产生突然下降；

2）在 1h 局部放电试验期间，没有超过 250pC 的局部放电量记录；

3）在 1h 时局部放电试验期间，局部放电水平无上升的趋势，在最后 20min 局部放电水平无突然持续增加；

4）在 1h 局部放电试验期间，局部放电水平的增加量不超过 50pC；

5）在 1h 局部放电测量后电压降至（$1.2U_t$）/1.732 时测量的局放水平不超过100pC。

如 3）、4）的判据不满足，则可以延长 1h 周期测量时间，如后续的连续 1h 周期内满足了以上条件，则认为试验合格。

2. GIS

（1）GIS 主回路导电电阻试验。该项试验主要检查 GIS 导电回路中有无接触不良的缺陷，通常采用直流压降法，对被测回路施加不小于 100A 的直流电流，现场多采用回路电阻测试仪执行，测试结果不应超过产品技术条件规定值的 1.2 倍。

（2）SF_6 含水量。该项试验主要检查检测气室内 SF_6 气体含水量，防止因水分超标影响设备绝缘性能及灭弧功能。测量 SF_6 气体中含水量的方法有重量法、电解法、阻容法和露点法等。验收标准：有电弧分解的隔室应小于 150μL/L，无电弧分解的隔室应小于 250μL/L。

（3）断路器试验。断路器试验包括分合闸时间、分合闸速度、分合闸同期性、分合闸线圈绝缘/直阻试验、低电压动作试验等，以考核断路器各种性能是否满足要求。通过开关特性测试仪、绝缘电阻测试仪、直流电阻测试仪完成各项试验。验收标准：各项测试结果应符合产品技术条件规定。

（4）隔离开关、接地开关低电压动作试验。通过开关特性测试仪测试最低动作电压，隔离开关、接地开关最低动作电压应符合产品技术条件规定。

（5）电流互感器、电压互感器极性试验。电流互感器、电压互感器一般通过直流感应法或互感器综合试验仪测试极性。电流互感器、电压互感器的极性如有误，将导致保护的非正常动作。

（6）避雷器试验。避雷器试验的主要目的是通过测量避雷器本体及基座的绝缘、测量避雷器的工频参考电压和持续电流、测量避雷器的直流参考电压和 0.75 倍直流参考电压下的泄漏电流、检查放电计数器动作情况及监视电流表指示等试验确认避雷器是否有在制造过程中存在而未被检查出来的缺陷、是否有在运输过程中因受损或受潮而引起的缺陷、是否存在其他裂化现象。

（7）GIS 交流耐压试验。交流耐压试验能检验 GIS 设备绝缘性能，通过试验确认设备是否存在因零部件的缺陷、安装工艺不良、运输中发生损坏等原因引起的绝缘缺陷问题，以便及时处理和消除隐患，防止设备投运后发生电气事故，保证设备的长期安全运行。现场多采用串联谐振的方法得到所需电压。现场 GIS 交流耐压试验应按出厂试验时施加电压的 80% 执行，如用户有特殊需求，可与制造厂协商后确定。交流耐压试验持续时间为 1min，如 GIS 每一部件均已按选定的试验程序耐受规定的试验电压而无击穿放电，则认为整个 GIS 通过试验考核。

3. 开关柜

海上风电场常用 66kV、35kV 电压等级的开关柜，本小节以 35kV 电压等级开关柜为例进行说明。

（1）35kV 断路器试验。35kV 开关柜断路器常用 SF_6 断路器及真空断路器两种，主要试验项目包括断路器分合闸线圈试验、操动机构试验、分合闸时间试验、断口接触电阻试验、绝缘及交流耐压试验等，上述试验结果都应符合《电气装置安装工程　电气设备交接试验标准》（GB 50150）规定要求。

（2）35kV 氧化锌避雷器试验。35kV 氧化锌避雷器主要试验项目包括绝缘试验、放电计数器试验及直流参考电压测试等。其中直流 1mA 参考电压现场实测值要求大于 73kV，$75\%U_{1mA}$ 下的直流泄漏值要求小于 50μA。

4. 海底电缆

（1）绝缘试验。使用绝缘电阻表按照图 5-1 所示的方法进行绝缘电阻测试。耐压试验前后，绝缘电阻应无明显变化。

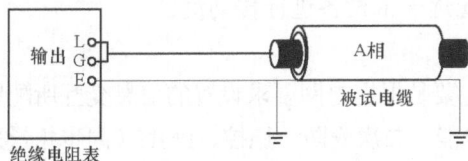

图 5-1　绝缘测试原理图

（2）耐压试验。以 220kV 海缆为例，采用如图 5-2 所示的试验方法进行耐压试验，耐压试验应制定专项试验方案。

（3）核相及参数测试。根据参数实测方案，进行正序、负序、零序阻抗的测试，以获得实际的线路参数。参数测试前应进行核相测试。

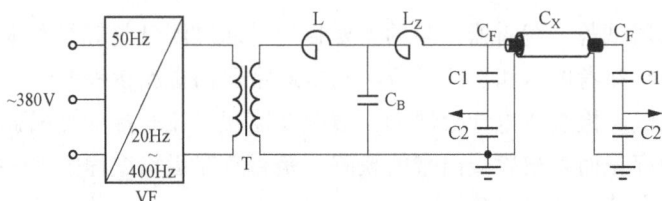

图 5-2　耐压试验接线原理图

5.3　电气二次调试质量管理

本节主要对海上风电项目陆上集控中心、海上升压站主要二次电气设备的调试试验项目及验收标准进行介绍，以及在调试质量管理过程中对关键试验质量控制、质量控制点设置原则等进行说明。

5.3.1　设备介绍

1. 电气设备保护系统

保护系统主要针对电路、母线、变压器等电气一次设备配置的保护系统，主要包括线路保护、母线保护、变压器保护、电抗器保护、海缆保护、故障测距等。

保护系统调试按照调试实施顺序一般分为初步上电检查、保护功能测试、保护传动测试和带负荷测试，根据相关验收规范，保护功能测试中应关注装置采样精度、开入开出以及保护逻辑符合设计要求，保护传动测试应实际带开关进行验证。

2. 计算机监控系统

计算监控系统主要包括全场 NCS（电力网络计算机监控系统，含五防）、风电机组监控系统，用于场站控制室进行远程监测控制的系统。

监控系统调试按照调试实施顺序一般分为初步上电检查、监控功能测试和对点试验，根据相关验收规范，测量功能应关注遥信、遥测的采集范围、采集精度、是否符合设计要求，控制功能应逐一带设备进行传动测试。

3. 自动化网安系统

自动化网安系统主要是根据电网要求设置的信息交互所配置的设备，主要包括远动、调度数据网、保信、电能、二次安防、稳控、PMU（同步相量采集装置）、失步解列等。

自动化网安系统调试按照调试实施顺序一般分为初步上电检查、厂内性能测试（含传动）和涉网联调测试。其中，厂内测试合格后方可开展联调涉网测试，与电网联调测试应按照电网相关的管理要求进行方案报审、工单申请等流程开展。

5.3.2　调试依据（标准）

《电气装置安装工程　电气设备交接试验标准》（GB 50150—2016）
《继电保护及二次回路安装及验收规范》（GB/T 50976—2014）

《继电保护和电网安全自动装置检验规程》（DL/T 995—2016）
《防止电力生产事故的二十五项重点要求（2023年版）》（国能发安全〔2023〕22号）

5.3.3 关键试验质量管理

在调试实施阶段，对重点试验项目如保护传动、带负荷试验等进行设点见证跟踪。电气二次设备试验质量监督表见表5-3。

表5-3　　　　　　　　　电气二次设备试验质量监督表

设备	试验项目	监督点	
电抗器保护柜	外观及机械检查	C	
	绝缘检查	C	
	开入开出量检查	C	
	零漂及精度检查	C	
	保护功能试验	C	W
	电抗器保护传动试验	C	H
主变压器保护柜	外观及机械检查	C	
	绝缘检查	C	
	开入开出量检查	C	
	零漂及精度检查	C	W
	保护功能试验	C	W
	变压器保护传动试验	C	H
220kV母线保护	外观及机械检查	C	
	绝缘检查	C	
	开入开出量检查	C	
	零漂及精度检查	C	W
	保护功能试验	C	W
	线路保护传动试验	C	H
220kV母联开关保护柜	外观及机械检查	C	
	绝缘检查	C	
	开入开出量检查	C	
	零漂及精度检查	C	W
	保护功能试验	C	W
	线路保护传动试验	C	H

设备	试验项目	监督点	
220kV 海缆线路保护柜	外观及机械检查	C	
	绝缘检查	C	
	开入开出量检查	C	
	零漂及精度检查	C	W
	保护功能试验	C	W
	线路保护传动试验	C	H
35kV 母线保护柜	外观及机械检查	C	
	绝缘检查	C	
	开入开出量检查	C	
	零漂及精度检查	C	W
	保护功能试验	C	W
	母线保护传动试验	C	H
35kV 馈线保护柜	外观及机械检查	C	
	绝缘检查	C	
	开入开出量检查	C	
	零漂及精度检查	C	W
	保护功能试验	C	W
测控柜（主变压器、母线电压互感器、公用测控装置、同步相量等）	外观及机械检查	C	
	绝缘检查	C	
	开入开出量检查	C	W
	零漂及精度检查	C	
安稳装置	外观及机械检查	C	
	绝缘检查	C	
	开入开出量检查	C	
	零漂及精度检查	C	
	保护功能试验	C	W
	装置传动试验	C	H
失步解列装置	外观及机械检查	C	
	绝缘检查	C	
	开入开出量检查	C	
	零漂及精度检查	C	

设备	试验项目	监督点	
失步解列装置	保护功能试验	C	W
	装置传动试验	C	H
综合自动化系统	故障录波	C	W
	同步时钟	C	
	遥控试验	C	H
	五防逻辑试验	C	W
	遥测及遥信检查	C	W
一次通流试验	一次通流试验	C	H
二次加压试验	二次升压试验	C	W
直流系统	蓄电池充放电试验	C	
	UPS切换试验	C	W
	直流系统调试	C	

由于电气二次设备调试工作相对烦琐细致,其试验质量对于后续一次设备的稳定运行又至关重要,故在实施过程管控中应特别关注以下几项关键试验的试验方案和试验结果,严格按照以下标准开展。

1. 保护系统传动测试

开展保护系统传动测试应根据定值单,逐一按照保护功能实际带开关进行验证。

2. 监控系统对点调试

场站内部进行功能检验时应关注遥信、遥测的采集范围、采集精度是否符合设计要求,控制功能宜逐一带设备进行实体传动测试。

与电网进行对点调试时,严格按照电网自动化管理的要求,进行工单申请和联调预约,必要时报备进行数据封锁。

3. 自动化网安系统调试

网安系统调试应参考当地电网的要求开展。

4. 一次通流、二次通压测试

一次通流测试主要通过在 TA 的一次回路注入电流,检查其二次电流回路的正确性,其中电流极性检查是保护系统能否正常工作的关键验证工艺,故一次通流通压测试方案应充分考虑保护极性测试需求。

二次通压测试主要通过在 TV 二次侧加入电压,检查其分配的各类电压采样回路正常,测试过程中应关注其不会倒送电到一次侧。

5. 相量测试、带负荷测试

在场站首次启动期间应开展相量测试,相量测试方案应报审后实施。

保护带负荷测试应根据当地电网的要求在符合满足试验条件时开展，期间应关注保护可能误动作的风险。

5.4 通风消防系统调试质量管理

5.4.1 设备介绍

1. 火警系统

（1）设备分类。探测器按照火灾风险的位置设置感烟/感温探测器，蓄电池间设置氢气探测器和防爆感烟探测器，无功补偿楼、GIS 室设置红外光束感烟探测器；电缆夹层设置缆式感温电缆，电抗器、变压器区域设置缆式感温电缆和红外火焰探测器。在人员疏散口和走廊等适当位置设置手动报警按钮及声光报警器，消火栓向内设置消火栓按钮。

（2）控制方式。火灾自动报警系统在建筑物存在火灾危险的房间和区域设置不同类型火灾探测器，连续进行自动监测，一旦发生火灾，探测器立即发出火灾报警信号，实现火灾的早期预警，以便及早确认火情，采取相应措施，自动或者手动启动消防灭火设备，减少损失。

当某一区域或房间的火灾探测器动作时，将火警信号送至集中火灾报警控制器，同时火灾显示盘可以接收来自火灾报警控制区的火警信号，火灾自动报警系统按总线环路设计，任意一点且仅一点断线时，不影响系统报警，探测总线连接的设备自带短路隔离功能。

陆上火灾报警系统及消防控制屏可通过手动按钮，以总线方式经220kV海缆光纤传输至海上升压站的火灾报警主机，通过火灾报警模块箱来控制海上升压站的高压细水雾泵组、风电机组控制箱；同时，海上升压站火灾报警及消防控制屏，可通过手动按钮以多线方式直接控制海上升压站的高压细水雾泵、风电机组和阀门启停，陆上火灾报警系统与海上升压站报警系统两者之间，陆上拥有主动权，可远程联动控制海上火灾报警系统设备，但海上升压站报警系统不能控制陆上火灾报警系统。

（3）消防电话系统。作为独立的消防通信系统，在消防控制中心室设置消防专用电话总机，除在各处的手动报警按钮处设置消防专用电话插孔外，在配电室、消防水泵房、发电机房、继保室、变压器室、GIS 室、无功补偿楼、暖通机房等重要设备房间位置设有电话分机，分机摘机即可向消防电话主机请求通话，待主机应答后双方即可通话，消防控制中心可通过消防电话系统对现场进行在线指挥。

（4）公共广播系统。公共广播兼作消防应急广播，火灾发生时接收到火警信号后启动强切到事故广播状态，系统采用智能网络型广播系统，全数字化网络传输，利用风电场内光纤传输网络建立智能广播局域网，广播系统的主设备布置在运维楼的主控室内，在主控室实现对全风电场内广播的统计管理和控制。

（5）防火门监控系统。防火门监控器主机设置在运维楼的主控室，在疏散通道上的常闭防火门设置门磁开关，监测防火门的开闭状态。

（6）消防联动控制。消防联动控制包括非消防电源控制、对消防泵的控制、应急照明的控制、应急广播的控制、防火卷帘的控制、通风系统控制。

2. 消防系统

（1）高压细水雾灭火系统。升压站选用 2 台容量为 180MVA 的变压器，1 台柴油发电机。消防灭火措施只能对变压器本体进行全淹没保护，结合变压器和柴油发电机的消防通用性，一般设置高压细水雾灭火系统。高压细水雾灭火系统由高压泵组（包括主泵、备用泵、稳压泵、水箱）、补水增压装置、不锈钢供水管网、区域控制阀箱组、高压细水雾喷头、喷枪及火灾报警控制系统等组成。高压柱塞泵组和水箱设置在二层的消防泵房内，保护主变压器、柴油发电机等容易引发 B 类火灾的设备。对平台上其他所有封闭房间及走道的初期火灾采用高压细水雾系统及配套喷枪进行抑制保护；对钢结构平台进行冷却，保证主体结构安全。

高压细水雾灭火系统在准工作状态下，从泵组出口至区域控制阀组前的管网内维持一定压力（1.0～1.2MPa 之间）。当管网压力低于稳压泵的设定启动压力 1.0MPa 时，稳压泵启动，使系统管网维持在稳定压力 1.0～1.2MPa 之间。发生火灾时，火灾探测报警系统联动打开区域控制阀组，管网压力下降，当压力低于稳压泵的设定启动压力 1.0MPa 时稳压泵启动，稳压泵运行时间超过 10s 后压力仍达不到 1.0MPa 时，高压主泵启动，同时稳压泵停止运行，高压水流通过细水雾喷头雾化后喷放灭火。

（2）火探管式自动探火灭火系统。火探管式自动探火系统采用局部全淹没灭火方式，将火探管布置在电气盘柜内，并利用火探管对温度的敏感性，在特定温度环境下几秒至十几秒钟内就会动作，在感应温度最高的位置发生熔化并在管内压力的作用下爆破，自动形成喷射孔洞，启动系统灭火，同时发出警报信号给主控系统。它是一种早期灭火系统，反应快速、准确，灭火剂释放时，灭火的针对性更强，可迅速有效地探测及扑灭最初期的火灾。火探管式自动探火灭火装置由装有高效灭火剂的压力容器、集成容器阀组、无源报警器以及能自动释放灭火器的火探管组成。

保护对象主要包括 35kV 开关柜、各类低压配电柜、主变压器控制柜、220kV GIS控制柜开关柜、柴油机控制柜和二次盘柜等。

火探管安装在电气盘柜旁侧或内侧，结合电气盘柜封层绕行，灭火剂容器、集成容器阀组放置在柜子侧面或者顶部。具体的布置方案结合配电柜、控制柜型式进行设计。

（3）移动式灭火器配置。根据升压站设备及房间布置情况，在主变压器室、柴油发电机室内设置 MF/ABC4 手提式磷酸铵盐干粉灭火器、MFT/ABC20 推车式水成膜泡沫灭火器及砂箱等；在平台走道、楼梯间、泵房等设置 MFZ/ABC4 手提式磷酸铵盐干粉灭火器；在电气房间设置 MT7 手提式二氧化碳灭火器，在含油场所设置 MFT/ABC20 推车式水成膜泡沫灭火器；同时配置自持呼吸器 8 台，供运维人员在设备检修、维护时应急使用。

3. 暖通系统

（1）通风系统在临时休息间、应急配电室分别设置一台单元式分体空调；二次设备设置两台冷暖型空调（一用一备）：35kV 配电室、低压配电室、主变压器室、220GIS 室、蓄电池间、通信蓄电池间分别设置两台单元式分体空调（一用一备）。

（2）升压站设置一套微正压送风系统，配 2 台新风除湿机（一用一备），新风系统主要覆盖 35kV 配电室、低压配电室、主变压器室、220kV GIS 室、消防水泵房、通风机房、二次设备间、应急配电室，系统将室外新风经盐雾过滤后由新风除湿降温除尘，再加热后送至各个房间，送风温度小于或等于 23℃，为防止房间超压，在各房间分别设置压力传感器及余压阀，除湿机内配变频风机，根据各房间余压自动调节控制。

（3）蓄电池室、通信蓄电池间分别设置平时排风排氢气兼事故后排烟系统，两个蓄电池室风机平时运行，通信蓄电池间风机平时轮换运行（每三天一班次），当其中一台故障时，另外一台自动投入运行。当房间空气中氢气体积浓度达到 1%时，氢气探测器报警，联锁开启房间内所有排风机运行，进行事故排风。

（4）220kV GIS 室和 35kV 配电室设置 SF_6 事故报警信号，当 SF_6 浓度超过规定值时，启动事故后排风机，降低房间内 SF_6 浓度。

（5）应急柴油机房设置一台排风机，用以实现平时高温散热排风、柴油机联锁运行排风和油漆超标排风功能，风机平时停运，当房间温度超过 40℃，开启排风机散热，直到温度低于 35℃，停止运行。当柴油机开启时，联锁开启排风机进行排风，待柴油机停运，延时 5h 后停运排风机。应急柴油机房和柴油罐间设置有油气报警装置，当检测到房间油气浓度超过 350mg/m³ 或体积浓度超过 0.2%时，开启排风机进行通风换气。

（6）每个主变压器室设置一台应急排风机，当两台空调均故障时，开启应急排风机，并联锁开启进、排风口处的电动密闭阀进行排风散热，应急排风机可兼作事故后排风，用于排出火灾后产生的余烟。当发生火灾时，主变压器室进出风口和新风管上的防火阀均联锁关闭。当火灾扑灭后，先开启进排风口防火阀，再开启排风机和对应隔离阀，进行事故后排风，也可远程操作阀门和风机的开启。

（7）低压配电室、应急配电室、二次设备间设置事故后排风机，用于排除火灾后产生的余烟，此工况也远程开启。

（8）临时休息室设置一台排气扇进行日常通风。

5.4.2 调试依据（标准）

《自动喷水灭火系统 第 5 部分：雨淋报警阀》（GB 5135.5—2018）
《细水雾灭火系统及部件通用技术条件》（GB/T 26785—2011）
《建筑设计防火规范》（GB 50016—2014）
《爆炸危险环境电力装置设计规范》（GB 50058—2014）
《自动喷水灭火系统设计规范》（GB 50084—2017）
《火灾自动报警系统设计规范》（GB 50116—2013）
《建筑灭火器配置设计规范》（GB 50140—2005）
《火灾自动报警系统施工及验收标准》（GB 50166—2019）
《通风与空调工程施工质量验收规范》（GB 50243—2016）

《风机、压缩机、泵安装工程施工及验收规范》（GB 50275—2010）

《公共广播系统工程技术标准》（GB/T 50526—2021）

《建设工程施工现场消防安全技术规范》（GB 50720—2011）

《细水雾灭火系统技术规范》（GB 50898—2013）

《探火管灭火装置技术规程》（CECS 345—2013）

《探火管式灭火装置》（GA 1167—2014）

《风电场设计防火规范》（NB/T 31089—2016）

5.4.3 关键试验质量管理

火警系统试验主要包括火灾报警控制器调试过程控制、点型感烟/感温火灾探测器调试、线型感温火灾探测器调试、红外光束感烟火灾探测器调试、点型火焰探测器调试、手动火灾报警按钮调试、消防联动控制器调试过程控制、区域显示器（火灾显示盘）调试、可燃气体报警控制器调试、可燃气体探测器调试、消防电话调试、消防应急广播设备调试、系统备用电源调试、消防控制中心图形显示装置调试、气体灭火控制器调试、防火卷帘控制器调试。

消防系统关键试验主要包括消防阀门、室内消火栓、室外消火栓、消防喷头、容器、电动机、水泵及其控制系统检查测试。

暖通系统关键试验主要包括阀门检查、暖通管网冲洗、电加热器试验、风机启动、风量平衡试验、电机和风机性能试验、制冷机启动试验、热交换器试验、房间温度测量、高效过滤器效率试验。

在进行试验过程监督及验收时，应在以下关键试验处设控制点，见表5-4。

表5-4 通风消防系统试验质量监督表

设备	试验项目	监督点	
消防系统	消防系统初步检查试验	C	W
	消防系统冲洗打压试验	C	W
	消防泵和稳压泵启动试验	C	H
	消火栓试射试验	C	
	消防泵与压力开关联动试验	C	H
	消防水系统与火警联动试验	C	H
通风系统	通风系统初步检查	C	
	通风系统阀门试验	C	
	通风风机启动试验	C	
	通风系统空调试验	C	
	房间温湿度检查试验	C	
	通风与火警联动试验	C	H

设备	试验项目	监督点	
火警系统	初步检查	C	W
	火灾报警控制器试验	C	
	模拟盘试验	C	W
	网络图文操作站试验	C	
	消防电话试验	C	
	探测器及模块试验	C	H
	火警控制主机放电试验	C	
火警和视频系统	自动联动视频试验	C	W
火警和广播系统	自动联动广播试验	C	W
火警和测控系统	火警信号通道验证	C	W

由于通消设备一直是海上风电场工程建设期间关注度较低但又十分重要的系统，应特别关注以下试验的执行情况。

1. 火警系统

工程质量验收评定标准应符合下列要求：① 系统内的设备及配件规格型号与设计不符、无国家相关证明和检验报告的，系统内的任一控制器和火灾探测器无法发出报警信号，无法实现要求的联动功能的，定为 A 类不合格；② 验收前提供上述资料不符合《火灾自动报警系统施工及验收标准》（GB 50166—2019）中 5.2.1 的要求定为 B 类不合格；③ 除①、②规定的 A、B 类不合格外，其余不合格项均为 C 类不合格；④ 系统验收合格评定为 $A=0$，$B \leq 2$，且 $B+C \leq$ 检查项的 5% 为合格，否则为不合格。

火灾自动报警系统验收前，施工单位应进行施工质量初步检查，同时确定安装设备的位置、型号、数量，抽样时应选择有代表性、作用不同、位置不同的设备，验收合格后通知调试对下列装置设置进行验收。

（1）火灾报警装置。火灾报警系统装置质量控制点设置要求（包括各种火灾探测器、手动火灾报警按钮、气体报警探测器等），应按下列要求进行模拟火灾响应（可燃气体报警）和故障信号检验。

1）实际安装数量在 100 只以下者，抽验 20 只（每个回路都应抽验）；

2）实际安装数量超过 100 只，每个回路按实际安装数量 10%～20%的比例进行抽验，但抽验总数应不少于 20 只。

被检查的火灾探测器的类别、型号、适用场所、安装高度、保护半径、保护面积和探测器的间距等均应符合设计要求。

（2）控制器。火灾控制器质量控制点设置（含火灾报警控制器、消防联动控制器、气体灭火控制器、消防电气控制装置和区域显示器等），系统中各装置的验收数量应满足以下要求。

1) 各类消防用电设备主、备电源的自动转换装置，应进行 3 次转换试验，每次试验均应正常。

2) 火灾报警控制器（含可燃气体报警控制器）和消防联动控制器应按实际安装数量全部进行功能检验。

3) 消防联动控制系统中其他各种用电设备、区域显示器应按下列要求进行功能检验：

a. 实际安装数量在 5 台以下者，全部检验；

b. 实际安装数量在 6～10 台者，抽验 5 台；

c. 实际安装数量超过 10 台者，按实际安装数量 30%～50%的比例，但不少于 5 台抽验。

(3) 联动消防相关设备。

1) 室内消火栓的功能验收应在出水压力符合现行国家有关建筑设计防火规范的条件下，选择如下质量控制点并验收下列控制功能：

a. 消防控制室内操作启、停泵 1～3 次；

b. 消火栓处操作启泵按钮，按 5%～10%的比例抽验。

2) 自动喷水灭火系统，应在符合《自动喷水灭火系统设计规范》（GB 50084）的条件下，抽验下列控制功能：

a. 在消防控制室内操作启、停泵 1～3 次；

b. 水流指示器、信号阀等按实际安装数量的 30%～50%的比例进行抽验；

c. 压力开关、电动阀、电磁阀等按实际安装数量全部进行检验。

3) 气体、泡沫、干粉等灭火系统，应在符合国家现行有关系统设计规范的条件下按实际安装数量的 20%～30%的比例抽验，自动、手动启动和紧急切断试验 1～3 次。

(4) 通风联动相关设备。火灾报警系统和通风系统联动相关设备质量控制点选择：

1) 包括与固定灭火设备联动控制的设备动作（包括关闭防火门窗、停止空调风机、关闭防火阀等）试验 1～3 次。

2) 电动防火门、防火卷帘，5 樘以下的应全部检验，超过 5 樘的应按实际安装数量的 20%的比例，但不小于 5 樘，抽验联动控制功能。

3) 防烟排烟风机应全部检验，通风空调和防排烟设备的阀门，应按实际安装数量的 10%～20%的比例，抽验联动功能，并应符合下列要求：

a. 报警联动启动、消防控制室直接启停、现场手动启动联动防烟排烟风机 1～3 次；

b. 报警联动停、消防控制室远程停通风空调送风 1～3 次；

c. 报警联动开启、消防控制室开启、现场手动开启防排烟阀门 1～3 次。

(5) 消防电梯。消防电梯应进行 1～2 次手动控制和联动控制功能检验，非消防电梯应进行 1～2 次联动返回首层功能检验，其控制功能、信号均应正常。

(6) 广播设备。火灾应急广播设备，应按实际安装数量的 10%～20%的比例进行下列功能检验。

1）对所有广播分区进行选区广播，对共用扬声器进行强行切换；

2）对扩音机和备用扩音机进行全负荷试验；

3）检查应急广播的逻辑工作和联动功能。

（7）消防电话。消防专用电话的检验，应符合下列要求：

1）消防控制室与所设的对讲电话分机进行1～3次通话试验；

2）电话插孔按实际安装数量的10%～20%的比例进行通话试验；

3）消防控制室的外线电话与另一部外线电话模拟报警电话进行1～3次通话试验。

（8）防火门监控。抽验电动防火门、防火卷帘门，数量不小于总数的25%。

（9）应急广播。选层试验消防应急广播设备，并试验公共广播强制转入火灾应急广播的功能，抽检数量不小于总数的25%。

（10）火灾应急照明和疏散指示控制装置。应进行1～3次使系统转入应急状态检验，系统中各消防应急照明灯具均应能转入应急状态。

（11）消防联动。

1）消防联动控制器处于自动状态时，其功能应满足《火灾自动报警系统设计规范》（GB 50116）和设计的联动逻辑关系要求。

检验方法：按设计的联动逻辑关系，使相应的火灾探测器发出火灾报警信号，检查消防联动控制器接收火灾报警信号情况、发出联动信号情况、模块动作情况、消防电气控制装置的动作情况、现场设备动作情况、接收反馈信号（对于启动后不能恢复的受控现场设备，可模拟现场设备启动反馈信号）及各种显示情况；检查手动插入优先功能。

2）消防联动控制器处于手动状态时，其功能应满足《火灾自动报警系统设计规范》（GB 50116）和设计的联动逻辑关系要求。

检验方法：使消防联动控制器的工作状态处于手动状态，按《消防联动控制系统》（GB 16806）和设计的联动逻辑关系依次启动相应的受控设备，检查消防联动控制器发出联动信号情况、模块动作情况、消防电气控制装置的动作情况、现场设备动作情况、接收反馈信号（对于启动后不能恢复的受控现场设备，可模拟现场设备启动反馈信号）及各种显示情况。

2. 消防系统

（1）消防试验。

1）消防稳压泵组和空气压缩机组启动试验，出口压力、流量、温度、噪声满足泵的性能要求，安全阀定值应符合设计要求；

2）消防稳压罐充水、升压至设计要求状态，验证无泄漏；

3）控制系统双路电源切换正常，系统逻辑控制、报警反馈、联锁保护正确；

4）系统压力降低时，消防稳压泵组、空气压缩机组启动步序正确，符合设计要求；

5）稳压系统整体在设计要求的启动频率下正常运行无故障。

（2）消防水生产系统试验。

1）对消防泵吸入管线进行重力冲洗；完成泵的试验后，动力冲洗整个管线，至系统内清洁无杂质。

2）检查水泵接合器安装位置正确，便于消防车停靠，供水能力正常。

3）控制逻辑动作应正确，联锁动作正确；管网压力低时，消防泵投运步序应符合设计要求；事故情况下主备用泵切换，电源切换与设计要求一致。

4）启动消防泵，在各种工况（最大流量、最小流量、额定工况）下，验证设备振动、流量、温度、噪声以及出入口压力符合设计要求。

（3）雨淋系统试验过程。

1）系统管网充水带压后稳定运行、无泄漏。

2）实际喷淋试验时，系统的流量、压力、喷头的喷射角度、保护区域范围应满足设计要求；消防稳压系统与消防泵按设计要求步序动作。试验完成后，需使用压缩空气吹扫系统干式管线。

3）消防联动试验，模拟火灾启动信号（包括火灾报警信号启动、就地模拟盘启动、主控远程启动、就地手动启动），验证雨淋阀、水流指示器、水力警铃、压力开关以及消防泵动作正常，至火灾报警盘和主控室反馈报警正确，响应时间满足设计要求。

（4）湿式报警系统试验。

1）参照《自动喷水灭火系统　第 2 部分：湿式报警阀、延迟器、水力警铃》（GB 5135.2），验证湿式报警阀的各项性能满足要求。

2）系统管网充水带压后稳定运行、无泄漏。

3）检查系统的管线布置、喷头安装位置、保护区域范围满足设计要求。

（5）消火栓系统试验过程。

1）检查消火栓的布置位置是否符合设计要求。

2）对系统管网进行冲洗，至水质清洁、无杂质。

3）测量消火栓枪头直射、散射的流量和压力，确认符合设计要求，需注意最不利点处。

3. 暖通系统

暖通系统的质量控制根据标准及设计要求，对设备试运转及运转期间的性能指标进行监督。

5.5　联调与启动调试质量管理

海上风电由海上风电机组群、海上升压站、陆上集控中心三大基本单元组成，其中海陆联调、涉网联调是对陆上集控中心、海上升压站、风电机组的调试质量的一次集中联合调试验证，是项目投入运行前的重要验证环节，其调试质量直接影响海上风电项目启动及运行期间的安全与稳定。

海陆联调、涉网联调涉及通风消防、电气、通信、自动化等多专业多系统，交叉作业多，风险管控难度大，经验依赖程度高，暂无成熟的实施体系，是设备、系统功能检验的重要环节。

5.5.1 联调启动内容

1. 联调试验项目

海上风电场海陆联调基本试验项目如下。

（1）火警系统（单系统）海陆联调试验。包括单系统海陆两端的远程控制、报警功能。

（2）通风空调远程控制系统试验。包括单系统海陆两端的远程控制功能。

（3）火警与通风空调、消防海陆联动试验。主要区域之间的系统间联动功能。

（4）升压站与海上换流站、陆上换流站光纤通道测试。包括这个站之间的光纤通道、光损测试及通道配置。

（5）升压站与海上换流站间两条 220kV 海缆线路保护联调及整组传动试验。包括海陆两侧线路保护柜联调以及联动。

（6）升压站 SDH（同步数字体系）与陆上换流站 SDH 通信联调试验。包括 SDH 装置通道测试及业务配置。

（7）升压站二次安防及纵向加密通道测试。包括加密通道测试及业务配置。

（8）海陆综合自动化（NCS）系统通信测试。包括综合自动化系统监控 A/B 网络配置、监控后台配置。

（9）省调自动化对点试验。包括自动化系统与省电力调度中心联调。

（10）地调自动化对点试验。包括自动化系统与地方电力调度中心联调。

（11）PMU（同步相量测量装置）与省调对点试验。包括同步相量采集装置与省电力调度中心联调。

（12）保护信息子站与省调通信测试。包括保护信息系统与省电力调度中心联调。

（13）电能采集系统与省调通信测试。包括电能采集系统与省电力调度中心联调。

（14）故障录波器海陆联调。包括海陆两侧故障录波系统通信测试以及通道联调。

（15）风电机组 SCADA 通信测试及联调试验。包括风电机组监控系统两侧通信测试以及联调。

（16）AVC/AGC 联调试验。包括自动电压控制系统与二次调频控制系统两侧联调以及与电网侧的联动功能验证。

（17）一次调频试验。包括场内一次调频系统的通道测试以及联动试验。

2. 启动送电

（1）送电倒闸操作预演。根据定稿启动方案在送电前进行倒闸操作预演。

（2）送电前检查。包括主设备绝缘检查、二次回路检查、TV/TA 回路检查、调试报告审查等。

（3）启动操作。根据定稿启动方案执行启动操作，并开展相应检查。

（4）试运行。启动完成后开始 24h 试运行，巡视设备状态，并在试运行结束后进行油样提取送检。

（5）带负荷试验。系统带载运行后，根据系统要求进行带负荷试验。

5.5.2 关键试验质量管理

联调期间和启动过程应全程参与进行质量控制，过程中应关注以下内容。

（1）海陆联调、涉网联调。提前对海陆通信通道、海上升压站调试完成情况、陆上集控中心调试完成情况进行梳理，分析是否具备联调条件；根据联调项目清单，涉网部分应根据计划逐项与电网相关部门预约联调时间，确保高效完成全部海陆联调、涉网联调工作。

（2）启动送电。

1）编制送电前提条件确认单，送电前逐项确认。

2）定值单多方检查，承包商、调试、监理和建设单位四方进行独立核对。

3）组织启动送电技术交底会，对参建单位进行送电范围、技术要求、经验反馈等宣贯。

4）对启动过程中的检查结果和测试数据的正确性进行评估，评估满足要求方可进行下一步。

5.6 涉网专项试验质量管理

根据《电力系统网源协调技术导则》（GB/T 40594—2021），新能源场站涉网试验包括电能质量测试、有功功率控制能力测试、无功/电压控制能力测试、无功补偿装置并网性能试验、惯量响应和一次调频测试、场站建模与模型验证、故障穿越能力仿真验证、电压频率适应能力验证以及保障电力系统安全的其他测试。故在海上风电场项目建设阶段，需根据当地电网的要求以及场站的实际建设情况，确定场站需要执行的涉网试验项目及相关试验方法和验收准则的要求，以便按期开展涉网专项试验。

5.6.1 设备介绍

1. AVC/AGC 设备

AVC（自动电压控制）是指以电网调度自动化系统为基础，以对电网发电机无功功率、并联补偿设备和变压器有载分接头等无功电压调节设备进行自动调节，实现电网电压和无功功率分布满足电网安全、稳定、经济运行为目标的电网调度自动化系统的应用模块或独立子系统，简称为 AVQC，即自动无功电压控制。

AGC（自动发电控制）是指在确定的区域内，当电力系统频率或联络线功率发生变化时，通过远程调节机组的有功功率，以维持系统频率或确保区域之间预定的交换功率。

实现 AVC/AGC 功能的技术装备体系主要包括总调、各省（区）中调电网运行控制系统、远动传输通道、发电厂远程终端设备或计算机监控系统、机组协调控制系统、机组及其功率调节装置，以及实现 AGC 功能的应用软件等。海上风电场相关设备主要有位于陆上集控中心的 AVC/AGC 后台工作站及其配套的高性能服务器，与风电机组监控系统、全场 SCADA 监控系统、远动机组成如图 5-3 所示的结构，工作站负责人机接口，

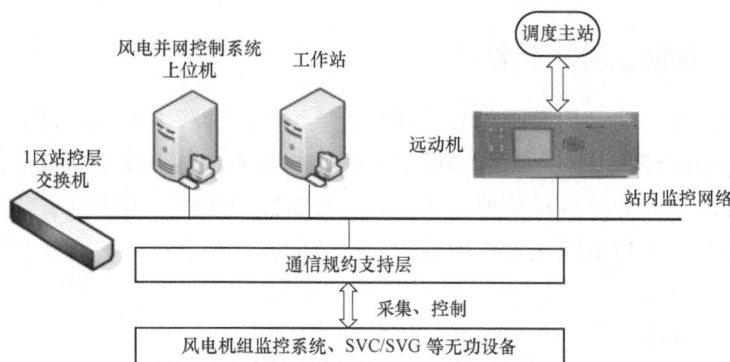

图 5-3　AVC/AGC 系统构架

服务器负责具体的控制逻辑判别，并智能生成最优的调节策略的组合，再从网络下发调节命令。

2. 一次调频

一次调频是当电力系统频率偏离目标频率时，发电厂通过控制系统的自动反应，调整有功出力，减少频率偏差的控制功能。新建、改建和扩建新能源场站应具备场站级一次调频控制功能，并与 AGC 等有功控制系统相协调。

一次调频装置也称快速调频装置，其接口示意图如图 5-4 所示。

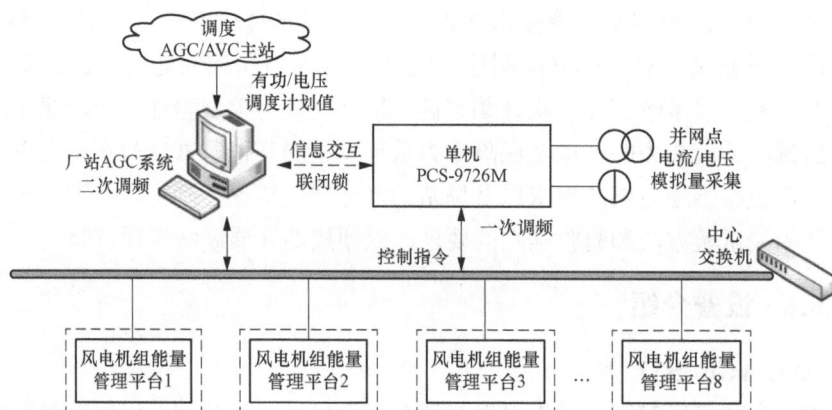

图 5-4　一次调频系统构架

3. 动态无功补偿装置

动态无功补偿装置是指并联接入海上风电场，可以在确定的电压范围内输出容性或者感性无功电流连续可调，以实现无功功率补偿或调节点电压控制的装置。通常包括静止无功发生器（SVG）、静止无功补偿器（SVC）等类型。

5.6.2　调试依据（标准）

国家标准、行业标准及地方电网标准针对海上风电场的涉网相关功能、试验内容和验收标准做了详细规定，在进行试验相关质量管理时，应根据标准开展。

《风电机组电能质量测量和评估方法》（GB/T 20320—2013）

《并网电源一次调频技术规定及试验导则》（GB/T 40595—2021）

《风电场功率控制系统调度功能技术要求》（GB/T 40600—2021）

《风电场功率控制系统技术要求及测试方法》（NB/T 10317—2019）

《风电场电能质量测试方法》（NB/T 31005—2022）

《风电机组电网适应性测试规程》（NB/T 31054—2014）

《风电场低电压穿越建模及评价方法》（NB/T 31077—2016）

《风电场电气仿真模型建模及验证规程》（NB/T 31075—2016）

《风电场并网性能评价方法》（NB/T 31078—2016）

《风力发电场无功配置及电压控制技术规定》（NB/T 31099—2016）

5.6.3　关键试验质量管理

海上风电厂各类试验均属于电网验收的内容，均是关键试验，其中仿真建模相关试验在实验室完成，无功补偿装置性能试验、电能质量测试、功率控制相关试验均在现场实施。海上风电场涉网性能试验内容及流程见图5-5。

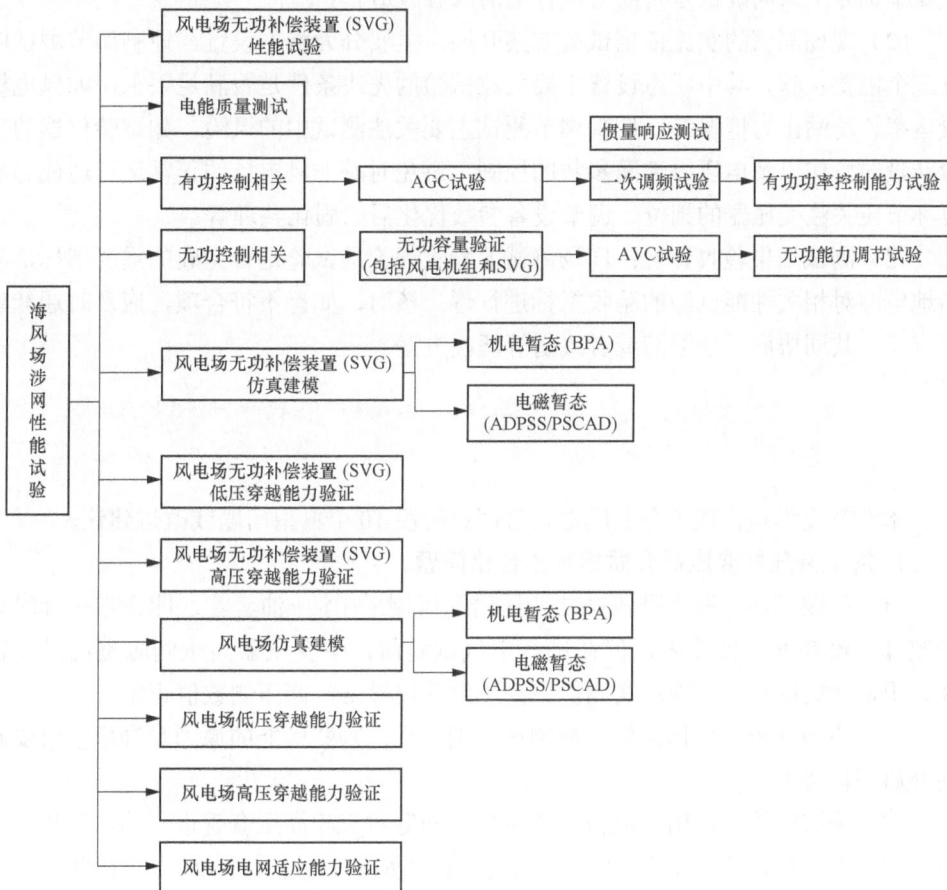

图5-5　海上风电场涉网性能试验内容及流程

1. 仿真建模测试

仿真建模相关试验主要是基于风电场各组成单元的基础模型及接入电力系统的模型进行设备或整场的模型建立以及相关性能仿真测试，模型一般根据电网的要求分为机电暂态和电磁暂态模型，测试内容则根据相关导则在实验室开展，关键的工艺流程取决于海上风电场提资材料的准确性，如线路、变压器、风电机组、无功补偿器等模型组成单元的相关资料，在前期数据提资阶段，应逐一复核，确保提交至实验室和提交至调度相关资料的准确性。

2. 现场性能测试

现场测试相关试验一般在海上风电场首次启动及全容量之后开展，属于综合性能的测试验收。

（1）现场测试方案均需根据电网的管理要求，开展电网的审批流程，通过后方可申请执行。

海上风电场相关涉网测试方案审核时应重点参考当地电网调度部分针对相关试验颁布的总体要求以及各分项的指引。如发现现场装置无法满足测试要求，应提请关注，与建设单位专工共同确认是否需要进行澄清或者改造。

（2）现场测试的实施依据试验方案开展，主要分为状态设置、控制调节测试以及恢复三个主要步骤，其中状态设置主要关注试验的先决条件是否满足要求，如风电机组的投运率、场站出力情况等；控制调节测试主要关注测试中的风险，如试验仪器的接入、阶跃量的操作以及电压等涉网参数的控制，避免对海上风电场的正常运行造成影响；恢复环节应关注变压器的挡位、调节设备参数优化后的固化整理等。

（3）测试结果验收评价：现场测试的验收评价是试验是否完成的重要指标，应根据当地电网对相关性能试验的验收指标进行逐一核对，如有不符合项，应及时通知建设单位专工，共同协商后续澄清或者改造等解决方案。

5.7 海上风电调试阶段典型质量问题与改进建议

本章节收集和整理了海上风电项目调试阶段 10 个典型问题或改进建议。

1. 海上升压站变压器介质损耗不合格问题

（1）问题描述：海上升压站主变压器高压侧采用油-油套管，即正常运行时高压套管整体浸没在变压器油内，但在进行电气试验前，主变压器高压侧舱室已排油较长时间，根据介质损耗试验现场实测值，高压侧数值异常，低压侧数值正常。

（2）原因分析：根据高低压侧测试数据分析，判断可能的原因是高压套管受潮，致使介质损耗值偏大。

（3）采取措施：使用热风枪、酒精、抹布等对三相高压套管进行清洁烘烤，为达到较好的干燥效果，单相烘烤的时间在 8h 左右，处理 10 天后复测结果不理想。结合绝缘实测值及外部处理效果，采用更换高压套管方案。

（4）改进建议：与户外式套管相比，油-油套管应关注舱室放油后的保养问题，因其处于封闭环境内，受潮后较难处理，且容易对套管本体造成不可逆的影响。变压器充氮气保养可有效防潮。在测出变压器套管连同绕组的介质损耗值存在异常时，应及时进行绝缘测量，以辅助判断是否已出现较严重的受潮问题。

2. 陆上集控中心站用变压器低压侧与施工变压器低压侧相别不一致问题

（1）问题描述：集控中心倒送电过程中，检查发现站用变压器低压侧与施工变压器低压侧相别不一致。

（2）原因分析：经过现场分析，虽然站用变压器和施工变压器低压侧都为正相序，但站用变压器低压侧的 A、B、C 相分别对应施工变压器低压侧的 B、C、A 相，因此进行同源核相时，每相互差 120°。

（3）采取措施：对施工变压器高压侧（高压侧为电缆连接，易于操作）进行调相。

（4）改进建议：在电缆端接是仔细核对电缆相序，同时送电期间对站用变压器和施工变压器进行同源核相。

3. 海上风电场电抗器匝间保护动作问题

（1）问题描述：风电场进行首次充电试验，其中集控中心已充电完成，对开关、海缆线路及电抗器第一次充电，主控室手动操作分开海缆线路开关，电抗器保护装置发出匝间保护动作报警。

（2）原因分析：保护装置自整定过小。电网要求电抗器保护装置匝间保护定值采用装置自整定值，为 0.07A，现场开关跳开后海缆的电容电流与电抗器谐振引发的零序电流已达到 0.14A，保护动作。

（3）采取措施：退出自动整定定值控制字，对电抗器的匝间保护零序电流启动值进行修改，考虑 1.5 的可靠系数，修改后的数值为 0.21A。

（4）改进建议：送电前按定值清单进行整定与检查。

4. 海上升压站集电线零序保护动作问题

（1）问题描述：海上风电场监控后台报"35kV 风电机组进线 9 保测整组启动"；风电 9 号线序过流 Ⅱ 段动作，导致断路器保护跳闸。

（2）原因分析：A 相电缆的屏蔽层穿入开关柜的零序 TA 后，与半导体 PE 护套存在接触点，由于半导体 PE 护套与电缆支架等一同接地，导致屏蔽线回穿时一部分电流经过此回路分流，进而导致这部分电流穿入零序 TA 后未回穿，从而使得零序 TA 采样回路产生电流。

（3）采取措施：对屏蔽线与电缆半绝缘层接触位置进行包扎处理，零序电流恢复正常。

（4）改进建议：电缆两端屏蔽线的接地方式以及电缆头的热缩处理规范性在验收时应特别关注，送电前排查陆上集控中心 35kV 电缆屏蔽线接地回穿方式及制作工艺严格按规范进行。

5. 陆上集控中心火警测试时线路不通问题

（1）问题描述：集控中心基于厂房美观性的需求，大量实施暗埋管线。调试阶段进行火警线路测试时，发现大部分线路不通，经逐项排查发现端接不规范、成品保护不当等问题。

（2）原因分析：海上风电项目质量关注点主要围绕电气一次和二次设备，对暖通消防火警专业质量管控力度不足；施工单位作业人员对火灾报警系统设计要求及系统运行原理不熟悉，端接不规范、成品保护不当。

（3）采取措施：根据设计图纸逐一排查并整改。

（4）改进建议：施工单位加强暖通、消防火警专业人员技术培育，施工过程加强质量控制。

6. 利用海上升压站暖通系统获取淡水的改进

（1）现状描述：海上升压站前期调试阶段大量人员入住，升压站需要足够的储水量支持人员日常生活，但升压站淡水资源有限，站内人员限量使用淡水，运输和输送淡水至升压站成本较高，对在升压站工作人员造成诸多不便。

（2）现状分析：目前国内大部分升压站都在站内设置消防水箱和生活水箱，消防水箱容积一般为 $30m^3$，生活水箱一般为 $6m^3$，生活用水主要用于临时休息室洗漱，升压站海上初期调试，大概入住 30 人，为满足日常生活用水，目前淡水的获取，往往是生活水和消防水轮流使用，且需要多次进行补水，海上升压站单次补水费用大概在 5 万元一次。另外，从船上倒运水源至升压站风险较高，需要海况良好，且多人配合下才能完成。

（3）改进措施：升压站二楼、三楼分布着大量空调，根据暖通系统工作原理，将冷凝出的淡水使用软管连接至水桶进行储存，由于此水资源由空气中凝结而出，洁净度满足使用要求，站内每日大概消耗 15 桶淡水，约 285L，用于升压站人员日常洗漱等。

后期也可考虑将生活水泵房水箱容积进行扩大，将二至三楼的暖通空调排水管汇总连接至一楼生活水箱，收集后的淡水可通过一楼水箱集中对水质进行杀毒和打压，并在一楼室外增加淡水取水口，便于工作人员使用，也可避免空调水一直滴落在升压站走廊附近，影响人员通行。

7. 陆上集控中心通风系统电控箱制造质量问题

（1）问题描述：陆上集控中心风机大部分集中在电气楼和 SVG，调试期间发现风机电控箱长时间运行测试过程中部分风机出现热继动作跳闸，操作电控箱对风机控制时发现部分功能无法实现，风机功率不达标。

（2）原因分析：制造厂家未按设计出版的不同功能的通风二次原理图配置电控箱，致使部分控制功能无法实现。根据计算，原有设计提资配电箱热继值偏小，无法满足设备运行要求，长时间运行就会出现跳闸现象。

（3）采取措施：更换热继电器；重新核算电控箱的参数，并据此开展改造。

8. 海上风电场升压站倒送电期间站用变压器高压侧连杆放电问题

（1）问题描述：海上风电场升压站站用变压器首次送电后，发现站用变压器方向存在异响，在关掉厂房照明后，通过视窗发现站用变压器高压侧有明显放电现象。

（2）原因分析：停运站用变压器进行检查，分析放电原因为站用变压器相别连杆距离过近，导致放电现象的发生。

（3）采取措施：对连杆进行调整，增加连杆间距离，恢复送电后检查放电现象消失。

（4）改进建议：送电前检查站用变压器高压侧相别连杆间距离，确保连杆间距离满足正常运行要求。

9. 扩建项目涉网性能试验期间发现 AVC 功能无法正常实现的问题

（1）问题描述：扩建项目在进行涉网试验期间，发现 AVC 功能无法满足电网要求。

（2）原因分析：

1）无法满足电网对于《新能源场站无功电压控制能力试验及 AVC 试验要求》中等值机相关的遥信、遥测量上传要求。

《新能源场站无功电压控制能力试验及 AVC 试验要求》中明确了风电场 AVC 子站系统与调度接口测试关于遥测和遥信点的要求，遥测点要求上送等值机的可增、可减无功，遥信点要求上送等值机的增减闭锁状态及异常信号。

根据电网要求，AVC 服务器的配置一般取海上升压站各 66kV 母线及其所带的风电机组作为等值机进行相关遥信、遥测以及策略判断的基础，而扩建项目 66kV 母线下带 X 和 Y 两个不同厂家的风电机组，故等值机对应相关遥信量和遥测量为同一母线下两个不同厂家风电机组的上送后合并计算，其中 Y 厂家风电机组监控系统将不同母线下的所有风电机组统一打包上送，则导致 AVC 服务器无法单独对每条母线进行的等值机相关参数的计算，最终导致服务器策略工作的输入信息无法准确获取，相关遥信、遥测量无法准确通过远动送至调度。

2）Y 厂家风电机组监控系统无法接收 AVC 服务器分配的不同等值机（母线）的调节指令。

SCADA 监控服务器只能 1 对 1 接收，1 套服务器仅能接收 1 个指令，即当前设计为 1 套服务器接收全场该厂家风电机组的调节指令进行调控。而 AVC 服务器的策略配置是接收调度发过来的目标值之后，按照等值机分配给风电机组监控系统，该扩建项目海上升压站有 3 条 66kV 母线，故分别下达 3 个指令至风电机组监控系统，再由风电机组监控系统控制风电机组。

（3）采取措施：为保障改造实施的可行性及后续系统运行的安全稳定性，最终采用方案为 Y 厂新增 2 套（4 台）服务器，与现有 1 套共计 3 套服务器，分别对应上送 3 条母线（等值机）的遥信、遥测，分别接收调节指令。

10. 扩建项目一次调频不满足电网要求的问题

（1）问题描述：扩建项目在进行涉网试验期间，发现一次调频功能无法满足电网要求。

（2）原因分析：由于扩建项目与在运项目共用 220kV 出线，而在运一次调频按照配置原则采集了 220kV 出线的电压、电流，故扩建项目设计初期未单独配置一次调频装置。扩建与在建项目共用一条 220kV 送出线路，但其包含两座升压站，属于电网《新能源并网调度服务手册》中"多个升压站"的定义，现有合并控制送出线路点的方式不满足电网最新要求，因此应参考新要求进行功能配置。

（3）采取措施：增加一次调频装置，并根据该装置对电流、电压的要求对扩建项目进行改造，以满足单个升压站控制的需求。